高等职业教育新形态系列教材

金工实习教程

主　编　于文强
副主编　张丽萍　张俊玲

北京理工大学出版社
BEIJING INSTITUTE OF TECHNOLOGY PRESS

内容简介

金工实习是机械设计制造及其相关专业教学计划中必不可少的一项重要的专业实践教学环节，在本书的编写过程中，参考了大量机械制造行业的有关规范，在训练项目选题的内容上，依据机械制造专业的教学和行业生产特点，结合工作过程系统化课程结构所涉及的教育理论，在传统实习教学内容的基础上进行了适当的整合规划。本书以岗位工种为主体线索依次介绍了车工基本操作、铣工基本操作、磨工基本操作、钳工基本操作、焊工基本操作、数控加工基本操作等，并在开篇介绍了常用量具的认读，为实习中的工件精度检测打下基础，从而保证实习质量，充分满足了机械设计制造及其相关专业的实习教学需要。

本书可以作为高等职业院校机械工程及其相关专业本科生或专科生的实践教学教材，也可以作为机械制造行业进行培训或职业资格鉴定的参考读物。

版权专有　侵权必究

图书在版编目（CIP）数据

金工实习教程 / 于文强主编. -- 北京：北京理工大学出版社，2021.8（2021.11 重印）
ISBN 978-7-5763-0266-0

Ⅰ. ①金… Ⅱ. ①于… Ⅲ. ①金属加工 - 实习 - 高等学校 - 教材 Ⅳ. ①TG-45

中国版本图书馆 CIP 数据核字（2021）第 178280 号

出版发行 /	北京理工大学出版社有限责任公司
社　　址 /	北京市海淀区中关村南大街 5 号
邮　　编 /	100081
电　　话 /	（010）68914775（总编室）
	（010）82562903（教材售后服务热线）
	（010）68944723（其他图书服务热线）
网　　址 /	http://www.bitpress.com.cn
经　　销 /	全国各地新华书店
印　　刷 /	唐山富达印务有限公司
开　　本 /	787 毫米 × 1092 毫米　1/16
印　　张 /	19
字　　数 /	446 千字
版　　次 /	2021 年 8 月第 1 版　2021 年 11 月第 2 次印刷
定　　价 /	49.90 元

责任编辑 / 多海鹏
文案编辑 / 多海鹏
责任校对 / 周瑞红
责任印制 / 李志强

图书出现印装质量问题，请拨打售后服务热线，本社负责调换

前　言

本书是按照高等职业院校机械学科专业规范、培养方案和课程教学大纲的要求，由长期在教学第一线从事教学工作、富有教学和实践经验的教师编写而成的。

"金工实习"课程是高等职业院校机械制造工艺生产实践教学中的重要环节，是承载机械类学生工程创新教育和提高动手能力的实践操作课程。该课程具有基础性、实用性、知识性、实践性与创新性等特点，是培养现代复合型人才的重要基础课程之一。

在本书的编写过程中，参考了大量机械制造行业的有关规范和新标准，规范了名词术语、符号、单位等内容。在实习项目内容的选题上，依据机械设计制造专业的教学和行业生产特点，结合工作过程系统化课程结构所涉及的教育理论，在传统实习教学内容的基础上进行了适当的整合规划。书中涉及的实践操作项目丰富且针对性强，工艺分析思路清晰且经历多轮实践教学验证，教材体例新颖，内容规范。教材以岗位工种作为主体线索依次介绍了车工基本操作、铣工基本操作、磨工基本操作、钳工基本操作、焊工基本操作、数控加工基本操作等，并在开篇介绍了常用量具的认读，为实习中的工件精度检测打下基础，从而保证实习质量。

本书注重学生获取知识、分析问题与解决工程技术问题能力的培养，并且着力注重学生工程素质与创新思维能力的培养。在内容的选择和编写上，本书有以下特点：

（1）更好地将实践项目驱动机制融入教材，扩充实践训练项目并附加评分准则和评分记录，使教师能够更方便地按照国家职业技能评价体系对学生的技能项目做出测评。

（2）重点参阅最新的国家职业技能鉴定标准，这将有利于学生技能的提升和取得相应的职业技能等级证书，更好地适应高职教育改革的需要。

（3）联合多所专科高职院校的一线实践教学指导教师，分析车、铣、磨、钳、焊、数控加工等不同类型工种的特点，提出切实可行的实践课题，侧重技能和工艺问题的解决。

（4）本书创建QQ群：39024033，用于专业教师及同行探讨问题、研究教学方法、交流教学资源，同时为本书提供课件下载。

本书由山东理工大学于文强任主编，潍坊工程职业学院张丽萍、淄博市技术学院张俊玲任副主编，书稿在编写过程中还得到了各兄弟院校众多专业老师的帮助和支持，在此深表感谢！

由于编者水平有限，书中不足之处在所难免，恳请广大读者批评指正。

编　者

AR 内容资源获取说明

Step1　扫描下方二维码，下载安装"4D 书城"App；

Step2　打开"4D 书城"App，点击菜单栏中间的扫码图标 ，再次扫描二维码下载本书；

Step3　在"书架"上找到本书并打开，点击电子书页面的资源按钮或者点击电子书左下角的扫码图标 扫描实体书的页面，即可获取本书 AR 内容资源！

目　　录

第一单元　量具的认读 ··· 1
　项目一　游标卡尺的认读 ··· 1
　项目二　千分尺的认读 ·· 4
　项目三　百分表及杠杆百分表的认读 ····························· 7
　项目四　万能角度尺的认读 ·· 11
　项目五　塞规及卡规的使用 ·· 15
　项目六　量块的使用 ·· 19

第二单元　车工基本操作 ·· 26
　项目一　内、外圆与端面的车削 ·································· 26
　项目二　槽的加工和工件的切断 ·································· 43
　项目三　螺纹与圆锥面车削 ·· 52
　项目四　偏心与特型面的加工 ····································· 74

第三单元　铣削加工 ·· 89
　项目一　平面铣削 ··· 89
　项目二　铣斜面 ·· 101
　项目三　直角沟槽、键槽和阶台的铣削 ······················ 106
　项目四　圆柱齿轮铣削 ··· 116

第四单元　磨削加工 ·· 126
　项目一　平面磨削 ··· 126
　项目二　外圆磨削 ··· 136
　项目三　内圆磨削 ··· 144

第五单元　钳工操作 ·· 151
　项目一　划线操作 ··· 151
　项目二　锯、锉、錾削 ··· 163
　项目三　钻、扩、锪、铰孔加工 ································ 180
　项目四　攻丝和套丝 ·· 191

项目五　刮削与研磨 ··· 196
项目六　校正与弯曲 ··· 207

第六单元　焊工基本操作 ··· 217
项目一　手工电弧焊 ··· 217
项目二　气焊与气割 ··· 237
项目三　其他焊接方法 ··· 246

第七单元　数控加工基本操作 ··· 262
项目一　数控铣削加工 ··· 262
项目二　数控车削加工 ··· 281

参考文献 ··· 298

第一单元 量具的认读

项目学习要点：
　　本单元内容按技能实训项目安排，介绍了在实训过程中会用到的各类测量工具，包括游标卡尺、千分尺、百分表及杠杆百分表、内径百分表、万能角度尺的刻线原理和使用方法，以及塞规、卡规、量块等比较测量工具。以上测量工具的正确、合理使用对实训项目质量具有举足轻重的作用。

项目技能目标：
　　通过本单元的学习，读者应该掌握机械制造过程中常见普通量具的正确使用方法，避免由于使用方法不当而产生的各类测量误差；学会根据测量项目和精度要求选择合适的测量工具，提高测量精度和效率；同时，对各类量具的刻线和测量原理有足够的理论认知。

项目一　游标卡尺的认读

以 0.02 mm 游标卡尺的尺寸读法为例，认读如图 1-1-1 所示卡尺读数。

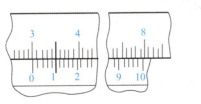 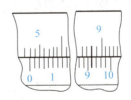

图 1-1-1　认读 0.02 mm 游标卡尺的尺寸

知识模块一　游标卡尺的结构

　　分度值为 0.02 mm 的游标卡尺，由尺身、制成刀口形的内外量爪、尺框、游标和深度尺组成，它的测量范围为 0~125 mm，如图 1-1-2 所示。

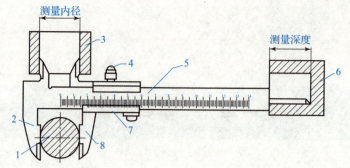

图1-1-2 0.02 mm 游标卡尺

1,3,6—工件;2—固定卡脚;4—制动螺钉;5—尺身;7—游标;8—活动卡脚

知识模块二　刻线原理

尺身上每小格为1 mm,当两测量爪并拢时,尺身上的49 mm 刻度线正好对准游标上的第50格刻度线,如图1-1-3所示,则:

$$游标每格长度 = 49 \div 50 = 0.98 \text{（mm）}$$

$$尺身与游标每格长度相差 = 1 - 0.98 = 0.02 \text{（mm）}$$

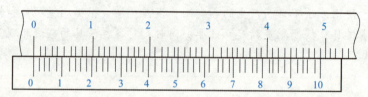

图1-1-3 0.02 mm 游标卡尺刻线原理

知识模块三　使用方法

（1）测量前应将游标卡尺擦干净,量爪贴合后游标的零线应和尺身的零线对齐。

（2）测量时,所用的测力应使两量爪刚好接触零件表面。

（3）测量时,应防止卡尺歪斜。

（4）在游标上读数时,应避免视线误差。

技能小贴士

用游标卡尺测量工件时,应使卡脚逐渐靠近工件并轻微地接触,同时注意不要歪斜,以防读数产生误差。

知识模块四　卡尺的维护

（1）不要将卡尺放置在强磁场附近（如磨床的磁性工作台）。

（2）卡尺要平放,尤其是大尺寸的卡尺,否则易弯曲变形。

（3）使用后,应擦拭清洁,并在测量面涂敷防锈油。

（4）存放时,两测量面应保持1 mm 距离并安放在专用盒内。

近年来,我国生产的卡尺在结构和工艺上均有很大改进,如无视差卡尺的游标刻线与尺身刻线相接，以减少视差。又如"四用卡尺"还可用来测量工件的高度。另外，还有测量范围为 0~1 000 mm、0~2 000 mm 和 0~3 000 mm 的卡尺，其尺身采用截面为矩形的无缝钢管制成，这样既减轻了重量，又增强了尺身的刚性。为了防止紧固螺钉的脱落，广泛采用了防脱落工艺。目前，非游标类卡尺，如带表卡尺、电子卡尺等正在普及使用。

任务实施

下面以 0.02 mm 游标卡尺的尺寸读法为例，说明在游标卡尺上读尺寸时的三个步骤，如图 1-1-4 所示。

第一步：读整数，即读出游标零线左面尺身上的整毫米数。
第二步：读小数，即读出游标与尺身对齐刻线处的小数毫米数。
第三步：把两次读数加起来。

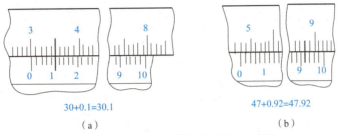

30+0.1=30.1　　　　　　47+0.92=47.92
　　（a）　　　　　　　　　（b）

图 1-1-4　0.02 mm 游标卡尺的尺寸读法

任务评价

考核评价

评价项目	评价内容	分值/分	自评 20%	互评 20%	师评 60%	合计
职业素养 40 分	爱岗敬业，安全意识，责任意识，服从意识	10				
	积极参加任务活动，按时完成工作任务	10				
	团队合作，交流沟通能力，集体主义精神	10				
	劳动纪律，职业道德	5				
	现场 6S 标准，行为规范	5				
专业能力 60 分	专业资料检索能力	10				
	制订计划和执行能力	10				
	操作符合规范，精益求精	15				
	工作效率，分工协作	10				
	任务验收质量，质量意识	15				
合计		100				

续表

评价项目	评价内容	分值/分	自评 20%	互评 20%	师评 60%	合计
创新能力加分 20 分	创新性思维和行动	20				
	总计	120				
教师签名：					学生签名：	

项目二　千分尺的认读

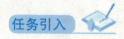

读取如图 1-2-1 所示的测量数值。

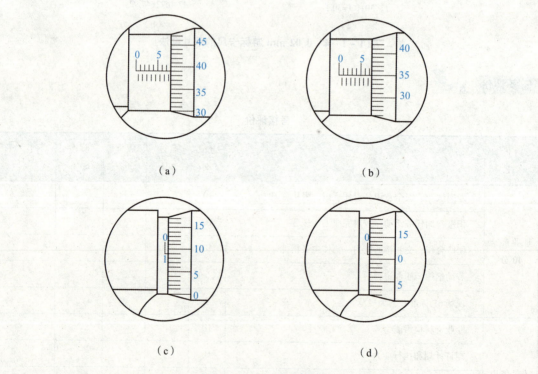

图 1-2-1　千分尺读数

知识链接

千分尺是一种精密量具。生产中常用千分尺的测量精度为 0.01 mm，它的精度比游标卡尺高，并且比较灵敏，因此，对于加工精度要求较高的零件尺寸，要用千分尺来测量。

千分尺的种类很多，有外径千分尺、内径千分尺和深度千分尺等，其中以外径千分尺应用最为普遍。

知识模块一　千分尺的刻线原理及读数方法

图 1-2-2 所示为测量范围为 0~25 mm 的外径千分尺，弓架左端有固定砧座，右端的固定套筒为主尺，在轴线方向上刻有一条中线（基准线），上、下两排刻线互相错开 0.5 mm。活动套筒为副尺，左端圆周上刻有 50 等分的刻线，活动套筒转动一圈，带动螺杆一同沿轴向移动 0.5 mm。因此，活动套筒每转过 1 格，螺杆沿轴向移动的距离为 0.5/50 = 0.01（mm）。

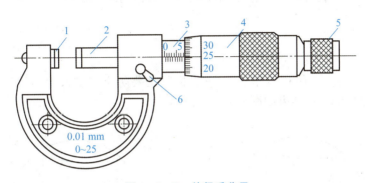

图 1-2-2　外径千分尺

1—砧座；2—螺杆；3—固定套筒；4—活动套筒；5—棘轮盘；6—锁紧钮

其读数方法为：被测工件的尺寸 = 副尺所指主尺上的整数（应为 0.5mm 的整倍数）+ 主尺中线所指副尺的格数 × 0.01。

知识模块二　千分尺的使用注意事项

使用千分尺时应注意以下事项：

（1）千分尺应保持清洁。使用前应先校准尺寸，检查活动套筒上零线是否与固定套筒上基准线对齐。如果没有对齐，则必须进行调整。

（2）测量时，最好双手紧握千分尺，左手握住弓架，用右手旋转活动套筒，如图 1-2-3 所示，当螺杆即将接触工件时，改为旋转棘轮盘，直到棘轮发出"咔、咔"声为止。

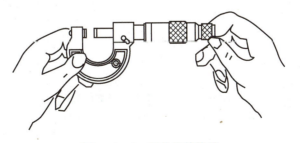

图 1-2-3　千分尺的使用

(3) 从千分尺上读取尺寸时，可在工件未取下前进行，读完后松开千分尺，再取下工件，也可将千分尺用锁紧钮锁紧后再把工件取下读数。

(4) 千分尺只适用于测量精确度较高的尺寸，不能测量毛坯面，更不能在工件转动时去测量。

知识模块三　千分尺的维护

(1) 当切削液浸入千分尺后，应立即用溶剂汽油或航空汽油清洗，并在螺纹轴套内注入高级润滑油，如透平油。

(2) 使用后应将千分尺测量面、测微螺杆圆柱部分以及校对用量杆测量面擦拭清洁，涂敷防锈油后置入专用盒内。专用盒内不允许放置其他物品，如钻头等。

任务实施

读取测量数值时，要防止读错0.5 mm，也就是要防止在主尺上多读半格或少读半格（0.5 mm）。千分尺的读数结果如图1-2-4所示。

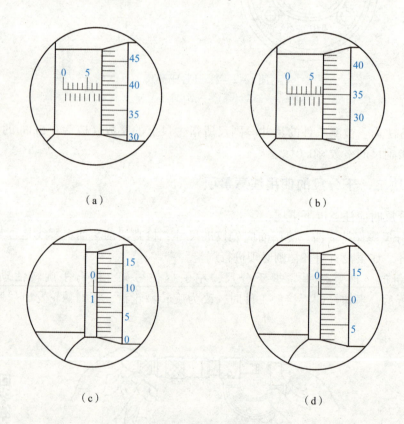

图1-2-4　千分尺的读数结果
(a) 读7.89；(b) 读7.35；(c) 读0.59；(d) 读0.01

任务评价

考核评价

评价项目	评价内容	分值/分	自评 20%	互评 20%	师评 60%	合计
职业素养 40 分	爱岗敬业，安全意识，责任意识，服从意识	10				
	积极参加任务活动，按时完成工作任务	10				
	团队合作，交流沟通能力，集体主义精神	10				
	劳动纪律，职业道德	5				
	现场 6S 标准，行为规范	5				
专业能力 60 分	专业资料检索能力	10				
	制订计划和执行能力	10				
	操作符合规范，精益求精	15				
	工作效率，分工协作	10				
	任务验收质量，质量意识	15				
合计		100				
创新能力加分 20 分	创新性思维和行动	20				
总计		120				
教师签名：				学生签名：		

项目三　百分表及杠杆百分表的认读

任务引入

认读如图 1-3-1 所示百分表读数。

知识链接

百分表的传动系统由齿轮、齿条等组成，如图 1-3-2 所示。测量时，带有齿条的测量杆上升，带动小齿轮 Z_2 转动，与 Z_2 同轴的大齿轮 Z_3 及小指针也跟着转动，而 Z_3 又带动小

第一单元　量具的认读 7

图1-3-1 百分表认读

齿轮 Z_1 及其轴上的大指针偏转。游丝的作用是迫使所有齿轮做单向啮合，以消除由于齿侧间隙而引起的测量误差。弹簧是用来控制测量力的。

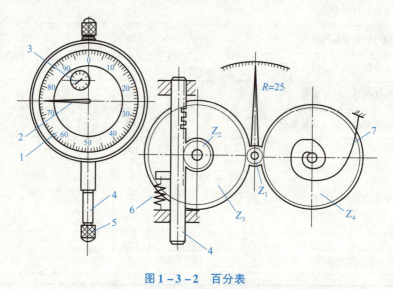

图1-3-2 百分表

1—表盘；2—大指针；3—小指针；4—测量杆；5—测量头；6—弹簧；7—游丝

知识模块一　百分表刻线原理

测量杆移动 1 mm 时，大指针正好回转一圈，而在百分表的表盘上沿圆周刻有 100 等分格，则其刻度值为 1/100 = 0.01（mm）。测量时若大指针转过 1 格刻度，则表示零件尺寸变化 0.01 mm，即该百分表的分度值为 0.01 mm。

知识模块二　百分表使用方法

（1）测量前，检查表盘和指针有无松动现象，并检查指针的平稳性和稳定性。

（2）测量时，测量杆应垂直于零件表面。如果测圆柱，测量杆还应对准圆柱轴中心。测量头与被测表面接触时，测量杆应预先有 0.3~1 mm 的压缩量，保持一定的初始测力，以免由于存在负偏差而测不出值。

知识模块三 杠杆百分表的结构

杠杆百分表主要由测头1、表体7、换向器8、夹持柄6、指示部分（3、4、5）和表体内的传动系统所组成，如图1-3-3所示。

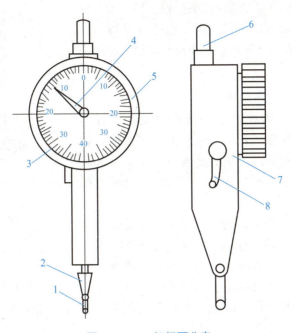

图1-3-3 杠杆百分表

1—测头；2—测杆；3—表盘；4—指针；5—表圈；
6—夹持柄；7—表体；8—换向器

杠杆百分表表盘3的刻线是对称的，分度值为0.01 mm。由于它的测量范围小于1 mm，所以没有转数指示装置，转动表圈5可调整指针与表盘的相对位置。夹持柄用于装夹杠杆百分表。有的杠杆百分表的表盘安装在表体侧面或顶面，分别称作侧面式杠杆百分表和端面式杠杆百分表。

知识模块四 杠杆百分表的使用及注意事项

（1）杠杆百分表在使用前应对外观、各部分的相互作用进行检查，不应有影响使用的缺陷，并注意球面测头是否磨损，防止测杆配合间隙大而产生示值误差。可用手轻轻上下左右晃动测杆，观察指针变化，左右变化量不应超过分度值的一半。

（2）测量时，测杆的轴线应垂直于被测表面的法线方向，否则会产生测量误差。

（3）根据测量需要可扳动测杆来改变测量位置，还可扳动换向器来改变测量方向。

知识模块五 内径百分表的认读

1. 内径百分表的结构

内径百分表主要由百分表5、推杆7、表体2、转向装置（等臂直角杠杆8）及测头1和10等组成，如图1-3-4所示。

百分表 5 应符合零级精度。表体 2 与直管 3 连接成一体，指示表装在直管内并与传动推杆 7 接触，用紧固螺母 4 固定。表体左端带有可换固定测头 1，右端带有活动测头 10 和定位护桥 9，定位护桥的作用是使测量轴线通过被测孔直径。等臂直角杠杆 8 一端与活动测头接触，另一端与推杆接触。当活动测头沿其轴向移动时，通过等臂直角杠杆推动推杆，使百分表的指针转动。弹簧 6 能使活动测头产生测力。

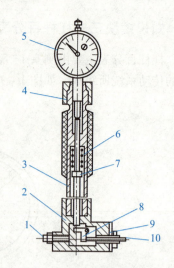

图 1-3-4　内径百分表

1—固定测头；2—表体；3—直管；
4—紧固螺母；5—百分表；6—弹簧；
7—推杆；8—等臂直角杠杆；
9—定位护桥；10—活动测头

2. 内径百分表的使用及注意事项

（1）使用内径百分表之前应根据被测尺寸选好测头，将经过外观、各部分相互作用和示值稳定性检查合格的百分表装在弹簧夹头内，使百分表至少压下 1 mm，再紧固弹簧夹头。夹紧力不要过大，以防将百分表测杆夹死。

（2）测量前应按被测工件的基本尺寸用千分尺、环规或量块及量块组合体来调整尺寸（又称校对零值）。

（3）测量或校对零值时应使活动测头先与被测工件接触。对于孔径，应在径向找最大值、轴向找最小值；带定位护桥的内径百分表只在轴向找最小值，即为孔的直径；对于两平行平面间的距离，应在上下左右方向上都找最小值。最大（小）值反映在指示表上为左（右）拐点。找拐点的办法是摆动或转动直杆使测头摆动。

（4）被测尺寸的读数值应等于调整尺寸与指示表示值的代数和。值得注意的是，内径百分表的指示表指针顺时针转动为"负"，逆时针转动为"正"，与百分表的读数相反。这一点要特别注意，切勿读错。

（5）内径百分表不能测量薄壁件，因为内径百分表的定位护桥压力与活动测头的测力都比较大，会引起工件变形，造成测量结果不准确。

3. 内径百分表的维护

（1）卸下百分表时要先松开保护罩的紧固螺钉或弹簧卡头的螺母，防止损坏。

（2）不要使灰尘、油污和切削液等进入传动系统中。

（3）使用后把百分表及其可换测头取下，擦净，并在测头上涂敷防锈油后放入专用盒内。

任务实施

如图 1-3-1 所示百分表的示值如下：

（1）读小指针转过的刻度线（即毫米整数）为 0 mm。

（2）读大指针转过的刻度线（即小数部分）为 7（格）×0.01＝0.07（mm）。

（3）百分表读数为毫米整数＋小数部分，即 0＋0.07＝0.07（mm）。

任务评价

考核评价

评价项目	评价内容	分值/分	自评 20%	互评 20%	师评 60%	合计
职业素养 40分	爱岗敬业，安全意识，责任意识，服从意识	10				
	积极参加任务活动，按时完成工作任务	10				
	团队合作，交流沟通能力，集体主义精神	10				
	劳动纪律，职业道德	5				
	现场6S标准，行为规范	5				
专业能力 60分	专业资料检索能力	10				
	制订计划和执行能力	10				
	操作符合规范，精益求精	15				
	工作效率，分工协作	10				
	任务验收质量，质量意识	15				
	合计	100				
创新能力加分 20分	创新性思维和行动	20				
	总计	120				
教师签名：					学生签名：	

项目四　万能角度尺的认读

任务引入

认读如图 1-4-1 所示万能角度尺读数。

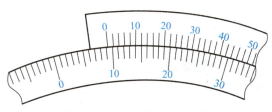

图 1-4-1　万能角度尺认读

第一单元　量具的认读　11

知识模块一　万能角度尺的结构

万能角度尺是测量角度的计量器具，在机械加工中应用比较广泛。除了采用光隙法测量零件角度外，还可进行角度划线。

万能角度尺（见图 1-4-2）主要由主尺 1、扇形板部件 11、直角尺 5 和直尺 3 组成。主尺上刻有 90 个分度和 30 个辅助分度，相邻两刻线之间的夹角是 1°。主尺右端为基尺 2，主尺的背面沿圆周方向装有齿条，小齿轮与主尺背面的齿条啮合，这样可使主尺在扇形板的圆弧面和制动器 9 的圆弧面间微动；也可不用微动装置，主尺也能沿扇形板圆弧面和制动器圆弧面间移动。扇形板上装有游标 10，用卡块 4 可把直尺或直角尺固定在扇形板上，也可把直尺固定在直角尺上，实现测量不同的角度。万能角度尺的分度值和测量范围如表 1-4-1 所示。

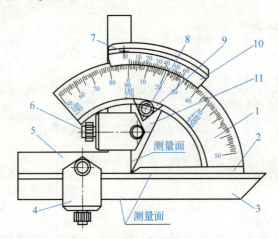

图 1-4-2　万能角度尺

1—主尺；2—基尺；3—直尺；4—卡块；5—直角尺；6—紧固螺钉；7—游标紧固螺钉；
8—制动器紧固螺钉；9—制动器；10—游标；11—扇形板部件

表 1-4-1　万能角度尺的分度值及测量范围

分度值	测量范围	组合件
2′、5′	0°～320° { 0°～50° 50°～140° 140°～230° 230°～320°	主尺与直尺、直角尺 主尺与直直尺 主尺与直角尺 主尺

知识模块二　万能角度尺的使用

1. 使用前的检查

（1）检查外观。目测观察外观，比如万能角度尺不应有碰伤、刻线应清晰。

（2）检查各部分的相互作用。试验各部分的相互作用，如直尺、直角尺装卸应顺利；制动器和卡块作用在任何位置时均应可靠；微动装置有效；扇形板与主尺相对移动时应灵活、平稳。

（3）检查零位的正确性。装上直角尺、直尺后，使直尺、基尺测量面均匀接触，游标零刻线与主尺刻线以及游标尾刻线与主尺的相应刻线重合度不大于分度值的一半。

2. 万能角度尺的使用

（1）万能角度尺能测量0°~320°的角度，如图1-4-3所示。利用卡块将直尺装在直角尺上可以测量0°~50°的角度（见图1-4-3（a））；为了测量50°~140°的角度，可卸下直角尺，换上直尺（见图1-4-3（b））；在测量140°~230°的角度时，取下直尺及其卡块即可（见图1-4-3（c））；在测量230°~320°的角度时，需将直角尺、直尺和卡块都拆下（见图1-4-3（d））。测量各种角度的应用示例见表1-4-2。

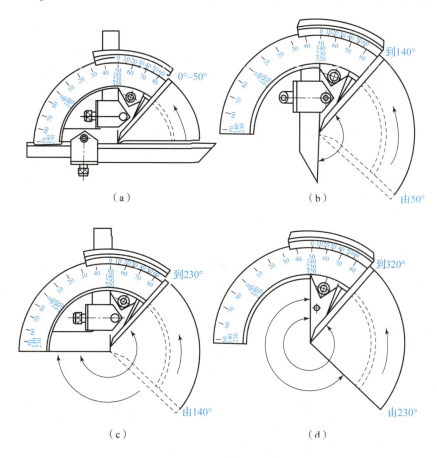

图1-4-3 万能角度尺的使用

(a) 测量0°~50°角度；(b) 测量50°~140°角度；(c) 测量140°~230°角度；(d) 测量140°~230°角度

（2）为精确地测量角度，不应用非测量面进行测量。

3. 万能角度尺的维护

（1）使用完毕，应用溶剂汽油或航空汽油把万能角度尺洗净，用干净纱布仔细擦干，并涂敷防锈油，然后分别将直尺、直角尺等放入专用盒内。

（2）万能角度尺不得放在潮湿的地方，以免生锈。

表 1-4-2　万能角度尺应用示例

α = 0°～50°	α = 50°～140°
α = 140°～230°	α = 360° − β，β = 230°～320°

任务实施

游标尺上零刻度线在主尺 9° 后，所以整数角度值为 9，游标尺第 8 个刻线与主尺刻度线对齐，故分的读数为：$8 \times 2' = 16'$。所以，最终读数为 $9° + 16' = 9°16'$。

任务评价

考核评价

评价项目	评价内容	分值/分	自评 20%	互评 20%	师评 60%	合计
职业素养 40 分	爱岗敬业，安全意识，责任意识，服从意识	10				
	积极参加任务活动，按时完成工作任务	10				
	团队合作，交流沟通能力，集体主义精神	10				
	劳动纪律，职业道德	5				
	现场 6S 标准，行为规范	5				

续表

评价项目	评价内容	分值/分	自评20%	互评20%	师评60%	合计
专业能力60分	专业资料检索能力	10				
	制订计划和执行能力	10				
	操作符合规范,精益求精	15				
	工作效率,分工协作	10				
	任务验收质量,质量意识	15				
	合计	100				
创新能力加分20分	创新性思维和行动	20				
	总计	120				
教师签名:				学生签名:		

项目五 塞规及卡规的使用

任务引入

完成如图 1-5-1 所示中 4 个 $\phi 7H7$ 孔的精度检测。

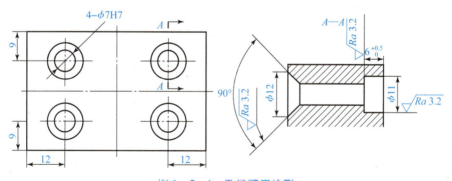

图 1-5-1 孔径精度检测

知识链接

知识模块一 量规的结构介绍

光滑极限量规(简称量规)适合检验 500 mm 以下、公差等级为 IT6~IT16 工件的孔

第一单元 量具的认读 15

和轴的直径及相应公差等级的内、外尺寸，可分为检验孔用的塞规和检验轴用的卡规（环规）。量规又分为工作量规、验收量规和校对量规。量规是一种没有刻度的专用量具，结构简单，使用方便，测量可靠。因此在工厂里，特别是大批量生产中被广泛应用。工作量规是指在加工过程中操作者对自己加工的工件进行检验时所用的量规；验收量规是指验收部门或用户代表在验收工件时所用的量规；校对量规是指检验工作量规和验收量规时所用的塞规（因为塞规在仪器上能方便而准确地进行测量，所以不用校对量规）。一副完整的量规是由"通"端和"止"端两个测量端组成的，并分别用代号"T"和"Z"表示。"通"端用来控制工件的最大实体尺寸，即孔的最小极限尺寸或轴的最大极限尺寸；"止"端用来控制工件的最小实体尺寸，即孔的最大极限尺寸或轴的最小极限尺寸。当用极限量规检验时，如果通端能通过、止端不能通过，则可判定为合格品。量规的种类、被测件的公差等级及配合符号在量规上均有明显标志。量规的种类及用途如表 1 – 5 – 1 所示。

表 1 – 5 – 1　量规的种类和用途

被测对象	量规种类	量规标志	量规形状	量规用途	量规基本尺寸	检验合格标志	附注
轴（卡规）	工作量规	通	卡规	防止轴过大	$Z_{A\,max}$	通过	
		止	卡规	防止轴过小	$Z_{A\,min}$	不通过	
	验收量规	验–通	卡规	防止轴过大	$Z_{A\,max}$	通过	
		验–止	卡规	防止轴过小	$Z_{A\,min}$	不通过	
	校对量规	校–通	塞规	防止"通"卡规尺寸过小	$Z_{A\,max}$	通过	无"不通过"
		校–验	塞规	从部分磨损的"通"卡规中选"验–通"	$Z_{A\,max}$	对"通规"不通过；对"验–通"通过	仅用于 IT11 或低于 IT11 的精度
孔（环规）		校–损	塞规	防止"通"和"验–通"卡规磨损过大	$Z_{A\,min}$	不通过	
		校–止	塞规	防止"止"和"验–止"卡规尺寸过小	$Z_{A\,min}$	通过	无"不通过"
孔（环规）	工作卡规	通	塞规	防止孔过小	$K_{A\,min}$	通过	
		止	塞规	防止孔过大	$K_{A\,max}$	不通过	
	验收量规	验–通	塞规	防止孔过小	$K_{A\,min}$	通过	
		验–止	塞规	防止孔过大	$K_{A\,max}$	不通过	

从表1-5-1中可以看出,"校-通"和"校-止"都为通端塞规,因为它们都是防止"通"和"止"。卡规尺寸过小,所以没有不通过端,而且在实际工作中很少应用;"校-验"和"校-损"是用来检验工作卡规(环规)的部分磨损和完全磨损的,所以称为止端量规。当卡规通过"校-损"时就算完全磨损而报废。

常用的孔用量规形式如图1-5-2所示。

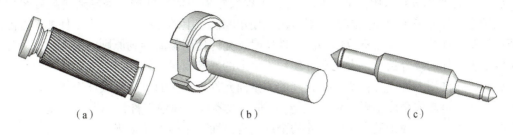

图1-5-2 孔用量规

(a) 全形圆柱塞规;(b) 非全形塞规;(c) 球端杆规

常用的轴用量规形式如图1-5-3所示。

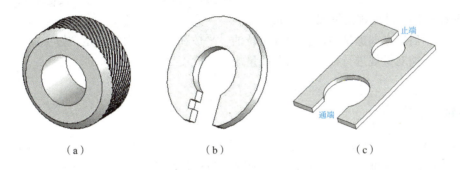

图1-5-3 轴用量规

(a) 圆柱环规;(b) 单头卡规;(c) 双头卡规

知识模块二 塞规和卡规的使用

1. 使用前的检查

(1) 核对量规上的标志与工件的图纸。量规与工件的尺寸和公差应相符合,并要辨清量规的"通"端或"止"端。在使用中不要混淆工作量规、验收量规和校对量规。

(2) 检查量规是否有影响使用准确度的外观缺陷,若测量面有碰伤、锈蚀和划痕,则可用天然油石打磨。

(3) 擦拭量规时必须用清洁的棉纱或软布,工件上的毛刺、异物等要清除干净。

2. 塞规和卡规的使用

(1) 使用量规时要轻拿轻放;检验时用力不能过大,不能硬塞、硬卡和任意转动,以防划伤量规和工件表面。

(2) 检验时量规的轴线应与被检验工件的轴线重合,不要歪斜。

（3）被检验工件与量规温度一致时方可使用量规，否则测量结果不可靠，甚至会发生塞规与工件过盈配合的现象。

（4）塞规通端要在孔的整个长度上检测，塞规止端要尽可能在孔的两端进行检测。检验卡规"通"端和"止"端应沿被测轴的轴向方向和径向方向，在不少于4个位置上同时进行。

（5）测孔通规最好采用全形塞规，测孔止规最好采用球端杆规；测轴通规最好采用环规，测轴止规最好采用卡规。由于极限量规在使用和制造上的一些原因，当工件加工方法能保证被检验零件的形状误差不致影响配合性质时，允许使用偏离泰勒原则的极限量规。如通规长度小于工件的接合长度，大孔允许使用不全形的塞规或球端杆规。当曲轴轴颈无法用环规检验时，允许用卡规代替；两点状止规的测量面允许用小平面、圆柱或球面代替；小孔用塞规的止规也可制成全形塞规（便于制造）；非刚性零件如薄壁零件，当形状公差大于尺寸公差时，应采用直径等于最小实体尺寸的全形止规，而不用两点状止规。

（6）如果被测孔是盲孔，使用的塞规工作面上应具有轴向通槽，否则在检验时塞规不易插进孔内。

3. 塞规和卡规的维护

（1）量规不应放置在机床上，应置于工具箱的台面上，还应避免与其他工具、刀具等杂乱堆放在一起，以免碰伤量规。

（2）使用后应立即擦拭清洁，涂敷防锈油，平放在工具箱内的固定位置上。

（3）要定期对量规进行检定，以保证量规的精确度。

选取 $\phi 7H7$ 等级塞规进行孔径精度测试，塞规通端可以插入孔，止端不能通过孔，则判定为孔径合格；通端和止端都能通过孔，则判定为孔径超差（过大）；通端和止端都不能通过孔，则判定为孔径超差（过小）。

考核评价

评价项目	评价内容	分值/分	自评 20%	互评 20%	师评 60%	合计
职业素养 40 分	爱岗敬业，安全意识，责任意识，服从意识	10				
	积极参加任务活动，按时完成工作任务	10				
	团队合作，交流沟通能力，集体主义精神	10				
	劳动纪律，职业道德	5				
	现场6S标准，行为规范	5				

续表

评价项目	评价内容	分值/分	自评20%	互评20%	师评60%	合计
专业能力 60分	专业资料检索能力	10				
	制订计划和执行能力	10				
	操作符合规范，精益求精	15				
	工作效率，分工协作	10				
	任务验收质量，质量意识	15				
	合计	100				
创新能力加分 20分	创新性思维和行动	20				
	总计	120				
教师签名：				学生签名：		

项目六　量块的使用

任务引入

采用如图1-6-1所示二级83块组成套量块拼组尺寸89.764 mm，请写出其拼组计算过程。

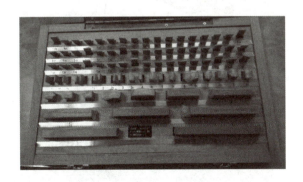

图1-6-1　83块组成套量块

知识链接

知识模块一　量块的简介

量块又称块规,它是长度量值传递中一种重要的端面量具,也可以用来调整机床、仪器、夹具等,或用于划线和直接检查工件。通常,量块为直角平行六面体,有一对相互平行且具有精确尺寸的测量面(或称工作面)。标称长度小于 6 mm 的量块,标志尺寸的面为上测量面;标称长度大于或等于 6 mm 的量块,尺寸标志在非测量面上。标志面的右侧为上测量面,另一测量面为下测量面,如图 1 – 6 – 2 所示。

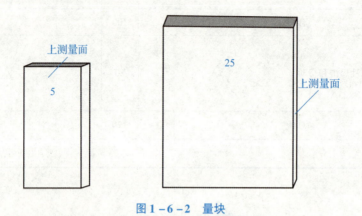

图 1 – 6 – 2　量块

量块的测量面极为平整光洁,因此具有一种很重要的特性——研合性。研合性就是量块的测量面与另一量块的测量面或另一精密加工的类似平面,通过分子吸力的作用而黏合的性能。量块长度就是其测量面上的一点至与此量块另一测量面相研合的辅助体表面之间的垂直距离,并称量块测量面上中心点的量块长度为量块的中心长度,如图 1 – 6 – 3 所示。

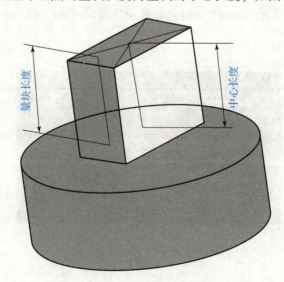

图 1 – 6 – 3　量块

量块多用铬锰钢制成，具有尺寸稳定、耐磨性好、硬度高等特性，其热膨胀系数为 $(11.5 \pm 1) \times 10^{-6}/℃$。

知识模块二 量块的精度划分

量块精度有两种划分方法。

（1）按量块的制造精度分为五"级"：00、0、1、2和3级，其中00级精度最高，3级精度最低。分级的依据是量块长度的极限偏差和长度变动量的允许值。长度变动量是某量块的最大量块长度与最小量块长度之差，它与量块两测量面的平行度和平面度误差有关。各级量块的长度极限偏差和长度变动量允许值列于表1-6-1中。

表1-6-1 各级量块的长度极限偏差和长度变动量允许值   μm

标称尺寸范围/mm		00级		0级		1级		2级		3级		校准级k	
大于	至	量块长度的极限偏差	长度变动量允许值	量块长度的极限偏差	长度变动量允许值	量块长度的极限偏差	长度变动量允许值	量块长度的极限偏差	长度变动量允许值	量块长度的极限偏差	长度变动量允许值	量块长度的极限偏差	长度变动量允许值
	10	±0.06	0.05	±0.12	0.10	±0.20	0.16	±0.45	0.30	±1.0	0.50	±0.20	0.05
10	25	±0.07	0.05	±0.14	0.10	±0.30	0.16	±0.60	0.30	±1.2	0.50	±0.30	0.05
25	50	±0.10	0.06	±0.20	0.10	±0.40	0.18	±0.80	0.30	±1.6	0.55	±0.40	0.06
50	75	±0.12	0.06	±0.25	0.12	±0.50	0.18	±1.00	0.35	±2.0	0.55	±0.50	0.06
75	100	±0.14	0.07	±0.30	0.12	±0.60	0.20	±1.20	0.35	±2.5	0.60	±0.60	0.07
100	150	±0.20	0.08	±0.40	0.14	±0.80	0.20	±1.60	0.40	±3.0	0.65	±0.80	0.08
150	200	±0.25	0.09	±0.50	0.16	±1.00	0.25	±2.00	0.40	±4.0	0.70	±1.00	0.09
200	250	±0.30	0.10	±0.60	0.16	±1.20	0.25	±2.40	0.45	±5.0	0.75	±1.20	0.10
250	300	±0.35	0.10	±0.70	0.18	±1.40	0.25	±2.80	0.50	±6.0	0.80	±1.40	0.10
300	400	±0.45	0.12	±0.90	0.20	±1.80	0.30	±3.60	0.50	±7.0	0.90	±1.80	0.12
400	500	±0.50	0.14	±1.10	0.25	±2.20	0.35	±4.40	0.60	±9.0	1.0	±2.20	0.14
500	600	±0.60	0.16	±1.30	0.25	±2.60	0.40	±5.00	0.70	±11.0	1.1	±2.60	0.16
600	700	±0.70	0.18	±1.50	0.30	±3.00	0.45	±6.00	0.70	±12.0	1.2	±3.00	0.18
700	800	±0.80	0.20	±1.70	0.30	±3.40	0.50	±6.50	0.80	±14.0	1.3	±3.40	0.20
800	900	±0.90	0.20	±1.90	0.35	±3.80	0.50	±7.50	0.90	±15.0	1.4	±3.80	0.20
900	1 000	±1.00	0.25	±2.00	0.40	±4.20	0.60	±8.00	1.00	±17.0	1.5	±4.20	0.25

（2）按量块的测量精度分为六"等"，即1、2、3、4、5和6等，其中1等精度最高，6等精度最低。分等的依据是量块测量的总不确定度和长度变动量允许值。3~6等量块测量的总不确定度和长度变动量允许值列于表1-6-2中。

表1-6-2　3~6等量块测量的总不确定度和长度变动量允许值

标称长度/mm		等的要求							
		3		4		5		6	
		测量的总不确定度（±）	变动量	测量的总不确定度（±）	变动量	测量的总不确定度（±）	变动量	测量的总不确定度（±）	变动量
大于	到	允许值/μm							
	10	0.11	0.16	0.22	0.30	0.6	0.5	2.1	0.5
10	25	0.12	0.16	0.25	0.30	0.6	0.5	2.3	0.5
25	50	0.15	0.18	0.30	0.30	0.8	0.55	2.6	0.55
50	75	0.18	0.18	0.35	0.35	0.9	0.55	2.9	0.55
75	100	0.20	0.20	0.40	0.35	1.0	0.6	3.2	0.6
100	150	0.25	0.20	0.50	0.40	1.2	0.65	3.8	0.65
150	200	0.30	0.25	0.60	0.40	1.5	0.7	4.4	0.7
200	250	0.35	0.25	0.70	0.45	1.8	0.75	5.0	0.75
250	300	0.40	0.25	0.80	0.50	2.0	0.8	5.6	0.8
300	400	0.50	0.30	1.00	0.50	2.5	0.9	6.8	0.9
400	500	0.60	0.35	1.20	0.60	3.0	1	8.0	1
500	600	0.70	0.40	1.40	0.70	3.5	1.1	9.2	1.1
600	700	0.80	0.45	1.60	0.70	4.0	1.2	10.4	1.2
700	800	0.90	0.50	1.80	0.80	4.5	1.3	11.6	1.3
800	900	1.00	0.50	2.00	0.90	5.0	1.4	12.8	1.4
900	1 000	1.10	0.60	2.20	1.00	5.5	1.5	14.0	1.5

注：在测量表面上，距测量面为0.8 mm范围内不计。

量块制造厂大多按"级"销售量块。因此，直接按量块的标称尺寸使用量块时，量块长度的极限偏差就是其测量不确定度（测量误差的界限）。例如，标称尺寸为30 mm的2级精度量块，其测量不确定度就是其量块长度的极限偏差±0.8 μm。因为量块的实际尺寸允许在±0.8 μm范围内变动，必然导致相应的测量误差。这种以量块的标称尺寸作为实际尺寸使用的方法，称为"按级使用"。

为了消除量块的制造误差对其测量精度的影响，可以将所用量块进行检定，以确定其实际尺寸，并按实际尺寸使用该量块。这样，量块检定方法的测量总不确定度就等于使用该量块时的测量不确定度。这种以量块的检定结果作为实际尺寸使用的方法，称为"按等使用"。例如，上述标称尺寸为 30 mm 的 2 级量块，经测量按总不确定度为 ±0.3 μm 的方法检定结果为 30.000 4 mm。由表 1-6-2 可知，该量块属于 4 等。因此，将此量块按 30.000 4 mm 使用时，其测量不确定度只有 ±0.3 μm。

由此可见，"按级使用"量块比较方便，但其测量精度取决于量块的制造误差；"按等使用"量块可以提高其测量精度，但会增加检定费用，且需根据检定结果确定量块的实际尺寸，不如按级使用方便。此外，受到量块长度变动量的限制，不能任意提高量块的"等"别来提高其使用精度。比较表 1-6-1 和表 1-6-2 可见，1 级量块可以检定为 3 等，2 级量块可以检定为 4 等，3 级量块可以检定为 5 等，因为它们对应的量块长度变动量的允许值相同。通常，量块按表 1-6-3 所列块数和尺寸系列成套销售。利用量块的研合性可以从成套量块中选择适当的量块组成所需要的各种尺寸。

表 1-6-3 成套量块的尺寸系列

套别	总块数	级别	标准尺寸系列/mm	间隔	块数
1	83	0，1，2，3	0.5		1
			1		1
			1.005		1
			1.01，1.02，1.03，…，1.49	0.01	49
			1.5，1.6，…，1.9	0.1	5
			2.0，2.5，3.0，…，9.5	0.5	16
			10，20，30，40，…，100	10	10
2	38	1，2，3	1		1
			1.005		1
			1.01，1.02，1.03，…，1.09	0.01	9
			1.1，1.2，…，1.9	0.1	9
			2，3，…，9	1	8
			10，20，…，100	10	10
3	10$^+$	0.1	1，1.001，…，1.009	0.001	10
4	10$^-$	0.1	0.991，0.992，…，1	0.001	10
5	4$^-$	1，2，3	1.5，1.5，2.2 或 1.1，1.5，1.5		

为了减少量块组的误差，应该用尽可能少的量块组成所需的尺寸。为此，可以从所需尺寸的最后一位数字开始选择量块，每选一块至少减去所需尺寸的一位小数。组成量块组的量块总数一般不应超过 4 块。

任务实施

为组成 89.764 mm，可以在表 1-6-3 中的第 1 套和第 3 套中选出 1.004 mm、1.26 mm、7.5 mm 和 80 mm 四块量块，即：

```
    89.764 …… 所需尺寸
  -  1.004 …… 第1块
    88.76
  -  1.26  …… 第2块
    87.5
  -  7.5   …… 第3块
    80     …… 第4块
```

任务评价

考核评价

评价项目	评价内容	分值/分	自评 20%	互评 20%	师评 60%	合计
职业素养 40 分	爱岗敬业，安全意识，责任意识，服从意识	10				
	积极参加任务活动，按时完成工作任务	10				
	团队合作，交流沟通能力，集体主义精神	10				
	劳动纪律，职业道德	5				
	现场 6S 标准，行为规范	5				
专业能力 60 分	专业资料检索能力	10				
	制订计划和执行能力	10				
	操作符合规范，精益求精	15				
	工作效率，分工协作	10				
	任务验收质量，质量意识	15				
	合计	100				
创新能力加分 20 分	创新性思维和行动	20				
	总计	120				
教师签名：					学生签名：	

思考与练习

一、思考题

1. 卡尺使用应注意哪些事项？
2. 千分尺和百分表使用应注意哪些事项？

3. 简述万能量角器的刻线原理。

二、练习题

1. 请准确读出如图 1-6-4 所示量具的示值。

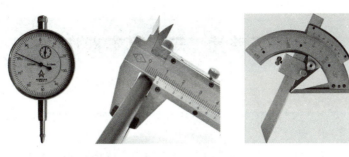

图 1-6-4　量具示值

2. 采用二级 83 块成套量块拼组尺寸 75.932 mm，请写出其拼组计算过程。

第二单元　车工基本操作

项目学习要点：
　　车削是金属切削加工方法中最常见的加工形式，也是一般机械加工企业中人数最多的工种。本单元从理论到实践详细阐述了外圆与端面车削、圆柱孔加工、槽加工、圆锥面车削、螺纹车削、偏心工件车削以及特型面车削的加工方法和操作技能要点。任务引入中提供的训练内容符合国家职业技能鉴定标准要求，读者可有选择地训练，以达到职业技能标准要求。

项目技能目标：
　　通过本单元的学习，读者应该掌握外圆与端面车削、圆柱孔加工、槽加工、圆锥面车削、螺纹车削、偏心工件车削以及特型面车削操作技能，并结合本单元所提供的大量技能课题的训练，达到掌握其操作要领的目的。

项目一　内、外圆与端面的车削

任务引入

完成如图 2-1-1 所示外圆、端面和内孔的加工操作，工时：1.5 h。

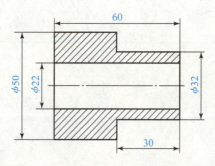

技术要求
1. 未注倒角锐角C1，倒钝。
2. 不允许用锉刀、砂布修整工件表面。
3. 未注公差按IT14加工。

图 2-1-1　车削轴类零件

知识链接

　　内、外圆表面是机械零件上必不可少的表面特征，尤其是作为轴和盘套类机械零件的主要配合表面和辅助表面时更重要。这些表面根据它们的加工要求来进行加工，如果要求很一般，则可以经过铸造、锻造等加工；如果有一定的要求，则可以采用的加工方法有车削和磨削等；如果加工精度要求更高和表面粗糙度 Ra 值要求更小，则可采用光整加工等方法。

端面就是在各个方向都成直线的平面，是箱体、机座、机床床身和工作台等机器零件的基本表面之一。根据平面所起的作用不同，可将平面分为非配合平面、配合平面、导向平面、精密量具平面等几类。平面的加工方法按加工精度不同主要有车削、铣削、刨削、磨削和研磨等。

知识模块一　设备与工具

1. 机床的选择

内、外圆车削时，选择机床应考虑被加工工件的最大外圆直径和最大长度是否在车床的加工范围之内。一般情况下直径小于 $\phi 800$ mm 的工件用卧式车床加工，直径大于 $\phi 800$ mm 的工件用立式车床加工。

2. 工件的装夹

车削时，必须把工件装夹在车床夹具上，经过校正、夹紧，使工件在整个加工过程中始终保持正确的位置。工件装夹的快慢与好坏直接影响生产效率和工件质量的高低。由于工件形状、大小和加工数量的不同，故必须采用不同的装夹方法，一般在车床上车外圆可采用三爪自定心卡盘、四爪单动卡盘、顶尖、心轴、中心架、跟刀架、花盘和弯板等来装夹工件。

1) 三爪自定心卡盘

三爪自定心卡盘在车床上装夹工件的形式如图 2-1-2 所示。

2) 四爪单动卡盘

四爪单动卡盘在车床上装夹工件的形式如图 2-1-3 所示。四爪单动卡盘与三爪自定心卡盘的区别是：四个卡爪是单动的，夹紧力大，不能自动定心，必须找正。粗加工时用划针找正，为了保护机床导轨，在找正时应使用软体板（木板、塑料板或铜板）；精加工时用百分表找正，使用磁力表座固定百分表，磁力表座可固定在机床导轨或中滑板上。

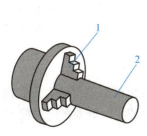

图 2-1-2　在三爪自定心卡盘上装夹工件
1—三爪卡盘；2—工件

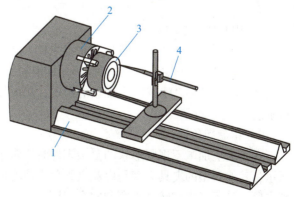

图 2-1-3　划针、四爪单动卡盘的应用
1—导轨；2—四爪卡盘；3—工件端面；4—划针

3）顶尖

轴类零件的外圆表面常有同轴度要求，端面与轴线有垂直度要求，如果用三爪自定心卡盘一次装夹不能同时精加工有位置精度要求的各表面，则可采用顶尖装夹。在顶尖上装夹轴类零件时，如图2-1-4所示，两端是用中心孔的锥面作定位基准面，定位精度较高，经过多次掉头装夹，工件的旋转轴线不变，仍是两端60°锥孔中心的连线。因此，可保证在多次掉头装夹中所加工的各个外圆表面获得较高的位置精度。

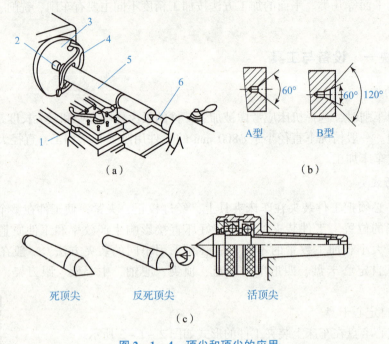

图2-1-4 顶尖和顶尖的应用
(a) 两顶尖装夹工件；(b) 常用中心孔外形；(c) 常用顶尖外形
1—刀架；2—前顶尖；3—拨盘；4—卡箍；5—工件；6—后顶尖

4）心轴

当盘套类零件的外圆表面与孔的轴线有同轴度要求、端面与孔的轴线有垂直度要求时，如果用三爪自定心卡盘在一次装夹中不能同时精加工有位置精度要求的各表面，则可采用心轴装夹。

5）中心架、跟刀架

在车削长径比（工件的长度与直径之比）大于或等于20的工件时，由于工件的刚性和切削力的影响，往往会出现"腰鼓形"，即中间大、两头小。因此可以使用中心架或者跟刀架来改善刚性，避免"腰鼓形"现象的出现，从而保证加工质量，如图2-1-5和图2-1-6所示。

6）花盘和角铁

在车床上加工不规则形状的复杂零件时，常采用花盘和角铁来进行装夹，如图2-1-7所示，其他新型的夹具大多是由花盘和角铁演变而来的，在使用时既要考虑简便牢固地把工件夹紧，又要考虑旋转动平衡和安全问题。

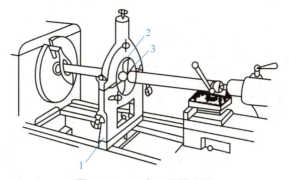

图 2-1-5 中心架的应用
1—中心架；2—支撑爪；3—预加工外圆面

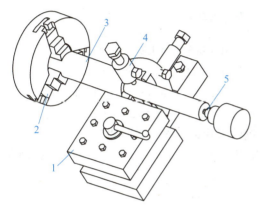

图 2-1-6 跟刀架的应用
1—刀架；2—三爪卡盘；3—工件；
4—跟刀架；5—顶尖

图 2-1-7 花盘和角铁的应用
1—安装基准；2—螺栓孔；3—花盘；
4—配重块；5—工件；6—角铁

平面车削主要用于盘套或轴类零件的端面加工，有时也用于一些其他类型零件的平面切削加工。单件小批量生产的中小型零件在卧式车床上进行，重型零件可在立式车床上进行，如图 2-1-8 所示。平面车削的表面粗糙度 Ra 值为 12.5~1.6 μm，精车的平面度误差在直径为 100 mm 的端面上，最小的直径可达 0.005~0.008 mm。

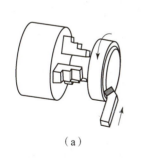 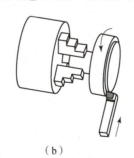 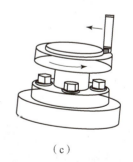

（a） （b） （c）

图 2-1-8 车平面的形式
（a）45°车刀车平面；（b）90°车刀车平面；（c）立式车床上车平面

3. 刀具的选择

（1）45°硬质合金车刀，如图 2-1-9 所示。

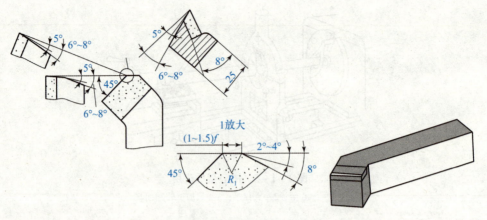

图 2-1-9　45°硬质合金车刀

①车削铸铁件刀片采用 YG8，车削钢件刀片采用 YT15 或 YT30。
②主偏角 45°，副偏角 45°，前角 8°，后角 6°~8°，并有 R_1 的过渡刃。
③一般切削用量可选：$a_p = 0.2 \sim 0.35$ mm；$f = 0.2 \sim 0.5$ mm/r；$v_c = 50$ m/min。

（2）75°硬质合金粗车刀，如图 2-1-10 所示。
①车削铸铁件刀片采用 YG8 或 YG6，车削钢件刀片采用 YT5 或 YT15。
②主偏角 75°，刃倾角 -5°~-10°，主切削刃上磨有倒棱 $b_{r1} = (0.8 \sim 1)f$，倒棱前角为 -5°~-10°。
③一般切削用量可选：$a_p = 3 \sim 5$ mm；$f = 0.4 \sim 0.8$ mm/r；$v_c = 80 \sim 120$ m/min。

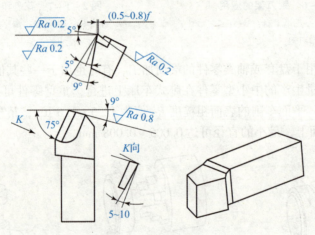

图 2-1-10　75°硬质合金车刀

（3）90°硬质合金精车刀，如图 2-1-11 所示。
①车削铸铁件刀片采用 YG8，车削钢件刀片采用 YT15 或 YT30。
②主偏角 90°或大于 90°，前角为 10°~25°，并在前刀面上磨有圆弧形断屑槽。
③一般切削用量可选：$a_p = 0.4 \sim 0.75$ mm；$f = 0.08 \sim 0.15$ mm/r；$v_c = 130$ m/min。
（4）麻花钻与群钻。
在第一单元项目五中介绍了孔的常用加工设备及刀具，对于回转体工件上的孔，多在车

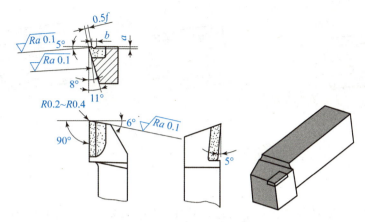

图 2-1-11　90°硬质合金车刀

床上加工。对于较大孔径的钻削，为了改善麻花钻的切削性能，目前已广泛应用群钻，如图 2-1-12 所示。群钻对麻花钻做了三方面的改进：

① 在麻花钻主切削刃上磨出凹形圆弧刃，从而加大钻心附近的前角，使切削较为轻快；圆弧刃在孔底切出凸起的圆环，可稳定钻头方向，改善定心性能。

② 将横刃磨短到原有长度的 1/5～1/7，并加大横刃前角，减小横刃的不利影响。

③ 对直径大于 $\phi15$ mm 的钻削钢件用的钻头，在一个刀刃上磨出分屑槽，使切屑分成窄条，以便于排屑。

群钻显著地提高了切削性能和刀具耐用度，钻削后的孔形、孔径和孔壁质量均有所提高。扩孔与铰孔操作同样也可以在车床上进行，所用刀具可参阅本书钳工项目中的详细介绍。

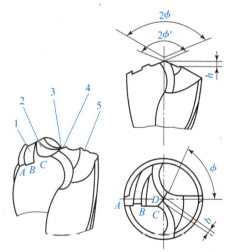

图 2-1-12　基本型群钻
1—分屑槽；2—凹圆弧刃；3—内直刃；4—横刃；5—外直刃

（5）镗孔刀具。

镗削刀具的种类、特点及选择请参阅本书镗削加工内容，此处仅介绍如何在车床上镗孔。车床镗孔多用于加工盘套和小型支架的支承孔，直径小于 $\phi400$ mm 的孔在卧式车床上加工，直径大于 $\phi400$ mm 的孔一般用立式车床加工，如图 2-1-13 所示。

 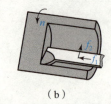 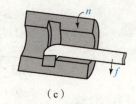

(a) （b） （c）

图 2-1-13　在车床上镗孔

(a) 镗通孔；(b) 镗盲孔；(c) 镗内沟槽

4. 中心孔

在车削过程中，需要多次装夹才能完成车削工作的轴类工件，如台阶轴、齿轮轴、丝杠等，一般先在工件两端钻中心孔，采用两顶尖装夹，确保工件定心准确和便于装卸。

1) 中心孔的类型及作用

中心孔按形状和作用可分为四种，即 A 型、B 型、C 型和 R 型。A 型和 B 型为常用的中心孔，其中 A 型中心孔由圆柱部分和圆锥部分组成，圆锥孔的锥角为 60°，一般适用于不需要多次安装或不保留中心孔的零件；B 型中心孔是在 A 型中心孔的端部多一个 120° 的圆锥孔，目的是保护 60° 锥孔，避免其被敲毛碰伤，一般适用于多次安装的零件；C 型为特殊中心孔，它的外端形似 B 型中心孔，里端有一个比圆柱孔还要小的内螺纹，用于工件之间的紧固连接；R 型为带圆弧形中心孔，它是将 A 型中心孔的圆锥母线改为圆弧线，以减少中心孔与顶尖的接触面积，减少摩擦力，提高定位精度。参数详见表 2-1-1~表 2-1-4。

表 2-1-1　A 型中心孔 (GB/T 145—1985)　　　　mm

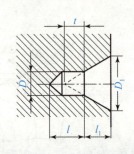

D	D_1	参考		D	D_1	参考	
		l_1	t			l_1	t
1.00	2.12	0.97	0.9	3.15	6.70	3.07	2.8
1.60	3.25	1.52	1.4	4.00	8.50	3.90	3.5
2.00	4.25	1.95	1.8	6.30	13.20	5.98	5.5
2.50	5.30	2.42	2.2	10.00	21.20	9.70	8.7

注：① 尺寸 l 取决于中心钻的长度，此值不应小于 t 值。
② 当按 GB/T 4459.5—1984《机械制图》中心孔表示法表示时，必须注明中心孔的标准代号。

表2-1-2 B型中心孔（GB/T 145—1985） mm

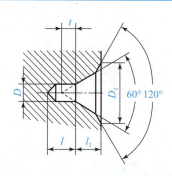

D	D_1	参考		D	D_1	参考	
		l_1	t			l_1	t
1.00	3.15	1.27	0.9	3.15	10.00	4.03	2.8
1.60	5.00	1.99	1.4	4.00	12.50	5.05	3.5
2.00	6.30	2.54	1.8	6.30	18.00	7.36	5.5
2.50	8.00	3.20	2.2	10.00	28.00	11.66	8.7

注：尺寸 l 取决于中心钻的长度，此值不应小于 t 值。

表2-1-3 C型中心孔（GB/T 145—1985） mm

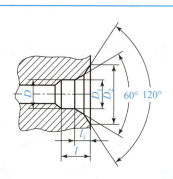

D	D_1	D_2	l	参考	D	D_1	D_2	l	参考
				l_1					l_1
M3	3.2	5.8	2.6	1.8	M10	10.5	16.3	7.5	3.8
M4	4.3	7.4	3.2	2.1	M12	13.0	19.8	9.5	4.4
M5	5.3	8.8	4.0	2.4	M16	17.0	25.3	12.0	5.2
M6	6.4	10.5	5.0	2.8	M20	21.0	31.3	15.0	6.4
M8	8.4	13.2	6.0	3.3	M24	25.0	38.0	18.0	8.0

表 2-1-4 R 型中心孔（GB/T 145—1985）   mm

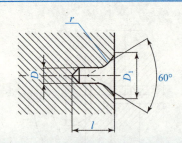

D	D_1	l_{min}	r 最大	r 最小	D	D_1	l_{min}	r 最大	r 最小
1.00	2.12	2.3	3.15	2.50	3.15	6.70	7.0	10.00	8.00
1.60	3.25	3.5	5.00	4.00	4.00	8.50	8.9	12.50	10.00
2.00	4.25	4.4	6.30	5.00	6.30	13.20	14.0	20.00	16.00
2.50	5.30	5.5	8.00	6.30	10.00	21.20	22.5	31.50	25.00

这四种中心孔圆柱部分的作用都是：储存油脂，保护顶尖，使顶尖与锥孔 60°配合贴切。圆柱部分的直径也就是选取中心钻的公称尺寸。

2）中心钻

中心孔一般用中心钻钻出，中心钻一般用高速钢制成。为了适应标准中心孔加工的需要，相应的中心钻有以下三种：

(1) A 型：不带护锥中心钻，适用于加工 A 型中心孔，如图 2-1-14 所示。

(2) B 型：带护锥中心钻，适用于加工 B 型中心孔，如图 2-1-15 所示。

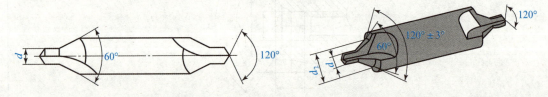

图 2-1-14 A 型中心钻　　　　　　　　图 2-1-15 B 型中心钻

(3) R 型：弧形带护锥中心钻，适用于加工 R 型中心孔，如图 2-1-16 所示。

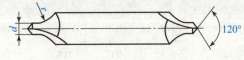

图 2-1-16 R 型中心钻

知识模块二 外圆与端面车削方法

1. 外圆车削方法

车刀的几何角度、刃磨质量以及采用的切削用量不同，车削的精度和表面粗糙度 Ra 值也就不同。外圆车削可分为粗车、半精车和精车，如图 2-1-17 所示。

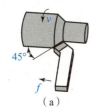 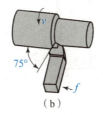 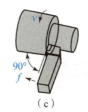

　　　　(a)　　　　　　　　　(b)　　　　　　　　　(c)

图 2-1-17　外圆加工方法
(a) 粗车；(b) 半精车；(c) 精车

粗车的主要目的是切除工件上的大部分余量，对工件的加工精度和表面质量要求不高，为了提高劳动生产率，一般采用大的背吃刀量 a_p、较大的进给量 f 以及中等或较低的切削速度 v_c。车刀应选取较小的前角、后角和负的刃倾角，以增强切削部分的强度。粗车尺寸公差等级为 IT13～IT11，表面粗糙度 Ra 值为 25～12.5 μm。

半精车在粗车之后进行，可进一步提高工件的精度和减小表面粗糙度值，常作为高精度外圆表面在磨削或精车前的预加工，它可作为中等精度外圆表面的终加工。半精车尺寸公差等级为 IT13～IT11，表面粗糙度 Ra 值为 6.3～3.2 μm。

精车一般在半精车之后进行，可作为精度较高外圆表面的终加工，也可作为光整加工前的预加工。精车采用很小的背吃刀量和进给量，低速或高速车削。低速精车一般采用高速钢车刀，高速精车采用硬质合金车刀。车刀应选取较大的前角、后角和正的刃倾角，刀尖要磨出圆弧过渡刃，前刀面和主后刀面需用油石磨光，使表面粗糙度 Ra 值达到 0.1 μm 左右。精车尺寸公差等级为 IT8～IT6，表面粗糙度值 Ra 为 1.6～0.8 μm。

外圆车削加工的注意事项

(1) 粗车铸、锻件时的切削深度不宜过小，应大于其硬皮层的厚度。

(2) 在车削加工时，为了避免刀具变形，车刀安装时不宜伸出刀架过长，一般不超过刀杆厚度的两倍。

(3) 车刀安装时，为了避免主、副偏角对加工质量的影响，应保证刀杆中心线与刀具的进给方向垂直。

2. 平面的车削加工方法

1) 90°偏刀车平面

正偏刀即右偏刀，进刀运动可分为两种形式，由外圆向中心进给时，副切削刃起着主要的切削任务，切削不是很顺利；由中心向外圆表面处进给时，主切削刃起着主要的切削任务，切削较为顺利，加工后的平面与工件轴线的垂直度好。其示意图如图 2-1-18 所示。

反偏刀即左偏刀，由外圆向中心进给，主切削刃起着主要的切削任务，切削顺利，加工后的表面粗糙度较小，如图 2-1-19 所示。

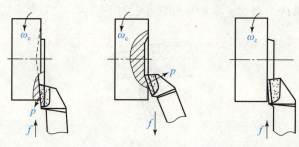

图 2-1-18　90°正偏刀车平面

2）75°反偏刀车平面

由外圆向中心进给，主切削刃起着主要的切削任务，这时车刀强度和散热条件好，适于车削较大平面的工件，如图 2-1-20 所示。

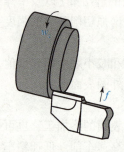 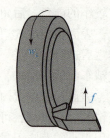

图 2-1-19　90°反偏刀车平面　　　　图 2-1-20　75°反偏刀车平面

3）45°偏刀车平面

由外圆向中心进给，主切削刃起着主要的切削任务，切削顺利，加工后的表面粗糙度较小，刀头强度好，适于加工较大平面，如图 2-1-21 所示。

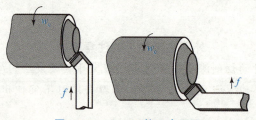

图 2-1-21　45°偏刀车平面

技能小贴士

平面车削的注意事项

（1）正确选择刀具和进给方向。车削平面时，使用 90°偏刀由外圆向中心进给，起主要切削作用的是车外圆时的副切削刃，由于其前角较小，切削不能顺利进行，此时受切削力方向的影响，刀尖容易扎入工件，影响表面质量。此外，工件中心的凸台在瞬间被车刀切掉，易损坏车刀刀尖。使用 45°偏刀车平面是用主切削刃进行加工，且工件中心凸台是逐步被车刀切掉的，不易损坏车刀刀尖。对带孔工件用 90°偏刀车平面，由中心向外进给，避免了由外圆向中心进给的缺陷。

(2) 粗车铸、锻件的平面时的切削深度不宜过小，应大于其硬皮层的厚度。

(3) 车削实体工件的平面时，车刀刀尖在车床上的高度应与机床的回转轴线等高，避免挤刀和扎刀。

3. 钻中心孔的方法

1) 中心钻在钻夹头上装夹

按逆时针方向旋转钻夹头的外套，使钻夹头的三爪张开，把中心钻插入，使得中心钻的切削部分伸出钻夹头一个恰当长度，然后用钻夹头扳手以顺时针方向转动钻夹头的外套，把中心钻夹紧。

2) 钻夹头在车床尾座锥孔中的安装

先擦净钻夹头锥柄部和尾座锥孔，然后用轴向力把钻夹头装紧。

3) 中心钻靠近工件

把尾座顺着机床导轨移近工件。

4) 轴转速、进给速度和钻削

在钻中心孔之前必须将尾座严格地校正，使其对准主轴的中心，如图2-1-22所示。钻中心孔时，由于中心钻直径小，故主轴转速应取较高的速度。进给时一般用手动，这时进给量应小而均匀。当中心钻钻入工件时，应加切削液，使其钻削顺利、光洁。钻完后中心钻应做短暂停留，然后退出，以使中心孔光、圆、准确。

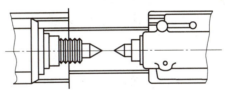

图2-1-22　尾座轴线与主轴轴线严格校正

知识模块三　内圆表面加工方法

内圆表面是机械零件中的常见表面之一，特别是在盘套类、支架类和箱体类等零件中是必不可少的。孔的加工方法很多，根据零件的加工质量要求不同，常用的加工方法有钻孔、扩孔、锪孔、铰孔和镗孔等。

1. 钻头的装夹方法

麻花钻的柄部有直柄和锥柄两种，直柄麻花钻可用钻夹头装夹，再利用钻夹头的锥柄插入车床尾座套筒内；锥柄麻花钻可直接插入车床尾座套筒内或用锥形套过渡，如图2-1-23所示。

在装夹钻头或锥形套前必须把钻头锥柄、尾座套筒和锥形套擦干净，否则会由于锥面接触不好，使钻头在尾座锥孔内因打滑而旋转。如果要加工孔的深度超过麻花钻的长度，一般可以把麻花钻的柄部车小，再焊上一个较长的柄。上面所说的两种方法都是把钻头安装在尾座套筒内，用手摇动。如果要自动走刀，那么就必须把钻头装在车床刀架上。直柄钻头可用V形铁安装在刀架上，如图2-1-23 (b) 所示；锥柄钻头可用如图2-1-23 (c) 所示的专用工具安装。将锥柄钻头插在专用工具锥孔中，专用工具利用方块夹在刀架中。如果是直柄钻头，也可以应用钻夹头安装在专用工具的锥孔中。

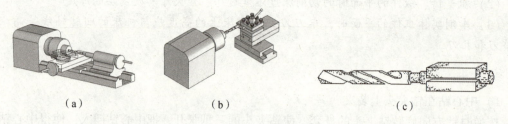

图 2-1-23 钻孔方法和钻头在刀架上的装夹方法

用以上两种方法安装钻头时,特别要注意钻头轴心线与工件轴心线应一致,否则钻头很容易折断。

2. 钻孔加工方法

钻孔与车削外圆相比,工作条件要复杂得多。因为钻孔时,钻头工作部分大多处在已加工表面的包围中,因而易引起一些特殊问题。例如,钻头的刚度、热硬性、强度等,以及在加工过程中的容屑、排屑、导向和冷却润滑等问题。为避免在钻削力的作用下刚性很差且导向性不好的钻头产生弯曲,致使钻出的孔产生"引偏",降低孔的加工精度,甚至造成废品,使加工过程不能顺利进行,在实际加工中可采用以下加工方法。

(1) 预钻锥形定心坑,如图 2-1-24 所示。首先,用小顶角（$2\varphi = 90° \sim 100°$）、大直径短麻花钻预先钻一个锥形坑,然后再用所需的钻头钻孔。由于预钻时钻头刚性好,锥形坑不易偏,故以后再用所需的钻头钻孔时,这个坑就可以起到定心作用。

(2) 用较长钻头钻孔时,为了防止钻头跳动,可以在刀架上夹一铜棒或挡铁,支住钻头头部（不能用力太大）,使它对准工件的回转中心,然后缓慢进给,当钻头在工件上已正确定心并钻出一段孔以后,把铜棒退出,如图 2-1-25 所示。

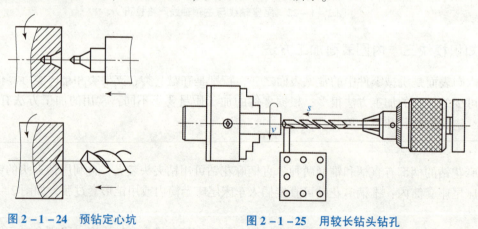

图 2-1-24 预钻定心坑 　　图 2-1-25 用较长钻头钻孔

(3) 在钻了一段以后应把钻头退出,停车测量孔径,以防因孔径扩大致使工件报废。

(4) 钻较深的孔时切屑不易排出,必须经常退出钻头,清除切屑。特别是用接长钻钻孔时,如孔深超过螺旋槽长度,切屑排不出,若稍不注意,则易使切屑挤满螺旋槽,而使钻头"咬死"在工件内,甚至把钻头折断。如果内孔很长,并且是通孔,则可以掉头钻孔,即钻到大于工件长度二分之一以后把工件掉头装夹校正,再钻孔,直至钻通,这样可以减少孔的偏斜。

（5）当钻头将要把孔钻穿时，因为钻头横刃不再参加工作，故阻力大大减小，进刀时就会觉得手轮摇起来很轻松。这时走刀量必须减小，否则会使钻头的切削刃"咬"在工件孔内，损坏钻头，或者使钻头的锥柄在尾座锥孔内打转，把锥柄和锥孔咬毛。

（6）当钻削不通孔时，为了控制深度，可应用尾座套筒上的刻度。如果尾座套筒上没有刻度，则可在钻头上用粉笔做出记号。

（7）钻孔时为了能自动走刀，可用拖板拉动尾座的方法，如图2-1-26所示。改装时，在尾座前端装有钩子2，中拖板右侧装一钩子1。使用时，先把大拖板摇向尾座，中拖板向前摇出，然后再摇进，使钩子1勾住钩子2。这样当大拖板纵向自动走刀时，即可带动尾座移动，达到钻孔自动走刀。但尾座压板的松紧程度必须适当，太紧拉不动，太松会引起振动。钻头的直径也不宜超过30 mm，否则容易损坏机床。

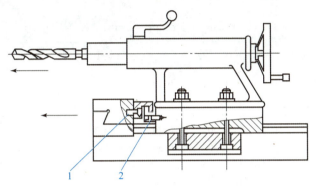

图 2-1-26 大溜板带动尾座自动进刀钻孔
1，2—钩子

在车床上也可以进行扩孔和铰孔操作，扩孔时可选用麻花钻或扩孔钻。使用麻花钻扩孔时，由于钻头横刃不参加工作，轴向力减小，走刀省力；又由于钻头外缘处的前角大，容易把钻头拉进去，使钻头在尾座套筒内打滑。因此，在扩孔时可把钻头外缘处的前角修磨小一些，对走刀量加以适当控制，切不可因为钻进轻松而加大走刀量。

3. 镗孔的方法

镗通孔的方法基本上跟车外圆一样，必须先用试切法控制尺寸。镗孔放余量时，应注意内孔尺寸要缩小，长度上可先把总长度放长，工件左右内孔台阶长度按图纸车至要求尺寸，余量可留在中间孔的两个端面上。

镗削阶台孔或不通孔时，控制阶台深和孔深的方法有：应用车床的纵向刻度盘，或在刀杆上做一记号或用挡铁，如图2-1-27所示。

镗削不通孔或阶台孔时，一般先用钻头钻孔，由于麻花钻顶角一般是116°～118°，所以内孔底平面是不垂直的，这时可用分层切削法把平面车平。除了用上面的分层切削法加工阶台孔以外，如果孔径较小，也可先用平头钻把底平面锪平，如图2-1-28所示，然后用不通孔镗刀精加工，这种方法生产效率较高。平头钻刃磨时，两刃口磨成平直，横刃要短，后角不宜过大，外缘处的前角要修磨得小些，否则容易引起扎刀现象，轻者使孔底产生波浪形，重者可使钻头折断。

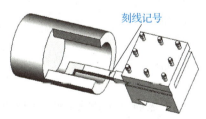

图 2-1-27 用镗刀镗孔时控制孔深

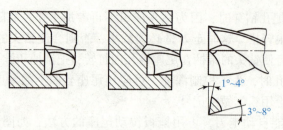

图 2-1-28 平头钻加工底平面

如果镗孔后还要磨削,则应留的磨削余量如表 2-1-5 所示。

表 2-1-5 内孔留磨余量   mm

孔的直径	性质	孔的长度						公差
		<30	30~50	50~100	100~200	200~300	300~400	
		孔径余量						
5~12	不淬火 淬火	0.10 0.10	0.10 0.10	0.10 0.10				+0.08
12~18	不淬火 淬火	0.20 0.30	0.20 0.30	0.20 0.30	0.20 0.30			+0.10
18~30	不淬火 淬火	0.30 0.40	0.30 0.40	0.30 0.50	0.30 0.50			+0.12
30~50	不淬火 淬火	0.30 0.50	0.40 0.50	0.40 0.50	0.40 0.50			+0.14
50~80	不淬火 淬火	0.40 0.50	0.40 0.50	0.40 0.50	0.50 0.60	0.50 0.60		+0.17
80~120	不淬火 淬火	0.40 0.60	0.40 0.70	0.40 0.70	0.50 0.70	0.50 0.80	0.60 0.80	+0.20
120~180	不淬火 淬火	0.50 0.70	0.50 0.70	0.50 0.80	0.60 0.80	0.60 0.80	0.60 0.90	+0.23
180~260	不淬火 淬火	0.60 0.80	0.60 0.80	0.60 0.80	0.60 0.85	0.60 0.90	0.60 0.90	+0.26
260~360	不淬火 淬火	0.60 0.90	0.60 0.90	0.60 0.90	0.65 0.90	0.70 0.90	0.70 0.90	+0.30

注:① 选用时还应根据热处理变形程度不同,适当增减表中数值;
② 留磨表面粗糙度值不低于 $Ra3.2$ μm。

用硬质合金镗刀镗孔时,一般不需要加冷却润滑液。镗铝合金孔时,不要加冷却液,因为水和铝容易起化合作用,会使加工表面产生小针孔。精加工铝合金时,使用煤油较好。镗孔时,由于工作条件不利,加上刀杆刚性差,容易引起振动,因此,它的切削用量应比车外圆时低些。

技能小贴士

孔加工的常见问题

1. 钻中心孔的注意事项

（1）中心钻细而脆，易折断。

（2）中心孔钻偏或钻得不圆。

（3）中心孔钻得太深，顶针锥面无法与锥孔接触。

（4）中心钻圆柱部分修磨后变短，造成顶针与中心孔底部相碰，从而影响加工质量。

2. 钻孔加工时的注意事项

（1）选择适当的切削速度。

钻孔时的切削速度直接影响着生产效率的高低，因此不应过低，但也不宜过快，过快会"烧坏"钻头。钻孔时切削速度的选择与加工工件的孔径、加工质量和材料有关。钻孔时切削速度的选择范围如表2-1-6所示。

表2-1-6 钻孔时切削速度的选择范围　　　　　　　　　　　　　　r/min

钻孔直径 （钻头直径）/mm	工件材料			
	钢	铸铁	青铜	铝
5	600~1 200	550~1 000	>1 200	>1 200
8	400~800	450~900	850~1 000	>1 200
10	300~600	300~750	650~1 000	>1 000
15	250~500	200~400	500~800	>900
19	200~400	150~350	400~600	>800
24	130~300	100~250	300~450	>500
30	100~250	90~200	250~350	>450
38	90~180	85~170	200~300	>400
48	70~150	65~140	170~250	>300

（2）钻深孔时的排屑问题。

钻深孔时应及时把切屑排出，避免因切屑不能排出而导致内孔表面粗糙，甚至会使钻头与工件产生"咬死"现象。

（3）保证钻头的正确定心。

钻头定心的准确与否对钻孔加工是一个十分重要的条件，应避免导致孔的歪斜。

（4）保证切削液的供给。

钻削是一种半封闭式的切削，钻削时所产生的热量虽然也由切屑、工件、刀具和周围介质传出，但它们之间的比例却和车削大不相同。例如，用标准麻花钻不加切削液钻钢料时，工件吸收的热量约占52.5%，钻头约占14.5%，切屑约占28%，而介质仅占5%左右。一一般情况下，钻削加工钢件时需用乳化液作为切削液，而加工铸铁和铜类工件时不需要切削液。当材料硬度较高时需用煤油作为切削液。

任务实施

如图 2-1-1 所示外圆、端面和内孔的加工工艺步骤如下。
（1）用三爪联动卡盘夹住工件外圆长 20 mm 左右，并找正夹紧。
（2）粗车端面及外圆至 $\phi51$ mm，长度为 65 mm。
（3）精车端面及外圆 $\phi(50\pm0.50)$ mm，长度为 65 mm。
（4）切断，保证切下长度 61 mm。
（5）掉头夹住外圆 $\phi50$ mm 一端，长 20 mm 左右，并找正夹紧。
（6）粗车端面，保证总长度 60 mm±0.50 mm；粗车外圆至 $\phi33$ mm，长度为 30 mm。
（7）在端面上加工中心孔。
（8）精车端面，保证总长度 60 mm±0.30 mm；外圆 $\phi(32\pm0.50)$ mm，长度为 30 mm。
（9）修正中心孔。
（10）用 $\phi18$ mm 的钻头钻孔。
（11）用 $\phi20$ mm 的扩孔钻扩孔。
（12）用镗刀将孔镗至 $\phi21.85$ mm。
（13）用 45°外圆车刀倒角。
（14）用 $\phi22$ mm 的铰刀铰孔。

任务评价

检测报告

班级			姓名		学号		日期	
尺寸检测	序号	图纸尺寸/mm	允差/mm	量具		评分标准	配分	得分
				名称	规格/mm			
	1	$\phi50$	±0.1	卡尺	0.02	超差不得分	20	
	2	$\phi22$	±0.1	卡尺	0.02	超差不得分	20	
	3	$\phi32$	±0.1	卡尺	0.02	超差不得分	20	
	4	60	±0.1	卡尺	0.02	超差不得分	20	
	5	30	±0.1	深度尺	0.02	超差不得分	10	
	6							
	7							
安全文明生产							10	
得分总计								

项目二　槽的加工和工件的切断

任务引入

槽加工和切断实训的实例及练习如图2－2－1所示。

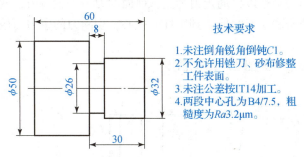

图2－2－1　槽加工和切断实训的实例及练习

技术要求
1. 未注倒角锐角倒钝C1。
2. 不允许用锉刀、砂布修整工件表面。
3. 未注公差按IT14加工。
4. 两段中心孔为B4/7.5，粗糙度为Ra3.2μm。

知识链接

在车削加工中，当零件的毛坯是整根棒料而且很长时，需要把它事先切成段，然后进行车削，或是在车削完后把工件从原材料上切下来，这样的加工方法叫作切断。

槽的加工可分为外沟槽、内沟槽、端面槽和螺旋槽加工4种。外圆和平面上的沟槽加工称为外沟槽加工；内孔内的沟槽加工称为内沟槽加工；端面上的沟槽加工称为端面槽加工。沟槽的形状有多种，常见的有矩形槽、圆弧形槽、梯形槽、T形槽、燕尾槽和螺旋槽等，它们的作用一般是为了磨削时退刀方便，或使砂轮磨削端面时保证肩部垂直（清角）；在车削螺纹时，为了退刀方便及能旋平螺母，一般也在肩部切有沟槽。这些沟槽在机器上的最后作用是使装配时零件有一个正确的轴向位置。一般普通零件都用外圆沟槽；要求比较高并需要磨削外圆与端面的零件可采用45°外沟槽和外圆端面沟槽；对于动力机械和受力较大的零件常采用圆弧沟槽。还有一些形状比较复杂的端面沟槽，如车床中拖板转盘上的R形槽、磨床砂轮法兰上的燕尾槽和内圆磨具端盖平面槽等，如图2－2－2所示，这些端面沟槽也是在车床上加工的。

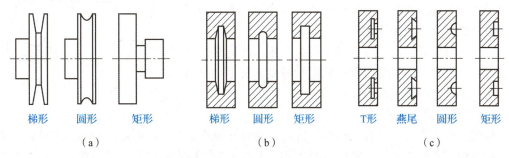

图2－2－2　槽的常见形状
(a) 外沟槽；(b) 内沟槽；(c) 端面槽

直形车槽刀和切断刀的几何形状基本相似，刃磨方法也基本相同，只是刀头部分的宽度和长度有些区别，有时它们也通用。切断和车槽是车工的基本操作技能之一，能否掌握好，关键在于刀具的刃磨。切槽刀、切断刀的刃磨要比刃磨外圆刀难度大一些。

知识模块一　刀具与切削参数

1. 车槽刀和切断刀的几何角度

通常使用的切断刀都是以横向走刀为主，前面的刀刃是主刀刃，两侧刀刃是副刀刃。为了减少工件材料的浪费和切断时能切到工件的中心，切断刀的主刀刃较狭、刀头较长。

1）高速钢切断刀

高速钢切断刀的形状如图2-2-3所示。

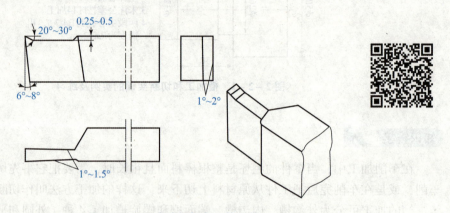

图2-2-3　高速钢切断刀的形状

为了使切削顺利，切断刀的前面应该磨出一个浅的卷屑槽，一般深度为0.75~1.5 mm，但长度应超过切入深度。卷屑槽过深，会削弱刀头强度，使刀头容易折断。

切断时，为了防止切下的工件端面有一小凸头，以及带孔工件不留边缘，可以把主刀刃略磨斜些，如图2-2-4所示。

2）硬质合金切断刀

由于高速切削的普遍采用，故硬质合金切断刀的应用也越来越广泛。一般切断时，由于切屑和槽宽相等，容易堵塞在槽内，为了使切削顺利，可把主刀刃两边倒角或把主刀刃磨成人字形。高速切断时，产生的热量很大，为了防止刀片脱焊，必须加注充分的冷却液。

当刀头磨损后，发热脱焊现象更为严重，因此必须注意及时修磨刀刃。为了增加刀头的支承强度，可把切断刀的刀头下部做成凸圆弧形。

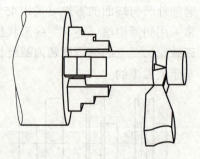

图2-2-4　斜刃切断刀

3）机械夹固式切断刀

机械夹固式车刀，具有节约刀杆材料、换刀方便的优点。这种形式的切断刀可以解决刀头脱焊现象，现已逐步推广采用。图2-2-5所示为杠杆式机械夹固式切断刀，它是根据杠杆原理来夹紧刀片的，拧紧螺钉4，使杠杆压板2绕销轴5转动，以压紧硬质合金车刀1。

当刀刃磨损修磨后,可用螺钉3来调节刀片的伸出长度。刀槽下面有圆弧形(鱼肚形)加强筋,用来增加刀杆的强度。

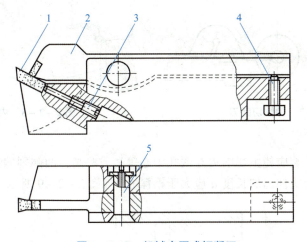

图2-2-5 机械夹固式切断刀
1—硬质合金车刀;2—杠杆压板;3,4—螺钉;5—销轴

4)反切断刀

切断直径较大的工件时,因刀头很长、刚性差,容易引起振动,可采用反切断法,即用反切刀使工件反转,如图2-2-6所示。这样切断时的切削力与工件重力方向一致,不容易引起振动,并且反切刀切断时的切屑从下面排出,不容易堵塞在工件槽中。

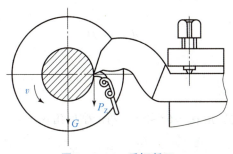

图2-2-6 反切断刀

在使用反切断法时,卡盘与主轴连接的部分必须装有保险装置,否则卡盘会因倒车而从主轴上脱开造成事故。车一般外沟槽切槽刀的角度和形状与切断刀基本相同。在车窄外沟槽时,切槽刀的刀头宽度应与槽宽相等,刀头长度应尽可能短一些。

5)弹性切断刀

为了节省高速钢,切断刀可以做成片状,再装夹在弹性刀杆内,如图2-2-7所示,这样既节约刀具材料,刀杆又富有弹性。若走刀量太大,由于弹性刀杆受力变形时刀杆弯曲中心在上面,刀头会自动退让出一些。因此,切割时不容易扎刀,这样就不会使切断刀折断。

6)内沟槽车刀

内沟槽车刀与切断刀的几何形状基本相似。内沟槽车刀在小孔中加工时,一般做成整体式,如图2-2-8(a)所示;加工直径较大的孔时,可采用装夹式车刀,如图2-2-8(b)所示。

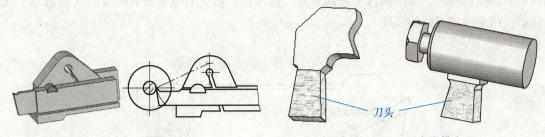

图 2-2-7 弹性切断刀　　　　图 2-2-8 内沟槽车刀
(a) 整体式；(b) 装夹式

内沟槽车刀的安装应使主切削刃与内孔中心等高或略高，两侧副偏角须对称。若采用装夹式内沟槽车刀，刀头伸出的长度 a 应大于槽深 h，如图 2-2-9 所示。

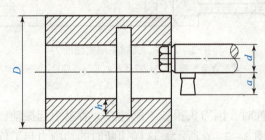

图 2-2-9 内沟槽车刀尺寸

同时应保证：

$$d + \alpha < D$$

式中：D——内孔直径；
　　　d——刀杆直径；
　　　α——刀头伸出的长度。

前角 $\gamma_0 = 5° \sim 20°$；主后角 $\alpha_0 = 6° \sim 8°$；两个副后角 $\alpha_1 = 1° \sim 3°$；主偏角 $\kappa_r = 90°$；两个副偏角 $\kappa_r' = 5° \sim 20°$。

2. 切断刀和车槽刀的长度和宽度的选择

1) 切断刀刀头部分的长度 L 的选择

切断实心材料时，$L = 1/2 D + (2 \sim 3)$ mm；

切断空心材料时，L 等于被切工件的壁厚加上 $2 \sim 3$ mm；

切槽刀的长度 L 为槽深加上 $2 \sim 3$ mm；

2) 切断刀刀头部分的宽度 a 的选择

$$a = (0.5 \sim 0.6)\sqrt{D}$$

式中：a——主刀刃宽度（mm）；
　　　D——被切工件的直径（mm）。

3. 切断刀的刃磨方法

刃磨左侧副后刀面时，两手握刀，车刀前面向上，同时磨出左侧副后角和副偏角。刃磨右侧副后刀面时，两手握刀，车刀前面向上，同时磨出右侧副后角和副偏角。刃磨主后刀面时，同时磨出主后角。刃磨前角和前面时，车刀前面对着砂轮磨削表面。

刃磨切断刀时，应先磨两副后刀面，以获得两侧副偏角和两侧副后角。刃磨时，必须保证两副后刀面平直、对称，并得到需要的刀头宽度。其次，磨主后面时应保证主刀刃平直，得到主偏角和主后角。最后，磨车刀前面的卷屑槽，具体尺寸由工件直径、工件材料和走刀量决定。卷屑槽过深会削弱刀头强度，为了保护刀尖，可以在两边刀尖处各磨一个小圆弧。

4. 切断刀的安装

（1）切断刀不宜伸出过长，同时切断刀的中心线必须装得与工件中心线垂直，以保证两副偏角对称。

（2）切断无孔工件时，切断刀必须装得与工件中心线等高，否则不能切到中心，而且容易折断车刀。

（3）切断刀底平面如果不平，会引起副后角的变化（两副后角不对称）。因此，刃磨之前应把切断刀底面磨平，刃磨后需用角尺或钢尺检查两侧副后角的大小，如图 2-2-10 所示。

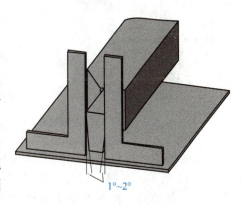

图 2-2-10 检查切断刀的副后角

5. 切断和车外沟槽时的切削用量

1）吃刀深度

横向切削时，吃刀深度即在垂直于加工端面（已加工表面）的方向上所量得的切削层的数值。所以，切断时的吃刀深度等于切断刀的刀头宽度。

2）走刀量

由于切断刀的刀头强度比其他车刀低，所以应适当地减小走刀量。走刀量太大时，容易使切断刀折断；走刀量太小时，切断刀后面与工件产生强烈摩擦会引起振动。

一般用高速钢车刀车钢料时，$f = 0.05 \sim 0.1$ mm/r；车铸铁时，$f = 0.1 \sim 0.2$ mm/r；用硬质合金车刀车钢料时，$f = 0.1 \sim 0.2$ mm/r；车铸铁时，$f = 0.15 \sim 0.25$ mm/r。

3）切削速度

用高速钢车刀车钢料时，$v = 30 \sim 40$ m/min；车铸铁时，$v = 15 \sim 25$ m/min。用硬质合金车刀车钢料时，$v = 80 \sim 120$ m/min；车铸铁时，$v = 60 \sim 100$ m/min。

切断时，由于切断刀伸入工件被切割的槽内，周围被工件和切屑包围，散热情况极为不利。为了降低切削区域的温度，应在切断时加充分的冷却润滑液进行冷却。

知识模块二　槽的车削和切断方法

在车床上可加工外沟槽、内沟槽和端面槽，如图 2-2-11 所示。不管是外沟槽、内沟槽，还是端面槽，加工槽的形状决定了刀具切削部位的形状。切槽刀具有一个主切削刃和两个副切削刃，主偏角为 90°，两个副偏角均为 1.5°。

切削窄槽时，切槽刀的刀宽可以等于槽的宽度，一次把工件加工成形。切削宽槽时，需分几次横向进给，否则易产生振动，影响工件的加工质量，甚至会折断车刀。

切槽时，主轴转速应选得低一些，工件直径越大，转速越低；切槽的位置应尽量靠近卡盘或其他夹具体，避免工件在加工过程中弯曲变形而"夹刀"。

1. 外沟槽的车削方法

车削宽度不大的沟槽，可以用刀头宽度等于槽宽的车刀一次直进车出，如图2－2－12所示。

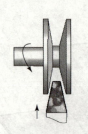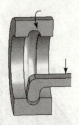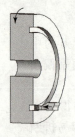

图2－2－11 沟槽的车削　　　　　　图2－2－12 窄外沟槽的车削

较宽的沟槽，可以用几次吃刀来完成，如图2－2－13所示。车第一刀时，先用钢尺量好距离。车一条槽后，把车刀退出工件向左移动继续车削，把槽的大部分余量车去，但必须在槽的两侧和底部留出精车余量。最后，根据槽的宽度和槽的位置精车沟槽内径，可用卡钳或游标卡尺测量，沟槽的宽度可用钢尺、样板或塞规来测量。

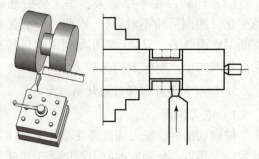

图2－2－13 宽外沟槽的车削

2. 内沟槽的车削方法

内沟槽的作用如下：

（1）退刀。在加工内螺纹、镗内孔和磨内孔时退刀用，这样的内孔能保证底平面垂直；有些长的轴套，为了加工方便和定位良好，往往在长度中间开有内沟槽；为了拉油槽方便，两端开有退刀槽。

（2）密封。梯形内沟槽里面嵌入油毛毡，以防止滚动轴承的润滑脂溢出。有的内沟槽里面嵌入O形密封圈，以防止液压系统中的高压油溢出。

（3）作为油、气通道。在各种液压和气压滑阀中内沟槽是用来通油和通气的。

（4）特殊用途。在汽轮机和压缩机中安装叶片用的内沟槽。

一般与车外沟槽方法相同，宽度较小的或要求不高的窄沟槽，用刀宽等于槽宽的内沟槽刀采用直进法一次车出；精度要求较高的内沟槽，一般可采用二次直进法车出，即第一次车去较多的多余金属，留下较少的切削余量，第二次换精车刀加工内沟槽到要求尺寸。

车削内沟槽时，刀杆直径受孔径和槽深的限制，比镗孔时的直径还要小，特别是车孔径小、沟槽深的内沟槽时更为突出。车削内沟槽时，排屑特别困难，切屑先要从沟槽内出来，然后再从内孔中排出，切屑的排出要经过90°的转弯。所以，车削内沟槽比镗孔还要困难。

车削内沟槽时的尺寸控制方法为：窄槽可直接用准确的刀头宽度来保证；宽槽可用大拖板刻

度盘来控制尺寸。沟槽深度可用中拖板刻度掌握，位置用大、小拖板刻度或挡铁来控制；精度要求高的用千分表和量块来保证，如图2-2-14所示。

车削梯形密封槽时，一般是先用内孔切刀车出直槽，然后用样板刀车削成形，如图2-2-15所示。

如要车削T形内沟槽，其车削步骤如图2-2-16所示，先用内沟槽车刀车直槽，然后用左向弯头刀割左面的沟槽，再用右向弯头刀割右面的沟槽。

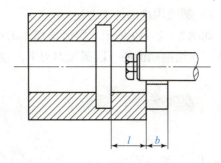

图2-2-14 内沟槽车刀定位尺寸计算

图2-2-15 梯形内沟槽的车削方法

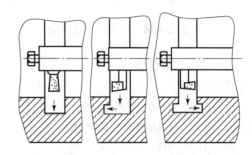

图2-2-16 T形内沟槽的车削方法

3. 端面槽的车削方法

1）端面直槽的加工方法

在加工一般外沟槽时，因为切槽刀是从外圆切入，像一般的切断刀一样，车刀的两侧副后角相等，车刀两面对称。但是，在端面上切直槽时，切槽刀的一个刀尖车削内孔，如图2-2-17所示，因此，车刀靠近a侧的副后面必须按端面槽圆弧的大小刃磨成如图2-2-17所示的圆弧形，R应小于端面槽的大圆半径，这样即可防止副后面与槽的圆弧相摩擦。

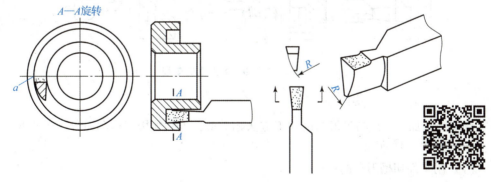

图2-2-17 端面直槽的车削

2）45°外沟槽的加工方法

如图2-2-18所示，45°外沟槽车刀与一般端面沟槽车刀相同，刀尖口处的副后面应该磨成相应的圆弧。车削时，可把小拖板转过45°，用小拖板进刀车削成形。

3）圆弧沟槽的加工方法

如图 2-2-19 所示，圆弧沟槽车刀可根据沟槽圆弧的大小相应磨成圆弧刀头。但必须注意：在切削端面的一段圆弧刀刃下，也必须磨有相应的圆弧后面。

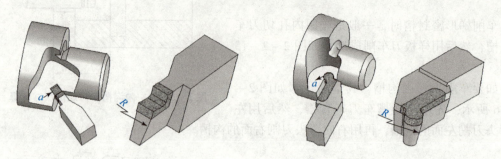

图 2-2-18　45°外沟槽的车削　　　　图 2-2-19　圆弧沟槽的车削

4）T 形槽的车削方法

T 形槽的车削比较复杂，它必须使用三种车刀分三个步骤才能完成。

（1）用平面切槽刀切平面槽；

（2）用弯头右切刀车外侧沟槽；

（3）用弯头左切刀车内侧沟槽。

弯头切刀的刀头宽度应等于槽宽，L 应小于 b，否则弯头切刀无法进入槽中。其次，应该注意弯头切刀进入平面槽时，为了避免车刀侧面与工件相碰，应该相应地磨成圆弧形，如图 2-2-20 所示。

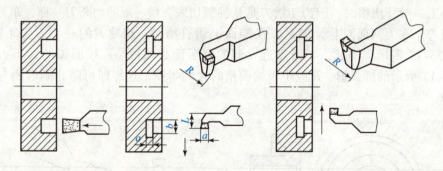

图 2-2-20　T 形槽的车削

5）燕尾槽的车削方法

燕尾槽的加工方法与 T 形槽的加工方法相类似，也必须用三种车刀分三个工步来进行加工，如图 2-2-21 所示。

（1）用平面切槽刀车削；

（2）用左角度成形刀车削；

（3）用右角度成形刀车削。

4. 切断方法

切断与切槽的加工方法基本一致，只不过切断是将工件从原有的材料上把其中一部分加

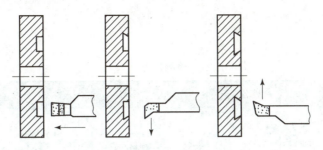

图 2-2-21 燕尾槽的车削

工成一个单独的个体，而切槽只是在工件上加工一个沟槽。切断时应注意以下几点，特别是在实心工件的切断时：

（1）切断毛坯表面的工件前，最好用外圆车刀把工件先车圆，或尽量减小走刀量，以免造成"扎刀"现象而损坏车刀。

（2）手动进刀切断时，摇动手柄应连续、均匀，以避免由于切断刀与工件表面摩擦，使工件表面产生冷硬现象而加速刀具磨损。如不得不中途停车，则应先把车刀退出再停车。

（3）用卡盘装夹工件切断时，切断位置离卡盘的距离应尽可能接近，否则容易引起振动，或使工件抬起压断切断刀。

（4）切断采用一夹一顶的装夹方法时，工件不应完全切断，应卸下工件后再敲断。切断较小的工件时，要用盛具接住，以免切断后的工件混在切屑中或飞出找不到。

（5）切断时不能用两顶针装夹工件，否则切断后的工件会飞出造成事故。

任务实施

该工件除了槽以外的其他尺寸均已按以下步骤加工好：

（1）用三爪联动卡盘夹住工件外圆长 20 mm 左右，并找正夹紧；
（2）粗车平面及外圆 $\phi 51$ mm，长度为 60 mm；
（3）在端面上加工中心孔；
（4）精车平面及外圆 $\phi(50 \pm 0.50)$ mm，长度为 60 mm；
（5）修正中心孔；
（6）掉头夹住外圆 $\phi 50$ mm 一端，长 20 mm 左右，并找正夹紧；
（7）粗车平面及外圆 $\phi 46$ mm，长度为 30 mm；
（8）在端面上加工中心孔；
（9）精车平面及外圆 $\phi(45 \pm 0.50)$ mm，长度为 30 mm、60 mm；
（10）修正中心孔。

槽的加工步骤如下：

（1）用三爪联动卡盘夹住工件 $\phi 50$ mm 的外圆长 20 mm 左右，并找正夹紧；
（2）用宽度为 4 mm 的切刀在工件上把 8 mm 的槽切出，长度尺寸用钢直尺和游标卡尺测量。

任务评价

检测报告

班级			姓名		学号		日期		
尺寸检测	序号	图纸尺寸/mm	允差/mm	量具名称	量具规格/mm	评分标准	配分	得分
	1	φ50	±0.1	卡尺	0.02	超差不得分	10	
	2	φ26	±0.1	卡尺	0.02	超差不得分	10	
	3	φ32	±0.1	卡尺	0.02	超差不得分	20	
	4	60	±0.1	卡尺	0.02	超差不得分	20	
	5	30	±0.1	深度尺	0.02	超差不得分	10	
	6	8	±0.05	千分尺	0.01	超差不得分	20	
	7							
				安全文明生产			10	
				得分总计				

项目三　螺纹与圆锥面车削

任务引入

1. 加工外圆锥

加工外圆锥，如图 2-3-1 所示。

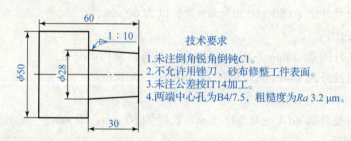

技术要求
1. 未注倒角锐角倒钝C1。
2. 不允许用锉刀、砂布修整工件表面。
3. 未注公差按IT14加工。
4. 两端中心孔为B4/7.5，粗糙度为Ra 3.2 μm。

图 2-3-1　加工外圆锥

2. 加工内圆锥

加工内圆锥，如图 2-3-2 所示。

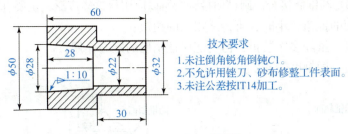

图 2-3-2 加工内圆锥

3. 内、外圆锥的装配图

内、外圆锥的装配图如图 2-3-3 所示。

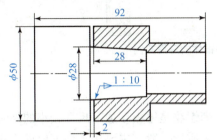

图 2-3-3 内、外圆锥的装配图

4. 螺纹车削

螺纹车削实训的加工实例如图 2-3-4 所示。

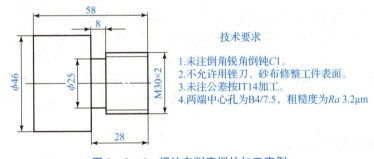

图 2-3-4 螺纹车削实训的加工实例

知识链接

螺纹的种类很多,按用途分可分为连接螺纹和传动螺纹;按螺纹牙型可分为三角形、方形、梯形、锯齿形和圆形,它们的牙型角也不一样;按螺旋线的方向可分为左旋和右旋;按螺旋线的头数可分为单头和多头螺纹;按工件两相对侧母线的关系可分为圆柱螺纹和圆锥螺纹。根据螺纹的种类和加工质量要求,一般的螺纹加工方法有攻螺纹、套螺纹、车螺纹、铣螺纹、磨螺纹、搓丝和滚丝等。

在机床与工具中,圆锥面接合应用得很广泛,如图 2-3-5 所示。车床主轴孔与顶针的接合、车床尾座锥孔与麻花钻锥柄的接合、磨床主轴与砂轮法兰的接合、铣床主轴孔与刀杆锥体的接合等,都是圆锥面接合。圆锥面接合之所以应用得这样广泛,主要有以下几个原因。

(1) 当圆锥面的锥角较小时,可传递很大的扭矩;
(2) 装拆方便,虽经多次装拆,但仍能保证精确的定心作用;
(3) 圆锥面接合同轴度较高。

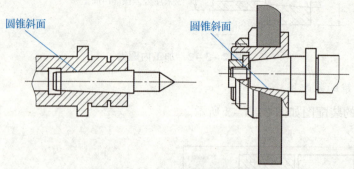

图 2-3-5　圆锥体的应用实例

知识模块一　设备与刀具

攻螺纹是用丝锥加工尺寸较小的内螺纹,套螺纹是用板牙加工尺寸较小的外螺纹。螺纹直径一般不超过 18 mm。攻螺纹和套螺纹的加工质量一般,主要用于精度要求不高的普通螺纹加工。

单件小批生产中,可以用手用丝锥(板牙)手工攻(套)螺纹;批量或大批量生产中,一般在车床、钻床或攻丝机上用机用丝锥(板牙)攻(套)螺纹。

车螺纹是用螺纹车刀在车床上加工出工件上的螺纹的加工方法,用螺纹车刀车螺纹,刀具简单,适用性强,可以使用通用设备;但生产率低,加工质量取决于工人的技术水平以及机床、刀具本身的精度,所以主要用于单件小批量生产。当生产批量较大时,为了提高生产率,常采用螺纹梳刀(见图 2-3-6)车螺纹。螺纹梳刀实质上是多把螺纹车刀的组合,一般一次走刀就能切出全部螺纹,因而生产率很高。但螺纹梳刀只能加工低精度螺纹,且螺纹梳刀制造困难;当加工不同的螺纹时,必须更换螺纹梳刀,且其只适用于加工螺纹附近无轴肩的工件。

1. 螺纹车刀的刃磨与安装

螺纹车刀一般是由高速钢或硬质合金两种材料制成,应根据车削螺纹的牙型角来刃磨螺纹车刀,其刀尖角 ε_r 应等于螺纹牙型角 α,使车刀切削部分形状与螺纹截面形状一致。常见螺纹车刀如图 2-3-7 所示。

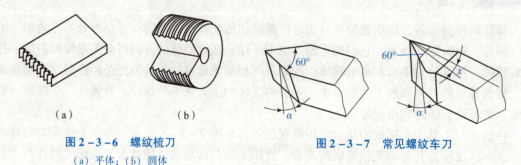

图 2-3-6　螺纹梳刀
(a) 平体;(b) 圆体

图 2-3-7　常见螺纹车刀

螺纹车刀安装时，车刀刀尖必须与工件中心等高，否则螺纹的截面形状将发生变化（产生双曲线牙型）。车刀刀尖角 ε_r 的角平分线必须与工件的轴心线相垂直，为了达到这一要求，往往利用对刀样板进行对刀，如图 2-3-8 所示。

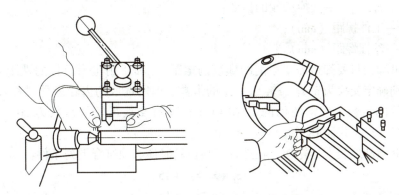

图 2-3-8 螺纹车刀在车床上的安装

2. 车螺纹时车床的调整

为了在车床上车出符合技术要求的螺纹，车削时必须严格保证工件（主轴）转过一转，车刀纵向进给一个所车螺纹的螺距（多头螺纹为导程）。这一要求是由车床主轴到丝杠之间传动链的传动比来保证的。在普通车床上这一要求可以根据进给箱上的标牌指示，调整进给手柄直接选取；但对一些特殊螺距的螺纹或没有进给箱的车床，可以通过交换齿轮的调整来达到所要求的传动比。图 2-3-9 所示为车螺纹时工件与车刀的运动关系图。丝杠的转动是由主轴上的齿轮，通过三星齿轮 a、b 和交换齿轮 z_1、z_2、z_3、z_4 传递，应保证做到工件转一转，车刀纵向进给量等于欲车螺纹的螺距（导程）。

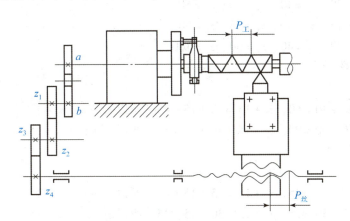

图 2-3-9 车螺纹时主轴与丝杠的传动关系

车螺纹时的纵向移动是由丝杠和对开螺母的作用实现的。当主轴带动工件转一转时，车刀纵向移动的距离应为 $P_工$，其传动关系如下：

$$1 \times \frac{a}{b} \times \frac{z_1}{z_2} \times \frac{z_3}{z_4} \times P_丝 = P_工$$

因机床制造时，齿轮 a、b 为定值，所以 $a/b = A$ 为定值（通常 $A = 1$ 或 $1/2$），故上式经

变换后可得

$$\frac{z_1}{z_2} \times \frac{z_3}{z_4} = \frac{P_{\text{工}}}{AP_{\text{丝}}}$$

式中：z_1，z_2，z_3，z_4——交换齿轮的齿数；
　　　$P_{\text{工}}$——工件螺距（mm）；
　　　$P_{\text{丝}}$——丝杠螺距（mm）。

由上式可知，只要知道需要车削的螺纹的螺距 $P_{\text{工}}$ 和所用车床丝杠的螺距 $P_{\text{丝}}$ 及 A 的数值，即可分别确定交换齿轮 z_1、z_2、z_3、z_4 的齿数。但所选取的齿轮齿数要符合该车床所备有的交换齿轮的齿数，较常使用的 CA6140 车床备有交换齿轮的齿数为 20、25、30、…、90、95、100、127，共计 18 个。

为了能够顺利地装上挂轮架，在选择变换齿轮时还必须符合下列条件：

$$z_1 + z_2 \geq z_3 + 15$$
$$z_3 + z_4 \geq z_2 + 15$$

例：欲在 CA6140 上车螺距为 3 mm 的螺纹，车床丝杠螺距为 12 mm，$A = 1$，试选取交换齿轮。

解：根据公式

$$\frac{z_1}{z_2} \times \frac{z_3}{z_4} = \frac{P_{\text{工}}}{AP_{\text{丝}}}$$

可得

$$\frac{z_1}{z_2} \times \frac{z_3}{z_4} \times \frac{P_{\text{工}}}{AP_{\text{丝}}} = \frac{3}{1 \times 12} = \frac{1}{4} = \frac{20}{40} \times \frac{30}{60} = \frac{15}{30} \times \frac{25}{50} = \frac{20}{40} \times \frac{50}{100}$$

交换齿轮的选择可为多种情况，下面列举了三种情况。

第一组：$z_1 = 20$、$z_2 = 40$、$z_3 = 30$、$z_4 = 60$。
第二组：$z_1 = 15$、$z_2 = 30$、$z_3 = 25$、$z_4 = 50$。
第三组：$z_1 = 20$、$z_2 = 40$、$z_3 = 50$、$z_4 = 100$。

下面进行校核。

第一组：
因 $z_1 + z_2 = 20 + 40 = 60$，$z_3 + 15 = 30 + 15 = 45$，所以 $z_1 + z_2 > z_3 + 15$。
因 $z_3 + z_4 = 30 + 60 = 90$，$z_2 + 15 = 40 + 15 = 55$，所以 $z_3 + z_4 > z_2 + 15$。
满足条件，可选。

第二组：
因 $z_1 + z_2 = 15 + 30 = 45$，$z_3 + 15 = 25 + 15 = 40$，所以 $z_1 + z_2 > z_3 + 15$。
因 $z_3 + z_4 = 25 + 50 = 75$，$z_2 + 15 = 30 + 15 = 45$，所以 $z_3 + z_4 > z_2 + 15$。
满足条件，可选。

第三组：
因 $z_1 + z_2 = 20 + 40 = 60$，$z_3 + 15 = 50 + 15 = 65$，所以 $z_1 + z_2 < z_3 + 15$。
因 $z_3 + z_4 = 50 + 100 = 150$，$z_2 + 15 = 40 + 15 = 55$，所以 $z_3 + z_4 > z_2 + 15$。
不满足条件，不可选。

知识模块二　螺纹的车削与测量

1. 车三角螺纹

1) 当加工的螺纹螺距 $P \leqslant 3$ 时

用一把硬质合金车刀，径向进刀车出螺纹，如图 2-3-10 所示。

2) 当加工的螺纹螺距 $P > 3$ 时

首先用粗车刀斜向进刀粗车，然后用精车刀径向进刀精车。若为精密螺纹，精车时应用轴向进刀分别精车牙型两侧，如图 2-3-11 所示。

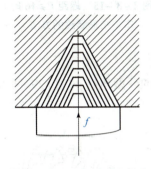

图 2-3-10　螺距 $P \leqslant 3$ 时车削三角螺纹的方法

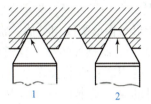

图 2-3-11　螺距 $P > 3$ 时车削三角螺纹的方法

2. 车梯形螺纹

1) 当加工的螺纹螺距 $P \leqslant 3$ 时

用一把车刀，径向进刀粗车，后精车成形，如图 2-3-12 所示。

2) 当加工的螺纹螺距 $P \leqslant 8$ 时

首先用比牙型角小 2° 的粗车刀径向进刀车至底径，然后用精车刀径向进刀精车，如图 2-3-13 所示。

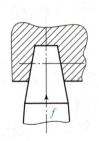

图 2-3-12　螺距 $P \leqslant 3$ 时车削梯形螺纹的方法

图 2-3-13　螺距 $P \leqslant 8$ 时车削梯形螺纹的方法

3) 当加工的螺纹螺距 $P \leqslant 10$ 时

首先用切槽车刀径向进刀车至底径，再用刀尖角小于牙型角 2° 的粗车刀径向进刀粗车，最后用开有卷屑槽的精车刀径向进刀精车，如图 2-3-14 所示。

4) 当加工的螺纹螺距 $P \geqslant 16$ 时

先用切刀径向进刀粗车至底径，再用左、右偏刀轴向进刀粗车两侧，最后用精车刀径向进刀精车，如图 2-3-15 所示。

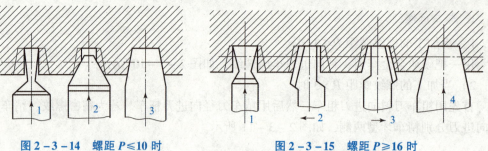

图 2-3-14　螺距 $P \leq 10$ 时车削梯形螺纹的方法

图 2-3-15　螺距 $P \geq 16$ 时车削梯形螺纹的方法

3. 车蜗杆

蜗杆的齿形与梯形螺纹相类似，常用的蜗杆螺纹的牙型角有 40°和 29°两种，40°为公制蜗杆螺纹，29°为英制蜗杆螺纹。我国采用 40°公制蜗杆螺纹。

蜗杆车刀的刃磨、安装及车削方法与车削梯形螺纹时的要求基本相同。但由于蜗杆的牙型较深，螺旋升角大，故车削时比一般梯形螺纹更困难些。由于蜗杆在传动中与蜗轮啮合，故蜗杆的各部分尺寸是按照蜗轮的齿来计算的，如图 2-3-16 所示。

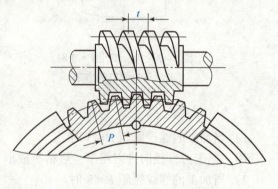

图 2-3-16　蜗杆与蜗轮的啮合

蜗杆的车削方法与梯形螺纹基本相同，不同的是公制蜗杆螺纹车刀的刀尖角为 40°。一般蜗杆齿形分轴向直廓（阿基米德螺线）和法向直廓（延长渐开线）两种。安装车刀应注意，车削阿基米德螺线蜗杆装刀时，车刀两刀刃组成的平面应与工件中心线重合，如图 2-3-17（a）上图所示。

如果工件齿形为法向直廓蜗杆，装刀时，车刀两刀刃组成的平面应垂直于齿面，如图 2-3-17（b）所示。

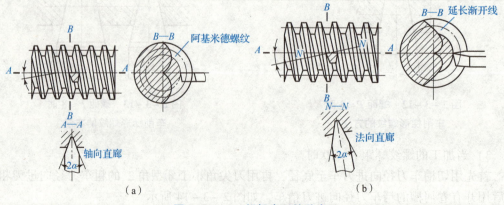

(a)　　　　　　　　　　(b)

图 2-3-17　蜗杆齿形的种类

由于蜗杆的螺旋升角较大，车削时使前角、后角发生很大的变化，切削很不顺利。为了克服上述现象，可以用图2-3-18所示的可调节螺旋升角刀排进行车削，刀头体2可相对于刀杆1转一个所需的螺旋升角，然后用螺钉3锁紧，角度的大小可从头部上的刻度线上看出。这种刀排上开有弹性槽，因而具有弹性作用，在车削时不容易产生扎刀现象。

车削法向直廓蜗杆，刀头必须倾斜，采用可调节螺旋升角刀排更为理想。粗车阿基米德螺旋线蜗杆时，为使切削顺利，刀头应倾斜安装。精车时，为了保持精度，刀头仍要水平安装。

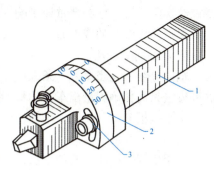

图2-3-18 可调节螺旋升角的刀排
1—刀杆；2—刀头体；3—螺钉

4. 车多线螺纹

圆柱体上只有一条螺旋槽的螺纹，叫作单线螺纹，这种螺纹应用最多。有两条或两条以上螺旋槽的螺纹，叫作多线螺纹。多线螺纹每旋转一周时，能移动单线螺纹几倍的螺距，所以多线螺纹常用于快速移动机构中。区别螺纹线数的多少，可根据螺纹末端螺旋槽的数目（见图2-3-19）确定。

单线螺纹和多线螺纹的形状，如图2-3-19所示螺纹上相邻两螺旋槽之间的距离，叫作螺距。螺旋槽旋转一周所移动的距离叫作导程。

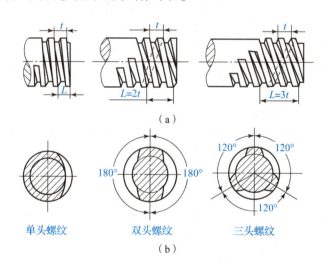

图2-3-19 单头、双头和三头螺纹

导程与螺距的关系表示为

$$L = nP$$

式中：n——螺纹的线数；

L——多线螺纹的导程；

P——多线螺纹的螺距。

1）多线螺纹的分线方法

车削多线螺纹时，主要是解决螺纹的分线方法问题。如果分线出现误差，会使所车的多线螺纹螺距不等,就会严重地影响内外螺纹的配合精度,降低使用寿命。

根据多头螺纹的成形原理,分线方法有轴向分线法和圆周分线法两种。

(1) 轴向分线法。

轴向分线法是当车好一条螺旋线后,把车刀轴向移动一个螺距即可车削第二条螺旋线。这种方法只需精确测量出车刀的移动距离即可达到分线目的。

①小拖板刻度分线法:小拖板刻度分线法是利用小拖板刻度控制车刀移动一个所需的螺距,以达到分线的目的。

②用块规分线法:此种方法是先在车床的大拖板与小拖板上各装上固定挡铁 1 和 2,车削第一条线时挡铁 1 和 2 触头之间放入距离为 $2P$ 的块规。当第一条线车好后,移动小拖板,调换一块厚度为 P 的块规垫在触头 1 和 2 之间,这时车刀就向左移动了一个螺距 P,车削第二条线。当第二条线车好后,抽去厚 P 的块规,使两触头相碰,再车削第二条线。经过这样的粗车、精车几个循环后,即可把三条线的螺纹车好。

用块规分线法比小拖板刻度分线法精确,但是使用这两种方法之前必须先把小拖板导轨校正得与工件轴心线平行,否则会造成分线误差。

(2) 圆周分线法。

如果是双头螺纹,两个头的起始点在端面上相隔 180°,三个头的起始点在端面上相隔 120°。因此,多头螺纹各个头在端面上相隔的角度为 $n = 360°/$螺纹头数。圆周分线法就是利用在同一端面上多头螺纹每条螺纹旋线的起始点均布的原理来进行分头的,即当车好第一条螺旋线以后,使工件与车刀的传动链脱开,并把工件转过一定角度,合上传动链即可车削另一条螺旋线。这样依次分头,就可把多头螺纹车好。

这种方法的分度精度主要决定于分度盘的精度。分度盘上的分度孔可用精密分度盘在坐标镗床上加工,因此可以获得较高的分度精度。用这种方法进行分头,操作方便,分度较理想。

2) 车多头螺纹的车削步骤

车多头螺纹时必须注意,绝不能把一条螺旋线全部车好后再车另外的螺旋线。车削时应按下列步骤进行。

(1) 粗车第一条螺旋线,记住中拖板和小拖板的刻度。

(2) 进行分头,粗车第二条、第三条、……螺旋线。如果用圆周分线法,切削深度(中拖板和小拖板的刻度)应与车第一条螺旋线时相同;如用轴向分线法,中拖板刻度与车第一条螺旋线时相同,小拖板精确移动一个螺距。

(3) 按上述方法精车各条螺旋线。

采用左右切削法加工多头螺纹时,为了保证多头螺纹的螺距精度,必须特别注意车每一条螺旋线的车刀轴向移动量应该相等。

5. 螺纹加工的基本方法

在车螺纹时,不可能一次进刀就能切到全牙深,一般都要分几次吃刀才能完成。根据进刀方向不同,一般有三种进刀方法,如图 2 - 3 - 20 所示。

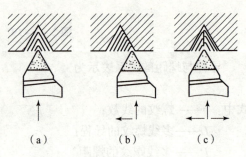

图 2 - 3 - 20 车螺纹时的进刀方式
(a) 直进法;(b) 斜进法;(c) 左右切削法

1）直进法

用中滑板进刀，两刀刃和刀尖同时切削。此法操作方便，所车出的牙型清晰，牙型误差小；但车刀受力大，散热差，排屑困难，刀尖易磨损。一般适于加工螺距小于 2 mm 的螺纹，以及高精度螺纹的精车。

2）斜向切削法

将小刀架转一角度，使车刀沿平行于所车螺纹右侧的方向进刀，这样使得两刀刃中基本上只有一个刀刃切削。此法车刀受力小，散热和排屑条件较好，切削用量可大些，生产效率较高；但不易车出清晰的牙型，牙型误差较大，一般适于较大螺距螺纹的粗车。

3）左右切削法

车削螺纹时，除了用中滑板刻度控制螺纹车刀的垂直吃刀外，同时使用小滑板的刻度控制车刀左右微量进给（借刀），这样反复切削几次，直至螺纹牙型全部加工完成。这种方法就叫作左右切削法。左右切削法加工螺纹时车刀也是单面吃刀，所以不易出现"扎刀"现象。但小滑板左右进给量不宜过大，以免出现牙底过宽或凹凸不平的现象。

 技能小贴士

车螺纹时的注意事项

车螺纹时，车刀的移动是靠开合螺母与丝杠的啮合来带动的，一条螺纹槽经过多次进给才完成。在多次重复的切削过程中，必须保证车刀始终落在已切出的螺纹槽内；否则，刀尖即偏左或偏右，把螺纹车坏，这种现象叫作"乱扣"。车螺纹时是否会发生"乱扣"主要取决于车床丝杠螺距 $P_\text{丝}$ 与工件螺距 $P_\text{工}$ 的比值 K 是否成整数，即

$$K = P_\text{丝}/P_\text{工}$$

若 K 为整数，就不会发生"乱扣"；若 K 不为整数，说明车床丝杠转过一转时，工件不是转过整数转，所以车刀不再切入工件原有的螺旋槽中，这就出现了"乱扣"现象。"乱扣"现象是可以避免的，可在切削一次以后不打开开合螺母，只退出车刀，开倒车使工件反转，使车刀回到起始位置，然后调节车刀的背吃刀量，再继续开顺车，主轴正转，进行下一次切削。

6. 螺纹的测量方法

1）三针测量法

三针测量是测量外螺纹中径的一种比较精密的方法，适用于测量精度较高的三角形、梯形、蜗杆等螺纹的中径。测量时把三根直径相等的钢针放置在螺纹相对应的螺旋槽中，用千分尺量出两边钢针顶点之间的距离 M，如图 2-3-21 所示。

千分尺读数 M 可用下式计算：

$$M = d_2 + d_D \left(1 + \frac{1}{\sin\frac{\alpha}{2}}\right) - \frac{p}{2}\cot\frac{\alpha}{2}$$

式中：M——千分尺测得尺寸，mm；

d_2——螺纹中径，mm；

d_D——钢针直径，mm；

α——工件牙型角度。

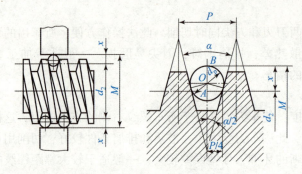

图 2-3-21　三针法测量螺纹

三针测量用的最小钢针直径,不能沉没在齿谷中以致无法测量,如图 2-3-22 所示。

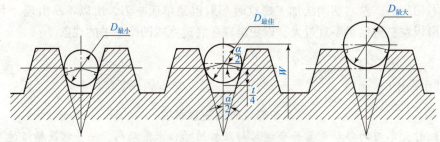

图 2-3-22　测量螺纹时钢针的选择

最大钢针直径不要搁在顶上与测量齿面脱离,使测量值不正确,最佳钢针直径应该使钢针与螺纹中径处相切。因此,钢针直径可按下式计算:

$$d_D = \frac{P}{2\cos\frac{\alpha}{2}}$$

为了计算方便,可将不同的螺纹牙型角代入上述公式,求得 M 值及钢针直径 D 的计算公式,如表 2-3-1 所示。

表 2-3-1　三针测量 M 值及钢针直径计算公式

螺纹牙型角/(°)	M 值计算公式	钢针直径 D 的计算公式
60	$M = d_2 + 3D - 0.866t$	$D = 0.577t$
55	$M = d_2 + 3.166D - 0.9605t$	$D = 0.564t$
40	$M = d_2 + 3.924D - 1.374t$	$D = 0.533t$
30	$M = d_2 + 4.864D - 1.866t$	$D = 0.518t$
29	$M = d_2 + 4.994D - 1.933t$	$D = 0.516t$

为了测量方便,对于较小螺纹的三针测量可用以下方法:把三针分别装嵌在两端有塑料(或皮革)可浮动的夹板中,再用千分尺进行测量。对于螺距较大的工件,三针测量时,千分尺的测量杆不能同时跨住两个钢针,这时可在千分尺和测量杆之间垫进一块块规。在计算 M 值时,必须注意减去块规厚度的尺寸。

2）单针测量法

螺纹中径的测量除三针测量法外，还有单针测量法，它的特点是只需使用一根钢针，测量时比较方便，如图 2-3-23 所示。其计算公式如下：

$$A = \frac{M + d_0}{2}$$

式中：A——千分尺测得的尺寸，mm；

d_0——螺纹外径的实际尺寸，mm；

M——用三针测量时千分尺所测得的尺寸，mm。

3）齿厚测量法

测量蜗杆时，除了用三针法测量蜗杆螺纹外，还可采用齿轮游标卡尺测量，如图 2-3-24 所示。齿轮游标卡尺由互相垂直的齿高卡尺和齿厚卡尺组成，测量时，把齿高卡尺读数调整到等于齿顶高（蜗杆齿顶高等于模数 m），法向卡入齿廓，齿轮卡尺测得的读数就是蜗杆中径 d_2 的法向齿厚。但图纸上一般注明的是轴向齿厚，故测量时必须进行换算。法向齿厚 S_n 的换算公式如下：

$$S_n = \frac{1}{2} t \cos\psi$$

式中：t——蜗杆周节；

ψ——蜗杆螺旋升角。

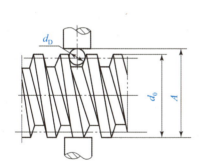

图 2-3-23 单针法测量螺纹

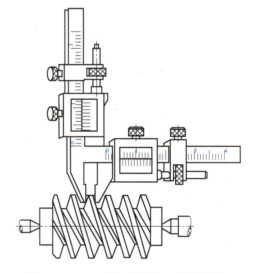

图 2-3-24 用齿厚游标卡尺测量螺纹

测量时，齿厚游标卡尺应与螺纹轴线成一定角度（蜗杆为 10°）。

4）综合测量

螺纹的综合测量可用螺纹环规和塞规进行。

知识模块三　圆锥车削加工方法

1. 圆锥加工的基础理论知识

1）圆锥的尺寸标注方法和计算

由于设计基准、测量方法等的要求不同，在工厂的生产图纸中，圆锥的标注方法也不一致,现将生产图纸中常见的几种标注方法介绍如下。

因为圆锥具体有 4 个参数,即 α(或 K)、D、d、l,图纸上只需注明三个量,如表 2-3-2 所示,其余一个量可用计算法求出。某些零件,如圆锥齿轮、蜗轮、角度槽等,斜角较大,一般在图纸上都用角度标注,但标注的方法各不相同,这时对小拖板转动的角度必须进行换算,换算方法是把所标注的角度换算成圆锥母线与轴心线相交的夹角。

表 2-3-2　常见圆锥的尺寸标注方法和计算公式

图例	说明	计算公式
	图上注明圆锥的 D、d、l,需要计算 K 和 α	$K=(D-d)/l$ $\tan\alpha=(D-d)/2l$
	图上注明圆锥的 D、K、l,需要计算 d 和 α	$d=D-Kl$ $\tan\alpha=K/2$
	图上注明圆锥的 D、α、l,需要计算 K 和 d	$d=D-2l\tan\alpha$ $K=2\tan\alpha$
	图上注明圆锥的 K、d、l,需要计算 D 和 α	$D=d+Kl$ $\tan\alpha=K/2$

2) 圆锥的种类

为了降低生产成本和使用方便,常用的工具、刀具圆锥都已标准化,也就是说圆锥的各部分尺寸,按照规定的几个号码来制造,使用时只要号码相同就能紧密配合和互换。标准圆锥已在国际上通用,即不论哪一个国家生产的机床或工具,只要符合标准圆锥都能达到互换性。

常用的圆锥有下列 3 种。

(1) 莫氏圆锥。

莫氏圆锥是机器制造业中应用得最广泛的一种,如车床主轴孔、顶尖、钻头柄、铰刀柄等都用莫氏圆锥。莫氏圆锥分成 7 个号码,即 0、1、2、3、4、5、6,最小的是 0 号,最大的是 6 号。莫氏圆锥是从英制换算过来的,当号数不同时,圆锥斜角也不同。

(2) 公制圆锥。

公制圆锥有 8 个号码,即 4、6、80、100、120、140、160 和 200 号。它的号码是指大端的直径,锥度固定不变,即 $K=1:20$。例如 100 号公制圆锥,它的大端直径是 100 mm,锥度 $K=1:20$。公制圆锥的优点是锥度不变,记忆方便。

(3) 专用标准锥度。

除了常用的莫氏锥度以外,还经常遇到各种专用的标准锥度,现把常用专用标准锥度的应用场合和其锥度大小在表 2-3-3 中说明。

表 2-3-3 专用标准锥度

锥度 K	圆锥角 2α	圆锥斜角 α	应用举例
1:4	14°15′	7°7′30″	车床主轴法兰及轴头
1:5	11°25′16″	5°42′38″	易于拆卸的连接,砂轮主轴与法兰的接合
1:7	8°10′16″	4°5′8″	管件的开关塞、阀
1:10	5°43′30″	2°51′45″	部分滚动轴承内环锥孔
1:12	4°46′19″	2°23′9″	部分滚动轴承内环锥孔
1:15	3°49′6″	1°54′33″	主轴与齿轮的配合部分
1:16	3°34′47″	1°47′24″	圆柱管螺纹
1:20	2°51′51″	1°25′56″	公制工具圆锥,锥形主轴颈
1:30	1°54′35″	0°57′17″	装柄的铰刀和扩孔钻与柄的配合
1:50	1°8′45″	0°34′23″	圆锥定位销及锥铰刀
7:24	16°35′39″	8°17′50″	铣床主轴孔及刀杆的锥体
7:64	6°15′38″	3°7′49″	刨齿机工作台的心轴孔

2. 外圆锥体的车削方法

由于圆锥零件有各种不同的形状,而车床上的设备也各有不同,因此要根据不同情况采用不同方法进行车削。在车床上加工圆锥体主要有下列 4 种方法。

(1) 转动小拖板法;

(2) 偏移尾座法;

(3) 靠模法;

(4) 宽刃刀车削法。

无论采用哪一种方法,都是为了使刀具的运动轨迹与零件轴心线成圆锥斜角 α,从而加工出所需要的圆锥零件。

1) 转动小拖板法

车削较短的圆锥体时,可以用转动小拖板的方法。车削时只要把小拖板按零件的要求转动一定的角度,使车刀的运动轨迹与所要车削的圆锥母线平行。这种方法操作简单,调整范围大,能保证一定的精度,如图 2-3-25 所示。

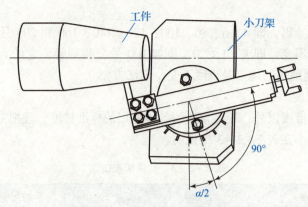

图 2-3-25 转动小滑板车圆锥

由于圆锥的角度标注方法不同,故一般不能直接按图纸上所标注的角度去转动小拖板,必须经过换算。换算原则是把图纸上所标注的角度,换算出圆锥母线与车床主轴中心线的夹角 α,α 就是车床小拖板应该转过的角度。具体情况如表 2-3-4 所示。

表 2-3-4 图纸上标注的角度和小滑板应转过的角度

图例	小刀架应转过的角度 α	车削示意图
(60°圆锥)	逆时针转 30°	
(A 面 40°)	A 面逆时针转 30°	
(B 面 50°, C 面 50°)	B 面顺时针转 30°	
	C 面顺时针转 30°	

66　金工实习教程

车削常用锥度和标准锥度时小滑板转动的角度如表2-3-5所示。

表2-3-5 车削常用锥度和标准锥度时小滑板转动的角度

名称		锥度	小滑板转动角度
莫氏	0	1:1.921 2	1°29′27″
	1	1:2.004 7	1°25′43″
	2	1:2.002 0	1°25′50″
	3	1:1.992 2	1°26′16″
	4	1:1.925 4	1°29′15″
	5	1:1.900 2	1°30′26″
	6	1:0.918 0	1°29′36″
标准锥度	0°17′11″	1:200	0°08′36″
	0°34′23″	1:100	0°17′11″
	1°8′45″	1:50	0°34′23″
	1°54′35″	1:30	0°57′17″
	2°51′51″	1:20	1°25′56″
	3°49′6″	1:15	1°54′33″
	4°46′19″	1:12	2°23′09″
	5°43′29″	1:10	2°51′45″
	7°9′10″	1:8	3°34′35″
	8°10′16″	1:7	4°05′08″
	11°25′16″	1:5	5°42′38″
	16°35′32″	7:24	8°17′46″
	18°55′29″	1:3	9°27′44″
	30°	1:1.866	15°
	45°	1:1.207	22°30′
	60°	1:0.866	30°
	75°	1:0.652	37°30′
	90°	1:0.5	45°
	120°	1:0.289	60°

如果图纸上没有注明圆锥斜角 α，那么可根据公式计算，算出的角度如果不是整数，例如，$\alpha = 3°35′$，那么只能在3°~4°之间进行估计，大约在3°30′一点，试切后逐步校正。

校正锥度的方法如下。

(1) 根据小拖板上的角度来确定锥度，精度不高，当车削标准锥度和较小的角度时，一般可用锥度套规或塞规，用着色检验的方法逐步校正小拖板所转动的角度。车削角度较大的工件时，可用样板或角度游标尺来检验。

(2) 如需要车削的工件已有样件或标准塞规，这时可用百分表校正锥度的方法，如图2-3-26所示，先把样件或标准塞规安装在两顶针之间，然后在刀架上安装一块百分表，把小拖板转动一个所需的角度，把百分表的测量头垂直接触在样件上（必须对准中心）。移动小拖板,观察百分表摆动情况,如果指针摆动为零,则锥度已校正。用这种方法校正锥度,既迅速又方便。

小拖板校正以后,不要轻易再去转动。如果车出工件的锥度仍旧不对,应从其他方面去找原因。例如:小拖板塞铁松紧是否调整好、小拖板导轨端面是否碰伤、手柄转动得是否均匀等都会影响锥度的精度。车锥体时,必须特别注意车刀安装的刀尖要严格对正工件的回转中心,否则车出的圆锥母线不是直线,而是双曲线。如图 2-3-27 所示,用已安装好的车刀对准要加工锥度的工件端面,移动中拖板划一条线,然后把工件旋转 180°左右,用刀尖对准已划线的起始位置再划一条线,两线重合则车刀严格对正工件回转中心;如果第二次划线在第一次划线的上方则刀具高于工件的回转中心,反之则低于工件的回转中心。

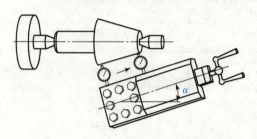
图 2-3-26 用百分表校正圆锥

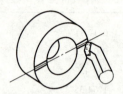
图 2-3-27 端面划线找正中心

车较短的圆锥体时,可以用转动小滑板的方法。小滑板的转动角度也就是小滑板导轨与车床主轴轴线相交的一个夹角,它的大小应等于所加工零件的圆锥半角的值。

转动小拖板车圆锥体的特点如下:

(1) 能车圆锥角度较大的工件。
(2) 能车出整锥体和圆锥体孔,并且操作简单。
(3) 只能手动进给,若用此法成批生产,则劳动强度大,工件表面粗糙度较难控制。
(4) 因受小滑板行程的限制,故只能加工锥面不长的工件。

2) 偏移尾座法

在两顶针之间车削圆柱体时,大拖板走刀是平行于主轴中心线移动的,但尾座横向移动一定距离 S 后,如图 2-3-28 所示,工件旋转中心与纵向走刀相交成一个角度 α,因此,工件就车成了圆锥体。尾座偏移的方向按下列原则进行:当工件锥体的小端在尾座处时,尾座就要向操作者移动;当工件锥体的大端在尾座处时,尾座就要远离操作者移动。

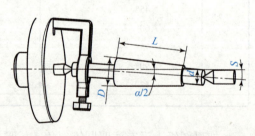
图 2-3-28 偏移尾座车圆锥

采用偏移尾座的方法车削圆锥体时,必须注意尾座的偏移量不仅和圆锥体长度 l 有关,而且还和两顶针之间的距离有关,这段距离一般可以近似看作工件总长 L。

尾座偏移量可根据下列公式计算:

$$S = L \times (D-d)/2l \text{ 或 } S = K \times L/2$$

式中:S——尾座偏移量,mm;
D——大端直径,mm;
d——小端直径,mm;

l——工件圆锥部分长，mm；

L——工件的总长，mm。

例：有一圆锥体工件，$D = 80$ mm，$d = 75$ mm，$l = 100$ mm，$L = 120$ mm，求尾座偏移量 S。

解：$S = L \times (D - d)/2l = 120 \times (80 - 75)/(2 \times 100) = 3$（mm）

尾座偏移量 S 计算出来以后，就可以根据偏移量 S 来移动尾座的上层。偏移尾座的方法有以下几种。

（1）利用尾座的刻度偏移尾座，如图 2 - 3 - 29 所示。先把尾座上下层零线对齐，然后转动螺钉，把尾座上层移动一个 S 距离，这种方法比较方便，一般尾座上有刻度的车床都能应用。

（2）利用中拖板刻度偏移尾座，如图 2 - 3 - 30 所示。在刀架上装一根铜棒，把中拖板摇进使铜棒和尾座套筒接触，再根据刻度把铜棒退出 S 距离（注意除去丝杆和螺母的间隙），然后把尾座偏移到与铜杆接触即可。

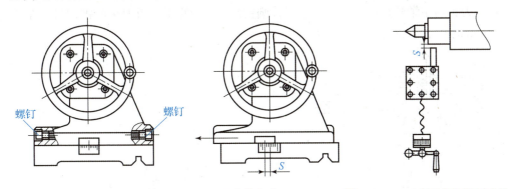

图 2 - 3 - 29　应用刻度偏移尾座的方法　　　图 2 - 3 - 30　应用中拖板刻度偏移尾座

（3）应用千分表偏移尾座，如图 2 - 3 - 31 所示。先把千分表装在刀架上，使千分表的触头与尾座套筒接触，然后偏移尾座，当千分表指针转动至 S 值后，就把尾座固定，用这种方法比较准确。

（4）应用锥度量棒（或样件）偏移尾座，把锥度量棒顶在两顶针中间，如图 2 - 3 - 32 所示，在刀架上装一千分表，使千分表触头与量棒接触，并对准中心，再偏移尾座，然后移动大拖板。观察千分表在量棒两端的读数是否相同，如果读数不相同，再偏移尾座，直到千分表在两端的读数相同为止。但量棒的总长必须等于车削零件的总长，否则校出的锥度也不会正确。

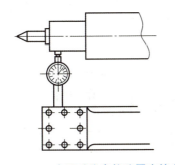 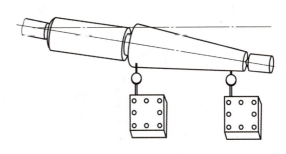

图 2 - 3 - 31　应用千分表偏移尾座的方法　　　图 2 - 3 - 32　用锥度量棒偏移尾座

3) 靠模法

对于长度较长、精度要求很高的锥体，一般都用靠模法车削。靠模装置能使车刀在做纵向走刀的同时，还做横向走刀，从而使车刀的移动轨迹与被加工零件的圆锥母线平行，如图2-3-33所示。

这种方法调整方便、准确，可以采用自动进刀车削圆锥体和圆锥孔，质量较高。但靠模装置的角度调节范围较小，一般在12°以下。

靠模板偏动力的计算公式为

$$B = H \times (D-d)/2L \text{ 或 } B = (H \times C)/2$$

式中：H——靠模板转动中心到刻线处的距离，称为支距；

　　　$\alpha/2$——靠模板旋转角度，它等于圆锥体的斜角，计算公式与小刀架转动角度相同；

　　　B——靠模板的偏动量。

4) 宽刃刀车削法

在车削较短的圆锥面时，也可以用宽刃刀直接车出，如图2-3-34所示。宽刃刀的刀刃必须平直，刀刃与主轴轴线的夹角应等于工件圆锥斜角α。使用宽刃刀车圆锥面时，车床必须具有很好的刚性，否则容易引起振动。

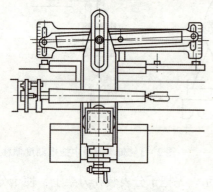
图2-3-33　靠模法车圆锥

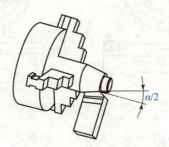
图2-3-34　宽刃刀法车圆锥

3. 圆锥孔的车削方法

1) 转动小滑板车削

先用直径小于锥孔小端直径1~2 mm的钻头钻孔，再转动小刀架的角度，使车刀的运动轨迹与零件轴线的夹角等于圆锥斜角α，然后车削圆锥孔。

(1) 车削配套圆锥面，如图2-3-35所示。车削配套圆锥面时，先把外锥体车削正确，这时不要变动小滑板，只需把车刀反装，使刀刃向下（主轴仍正转），然后车削圆锥孔。由于小刀架角度不变，因此可以获得很正确的圆锥配合表面。

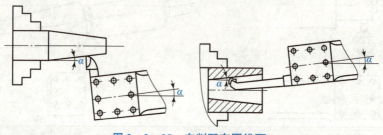
图2-3-35　车削配套圆锥面

（2）车削对称圆锥孔，如图2-3-36所示。首先把外端圆锥孔加工正确，不变动小滑板的角度，把车刀反装，摇向对面再车削里面一个圆锥孔。这种方法加工方便，不但能使两对称圆锥孔锥度相等，而且工件无须卸下，所以两锥孔可获得很高的同轴度。

2）靠模板法

当工件锥孔的圆锥斜角小于12°时，可采用靠模板方法加工，加工方法与车外锥面相同，只是靠模板扳转位置相反。

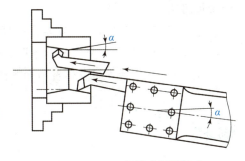

图2-3-36 车削对称圆锥孔

3）用锥形铰刀铰削圆锥孔

在加工直径较小的圆锥孔时，因为刀杆强度较差，故难以达到较高的精度和表面粗糙度，这时可以用锥形铰刀来加工。

4. 检查锥度的方法

1）用游标角度尺检查锥度

对于角度零件或精度不高的圆锥表面，可用圆形游标角度尺检查。把角度尺调整到要测的角度，角度尺的角尺面与工件平面（通过中心）靠平，直尺与工件斜面接触，通过透光的大小来找正小滑板的角度，反复多次直至达到要求为止。

2）用锥形套规检查锥度

（1）可通过感觉来判断套规与工件大小端直径的配合间隙，调整小滑板角度。

（2）在工件表面上顺着母线，相隔约120°薄而均匀地涂上三条显示剂。

（3）把套规轻轻套在工件上转动半周之内。

（4）取下套规观察工件锥面上显示剂擦去情况，鉴别小滑板应转动方向，以找正角度。

锥形套规是检查锥体工件的综合量具，既可以检查工件锥度的准确性，又可以检查锥体工件的大小端直径及长度尺寸。如果要求套规与锥体接触面在50%以上，则一般须经过试切和反复调整，所以锥体的检查应该在试切时进行。

技能小贴士

圆锥车削加工容易产生的问题和注意事项

（1）车刀必须对准工件旋转中心，避免产生双曲线（母线不直）误差。

（2）车圆锥体前对圆柱直径的要求，一般应按圆锥体大端直径放余量1 mm左右。

（3）车刀刀刃要始终保持锋利，工件表面应一刀车出。

（4）应两手握小滑板手柄，均匀移动小滑板。

（5）粗车时，进刀量不宜过大，应先找正锥度，以防工件车小而报废，一般留精车余量0.5 mm。

（6）用量角器检查锥度时，测量边应通过工件中心。用套规检查，工件表面粗糙度要小，涂色要薄而均匀，转动一般在半周之内，多则易造成误判。

（7）在转动小滑板时，应稍大于圆锥半角，然后逐步找正。当小滑板角度调整到相差不多时，只需把紧固螺母稍松一些，用左手拇指紧贴在小滑板转盘与中滑板底盘上，用铜棒

轻轻敲小滑板所需找正的方向，凭手指的感觉决定微调量，这样可较快地找正锥度。注意要消除滑板间隙。

(8) 小滑板不宜过松，以防工件表面车削痕迹粗细不一。
(9) 当车刀在中途刃磨以后装夹时，必须重新调整，使刀尖严格对准工件中心。
(10) 防止扳手在扳小滑板紧固螺帽时打滑而撞伤手。

任务实施

1. 加工外圆锥

外圆锥的加工步骤：

(1) 用三爪联动卡盘夹住工件外圆长 20 mm 左右，并找正夹紧。
(2) 粗车平面及外圆 $\phi 51$ mm，长度为 36 mm。
(3) 在端面上加工中心孔。
(4) 精车平面及外圆 $\phi(50 \pm 0.50)$ mm，长度为 36 mm。
(5) 修正中心孔。
(6) 掉头夹住外圆 $\phi 50$ mm 一端，长 20 mm 左右，并找正夹紧。
(7) 粗车平面及外圆 $\phi 30$ mm，长度为 30 mm。
(8) 在端面上加工中心孔。
(9) 精车平面及外圆 $\phi(28 \pm 0.50)$ mm（长度为 30 mm）。
(10) 修正中心孔。
(11) 逆时针扳转小滑板 $2°51'45''$。
(12) 对好刀后用手动摇动小滑板进给，控制尺寸 $\phi 28$ mm、30 mm 和 60 mm。
(13) 用角度尺检查。
(14) 去毛刺。

2. 加工内圆锥

内圆锥的加工步骤：

(1) 用三爪联动卡盘夹住工件外圆长 20 mm 左右，并找正夹紧。
(2) 粗车平面及外圆 $\phi 33$ mm，长度为 30 mm。
(3) 在端面上加工中心孔，并以中心孔定位钻 $\phi 22$ mm 内孔。
(4) 精车平面及外圆 $\phi(32 \pm 0.50)$ mm，长度为 30 mm。
(5) 调头夹住外圆 $\phi 32$ mm 一端，长 25 mm 左右，并找正夹紧，夹紧力要恰当。
(6) 粗车平面及外圆 $\phi 51$ mm。
(7) 精车平面及外圆 $\phi(50 \pm 0.50)$ mm，控制长度为 60 mm。
(8) 顺时针扳转小滑板 $2°51'45''$。
(9) 对好刀后用手动摇动小滑板进给，控制尺寸为 $\phi 28$ mm 和 28 mm。
(10) 做完后与外圆锥装配，检查内外圆锥的配合情况。

3. 螺纹车削

螺纹的加工步骤：

（1）用三爪联动卡盘夹住工件外圆长 20 mm 左右，并找正夹紧。

（2）粗车平面及外圆 φ47 mm，长度为 35 mm。

（3）在端面上加工中心孔。

（4）精车平面及外圆 φ46 mm，长度为 36 mm。

（5）修正中心孔。

（6）调头夹住外圆 φ46 mm 一端，长 20 mm 左右，并找正夹紧。

（7）粗车平面及外圆 φ32 mm，长度为 28 mm。

（8）在端面上加工中心孔。

（9）精车平面及外圆 $\phi 30_{-0.25}^{0}$ mm，长度为 28 mm、58 mm。

（10）车 8 mm 的退刀槽。

（11）车螺纹 M30×2。

检测报告

班级				姓名		学号		日期	
尺寸检测	序号	图纸尺寸/mm	允差/mm	量具		评分标准		配分	得分
				名称	规格/mm				
	1	外锥 φ50	±0.1	卡尺	0.02	超差不得分		5	
	2	外锥 φ28	±0.1	卡尺	0.02	超差不得分		5	
	3	外锥 60	±0.1	卡尺	0.02	超差不得分		5	
	4	外锥 30	±0.1	深度尺	0.02	超差不得分		10	
	5	内锥 φ50	±0.1	卡尺	0.02	超差不得分		5	
	6	内锥 φ28	±0.1	卡尺	0.02	超差不得分		5	
	7	内锥 φ22	±0.1	卡尺	0.02	超差不得分		5	
	8	内锥 φ32	±0.1	卡尺	0.02	超差不得分		5	
	9	内锥 60	±0.1	卡尺	0.02	超差不得分		5	
	10	内锥 30	±0.1	深度尺	0.02	超差不得分		5	
	11	内锥 28	±0.1	深度尺	0.02	超差不得分		5	
	12	锥配合		配研		接触面积不少于65%		15	
	13	螺纹M30×2		螺纹规				15	
		安全文明生产						10	
		得分总计							

项目四　偏心与特型面的加工

任务引入

1. 偏心轴和偏心套加工

加工如图 2-4-1 所示偏心轴和偏心套零件并按图纸要求装配。

偏心轴和偏心孔使用毛坯 $\phi 40$ mm × 88 mm。

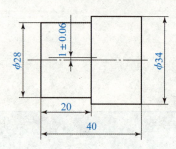

技术要求
1. 未注倒角锐角倒钝C1。
2. 不允许用锉刀、纱布修整工件表面。
3. 未注公差按IT14加工。
4. 两端中心孔为B4/7.5，粗糙度为 Ra 3.2 μm。

(a)

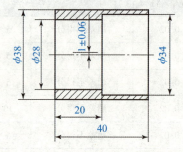

技术要求
1. 未注倒角锐角倒钝C1。
2. 不允许用锉刀、纱布修整工件表面。
3. 未注公差按IT14加工。
4. 两端中心孔为B4/7.5，粗糙度为 Ra 3.2 μm。

(b)

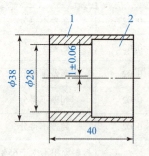

技术要求
1. 未注倒角锐角倒钝C1。
2. 不允许用锉刀、纱布修整工件表面。
3. 未注公差按IT14加工。
4. 装配后，用刀口尺检查两端面。

(c)

图 2-4-1　偏心轴、套装配图

（a）偏心轴零件图；（b）偏心套零件图；（c）装配图

2. 球状手柄加工

球状手柄加工实例如图 2-4-2 所示。

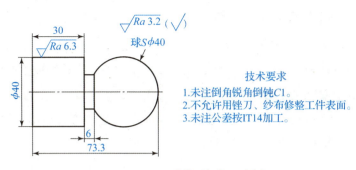

图 2-4-2 球状手柄加工实例

知识链接

在机械传动中，回转运动变为往复直线运动或直线运动变为回转运动，一般都是用偏心轴或曲轴（曲轴是形状比较复杂的偏心轴）来完成的。偏心工件和曲轴一般都在车床上加工。

偏心轴即工件的外圆和外圆之间的轴线平行而不相重合，偏心套即工件的外圆和内孔的轴线平行而不相重合，这两条轴线之间的距离称为"偏心距"。

车偏心的车刀与车削外圆和车削内孔的车刀相同，刃磨方法也一致。

偏心工件如图 2-4-3 所示。曲轴与外圆、内孔轴有共同点，但是偏心工件的曲轴又有其特殊性，"偏心距"标志着偏心的大小。

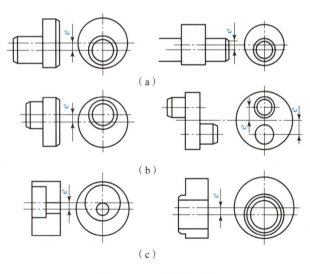

图 2-4-3 偏心工件

认识了偏心工件和曲轴的特殊点以后，我们就不难理解，在加工这类工件时主要不是解决车削内孔和外圆的问题，而是着手解决车偏心的问题。

车削偏心时，应按工件的不同数量、形状和精度要求相应地采用不同的装夹方法，但最终应保证所要加工的偏心部分轴线与车床主轴旋转轴线重合。

知识模块一　偏心车削加工方法

车偏心和车其他工件一样,它的加工方法不是一成不变的,而是按照工件的不同数量、形状和精度要求相应地采用各种加工方法,从而多、快、好、省地完成生产任务。

1. 车削偏心工件常用装夹方法

(1) 用四爪卡盘车削偏心工件,如图2-4-4所示,这种方法适用于加工偏心距较小、精度要求不高、形状较短、数量较少的偏心工件。其加工步骤如下：

① 划线,如图2-4-5所示。将已车好的光轴放在平台的V形块上,用游标高度划线尺测量光轴最高点,再把游标高度划线尺游标下移为工件实际测量尺寸的半径尺寸,在工件的端面和四周划出轴线;把工件转过90°,用90°角尺对齐已划好的轴线,再用原来调整好的高度划线尺在工件周围划出一圈十字轴线;把游标高度划线尺的游标上移一个需要的偏心距,并在两端面划出偏心轴线;偏心距中心划出以后,用划规划出一个偏心圆。

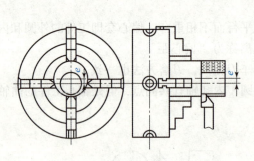

图2-4-4　在四爪卡盘上加工偏心工件

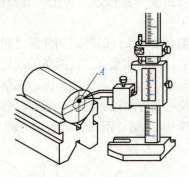

图2-4-5　画十字线和偏心圆线

② 装夹、校正,如图2-4-6所示。在床面上放一块小型平板,用划针盘进行校正,采用十字线校正法,先校正偏心圆,使其中心与旋转中心一致,然后自左至右校正外圆上的水平线。用同样方法转90°校正另一条水平线,反复校正到符合要求。如果将工件的偏心距换算成外圆跳动量并在百分表的量程范围内,也可直接用百分表校正,其外圆跳动量等于偏心距的两倍。

③ 车削。校正后要夹紧工件,由于工件的回转是不圆整的,故车刀必须从最高处开始车削,否则会把车刀损坏。

(2) 用三爪卡盘车削偏心工件,如图2-4-7所示。这种方法适用于加工数量较多、长度较短、偏心距较小、精度要求不高的偏心工件。装夹工件时,应在三爪卡盘中的一个爪上加上垫片,其垫片厚度计算公式如下：

$$x = 1.5e \pm K$$
$$K = 1.5\Delta e$$

式中：x——垫片厚度,mm;

　　　e——偏心工件的偏心距,mm;

　　　K——偏心距修正值,正负号按实测结果确定;

　　　Δe——试切后实测偏心误差。

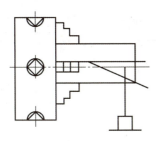

图 2-4-6 校正工件的水平
和垂直方向位置

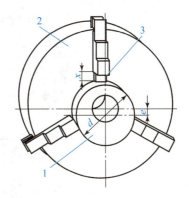

图 2-4-7 在三爪自定心卡盘上加工偏心工件
1—工件；2—三爪自定心卡盘；3—垫块

(3) 用双卡盘车削偏心工件，如图 2-4-8 所示。这种方法适用于加工长度较短、偏心距较小、数量较多的偏心工件。

加工前应先调整偏心距。首先用一根加工好的心轴装夹在三爪卡盘上，并校正，然后调整四爪卡盘，将心轴中心偏移一个工件的偏心距。卸下心轴，就可以装夹工件进行加工。这种方法的优点是一批工件中只需校正一次偏心距；缺点是两个卡盘重叠在一起，刚性较差。

(4) 用花盘车削偏心工件，如图 2-4-9 所示。这种方法适用于加工工件长度较短、偏心距较大、精度要求不高的偏心孔工件。

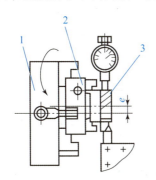

图 2-4-8 在双卡盘上加工偏心工件
1—四爪单动卡盘；2—三爪自定心卡盘；3—工件

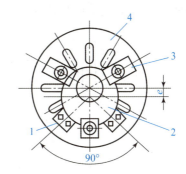

图 2-4-9 在花盘上加工偏心工件
1—定位块；2—花盘；3—压板；4—工件

在加工偏心孔前，先将工件外圆及两端面加工至符合要求后，在一端面上画好偏心孔的位置，然后用压板均布地把工件装夹在花盘上，用划针盘进行校正后压紧，即可车削。

(5) 用偏心卡盘车削偏心工件，如图 2-4-10 所示。这种方法适用于加工短轴、盘、套类的较精密的偏心工件。偏心卡盘分两层，花盘 2 用螺钉固定在车床主轴的连接盘上，偏心体 3 与花盘燕尾槽相互配合，其上装有三爪自定心卡盘 5，利用丝杠 1 来调整卡盘的中心距。偏心距 e 的大小可在两个测量头 6、7 之间测量。当偏心距为零时，测量头 6、7 正好相碰。转动丝杠 1 时，测量头 7 逐渐离开测量头 6，离开的尺寸即是偏心距。当偏心距调整好后，用四个螺钉 4 紧固，把工件装夹在三爪自定心卡盘上，就可以进行车削。

其优点是装夹方便，能保证加工质量，并能获得较高的精度，通用性强。

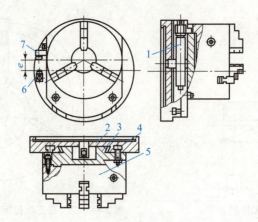

图2-4-10 利用偏心卡盘加工偏心工件
1—丝杠；2—花盘；3—偏心体；4—螺钉；5—三爪自定心卡盘；6，7—测量头

（6）用两顶尖车削偏心工件，如图2-4-11（a）所示。这种方法适用于加工较长的偏心工件。在加工前应按前面所述的方法在工件两端先划出中心点的中心孔和偏心点的中心孔，并加工出中心孔，然后用前后顶尖顶住，便可以车削了。

当偏心距小时，可采用切去中心孔的方法加工，如图2-4-11（b）所示。偏心距较小的偏心轴，在钻偏心中心孔时可能与主轴中心孔相互干涉，这时可将工件长度加长两个中心孔的深度。加工时，可先把毛坯车成光轴，然后车去两端中心孔至工件要求的长度，再划线，钻偏心中心孔，车削偏心轴。

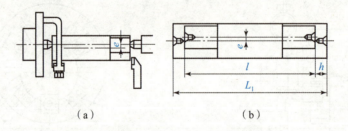

（a）　　　　　（b）

图2-4-11 在两顶尖上加工偏心工件

（7）用专用夹具车削偏心工件，如图2-4-12所示。这种方法适用于加工精度要求高而且批量较大的偏心工件，加工前应根据工件上的偏心距加工出相应的偏心轴或偏心套，然后将工件装夹在偏心套或偏心轴上进行车削。

2. 测量偏心距的方法

（1）用心轴和百分表测量，如图2-4-13所示。这种测量方法适用于精度要求较高而偏心距较小的偏心工件。用心轴和百分表测量偏心工件是以孔作为基准的，用一夹在三爪卡盘上的心轴支承工件，百分表的触头指在偏心工件的外圆上，将偏心工件的一个端面靠在卡爪上，缓慢转动，百分表上的读数应该是两倍的偏心距；否则，工件的偏心距不合格。

（2）用等高V形块和百分表测量，如图2-4-14所示。用百分表测量偏心轴时可将工件放在平板上两个等高的V形块上支承偏心轴颈，百分表触头指在偏心外圆上，缓慢转动偏心轴，百分表上的读数应该等于两倍的偏心距。

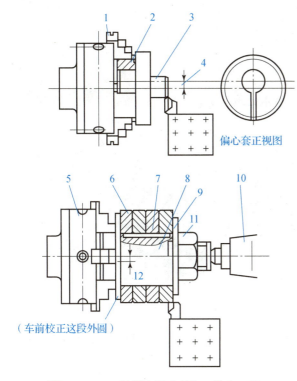
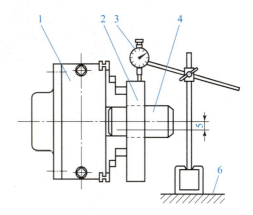

图 2-4-12　使用专用夹具加工偏心工件

1—三爪卡盘；2—偏心套；3，8，12—偏心轴；
4—偏心距；5—四爪卡盘；6—工件；7—键；
9—垫圈；10—后顶针；11—紧固螺母

图 2-4-13　用心轴和百分表测量偏心工件

1—三爪卡盘；2—偏心轮；3—百分表；
4—心轴；5—偏心距；6—床面

（3）用两顶尖孔和百分表测量，这种方法适用于两端有中心孔、偏心距较小的偏心轴的测量。其测量方法如图 2-4-15 所示，将工件装夹在两顶尖之间，百分表的触头指在偏心工件的外圆上，用手转动偏心轴，百分表上的读数应该是两倍的偏心距。偏心套的偏心距也可用上述的方法来测量，但是必须将偏心套装在心轴上才能测量。

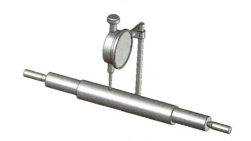

图 2-4-14　用等高 V 形块和
百分表测量偏心工件

图 2-4-15　用两顶尖孔和
百分表测量偏心工件

（4）用 V 形块间接测量，如图 2-4-16 所示。偏心距较大的工件因受百分表测量范围的限制，可用间接测量偏心距的方法把工件放在平板的 V 形块上，转动偏心轴，用百分表量出偏心轴的最高点，工件固定不动，再水平移动百分表测出偏心轴外圆到基准轴外圆之间的距离 a，然后用下式计算出偏心距 e：

$$e = \frac{D}{2} - \frac{d}{2} - a$$

式中：e——偏心距，mm；
D——基准轴直径，mm；
D——偏心轴直径，mm；
a——基准轴外圆到偏心轴外圆之间的最小距离，mm。

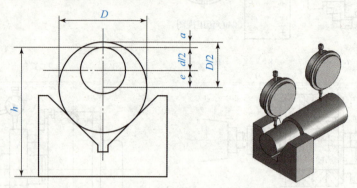

图 2-4-16　用 V 形块和百分表间接测量偏心工件

用这种方法，必须把基准轴直径和偏心轴直径用千分尺正确测量出；否则，计算时会产生误差。

偏心车削加工的注意事项

（1）在四爪卡盘上车偏心工件，应先在已加工好的端面上划出以偏心为圆心的圆圈线，作为辅助基线进行校正，同时，校对已加工部位的轴线是否与机床轴线平行，然后进行车削。车削时要注意，工件的回转不是圆整的，车刀必须从最高处开始车削，否则会把车刀碰坏，使工件发生偏移。

（2）一般小偏心距的较短工件或者内孔与外圆偏心的工件可以在三爪卡盘上进行车削加工，即首先把外圆车好，随后在三爪中任意一个卡爪与工件接触面之间垫上一个小垫块，使得工件的轴线与机床的轴线平行移动一个偏心距。采用这种装夹方法车偏心工件时，应该注意以下四点。

①选用硬度较高的材料作为垫块，以防止它在装夹时发生变形。垫块上与卡爪接触的一面应该做成圆弧面，其圆弧大小等于（或小于）卡爪圆弧。如果做成平的，则中间将会产生间隙，造成偏心误差。

②装夹时工件轴线不能歪斜，否则会影响加工质量，为此我们可将工件端面靠平在三爪卡盘（或专制靠板）的平面上。

③对于精度要求较高的偏心工件，必须按上述方法找正，在首件加工时进行试车检验，按实践结果求得修正值 k，调整垫块厚度，然后才可正式车削。不过总的说来，这种装夹方式一般仅适用加工精度要求不很高、偏心距在 10 mm 以下的短偏心工件。

④四爪卡盘和三爪卡盘应有较高的精度（特别是三爪卡盘）。此外，在校正第一个工件时，必须在校正外圆的同时，校正工件端面相对机床轴线的垂直度。

知识模块二 特型面的车削方法

在某些工具和机床零件的捏手部位,为了增加摩擦力和使零件表面美观,常在零件表面上滚出各种不同的花纹;在机器上还有一些零件的表面不是直线,而是一种曲线,如摇手柄、凸圆球和凹圆球等,如图2-4-17所示。这些带有曲线和特别形状的表面,称为特型面。这些表面加工较为困难,一般根据产品的特点、精度要求及批量大小等不同情况,分别采用双手控制、样板刀、靠模、专用工具加工及铣削等各种加工方法。

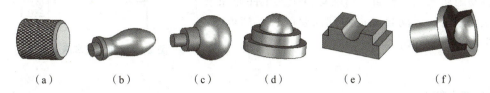

图2-4-17 常见特型面外形图

(a)网纹;(b)手柄;(c)凸圆球;(d)凸圆弧;(e)凹圆弧;(f)凹圆球

车削加工时常见特型面的形状有花纹、摇手柄、凸和凹圆球等。

1. 滚花纹

1)花纹的种类

滚花的花纹一般有直花纹、斜花纹和网花纹三种,如图2-4-18所示。

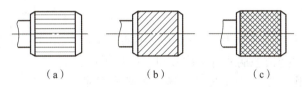

图2-4-18 花纹的种类

(a)直花纹;(b)斜花纹;(c)网花纹

2)滚花刀

滚花刀如图2-4-19所示,常用的有单轮、双轮和六轮三种。滚直花纹、斜花纹时选用单轮滚刀,滚网花纹时选择双轮或六轮滚刀。双轮滚花刀是由节距(滚花刀上相邻凹槽之间的距离)相同的一个左旋和一个右旋滚花刀组成的;六轮滚花刀是以节距不同的三组滚轮组成,这样用一把刀就可以加工多种节距的网花纹。

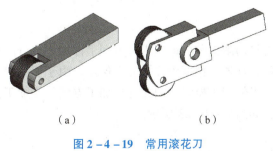

图2-4-19 常用滚花刀

(a)单轮;(b)双轮

第二单元 车工基本操作

3）滚花方法

由于滚花时工件表面产生塑性变形，并未从工件上切下多余的切屑，所以滚花以后工件尺寸会变大，故在滚花前应将工件加工的偏小一些。滚花刀的装夹应与工件表面平行，开始滚压时，应将滚花刀宽度的二分之一或三分之一与工件接触，且滚花刀与工件表面产生一个较小夹角，这样有利于滚花刀很容易地切入工件表面。当滚花刀压入工件的深度满足要求时，纵向自动进给到需要的长度即可，如图2-4-20所示。

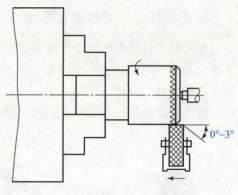

图2-4-20　在车床上滚压

 技能小贴士

滚花加工注意事项

（1）滚花时，应选择较慢的转速，以防滚轮发热过高。

（2）滚花时，应浇注充分的切削液，以防滚轮发热损坏。

（3）滚花时，径向力较大，故而工件应装夹牢固。在车削有精加工表面和滚花的零件时，应先滚花，然后找正加工精加工表面。

2. 手柄车削

1）双手控制法

双手控制法，如图2-4-21所示。加工摇手柄是用双手同时摇动小拖板和中拖板手柄或者中拖板和大拖板手柄，并通过双手协调的动作，使刀尖走过的轨迹与所要求的曲线相仿。这种加工特型面的方法较困难，对加工者技术水平的要求较高，工件的质量取决于加工者的水平。

2）靠模法

靠模法的加工原理是只需要选做一个与工件形状相似的摇手柄，然后把它安装在改装的车床上的中拖板上。这种加工方法可获得较好的加工质量，且生产率高，故用于大批量生产中。靠模法常见的有靠板靠模和尾座靠模两种，如图2-4-22所示。

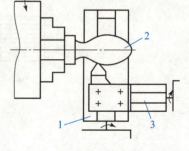

图2-4-21　双手控制法车摇手柄
1—中拖板；2—工件；3—小拖板

3. 车凸、凹圆球

1）使用样板刀

所谓样板刀，是指刀具切削部分的形状刃磨得和工件加工部分的形状相似。样板刀可以加工的成形面样式有多种，其加工精度由样板刀来保证。由于切削时接触面积较大、切削抗力大、易产生振动，影响工件加工质量，因此这种加工方法只能加工面积较小、工件与刀具接触长度较短的成形面，如图2-4-23所示。

2）双手控制法

此法与加工摇手柄的方法一致。

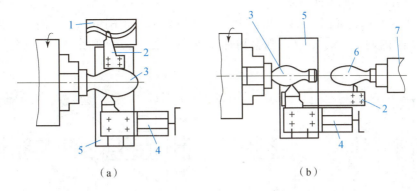

图 2-4-22 靠模法车削摇手柄

(a) 靠板靠模；(b) 尾座靠模

1—靠模板（与床身固定）；2—连板；3—工件；4—小拖板；5—中拖板；6—靠模；7—尾座

3）用蜗杆副传动装置手动车削球面

（1）车削外球面装置，如图 2-4-24 所示。用手动转动蜗杆轴上的手柄车出球面，适用于车削 $\phi30 \sim \phi80$ mm 的外球面，形状精度可达 0.02 mm，表面粗糙度小于 $Ra1.6$ μm。

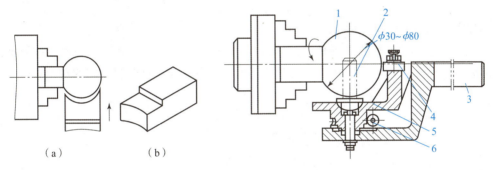

图 2-4-23 使用样板刀车凸圆球

(a) 样板刀车成形面；(b) 样板刀

图 2-4-24 车外球面

1—工件；2—对刀量棒；3—刀杆；
4—车刀；5—蜗杆体；6—蜗杆轴

（2）车削内球面装置，如图 2-4-25 所示。用手动转动蜗杆轴上的手柄，车出球面，适用于车削 $\phi30 \sim \phi80$ mm 的内球面，形状精度可达 0.02 mm，表面粗糙度小于 $Ra1.6$ μm。

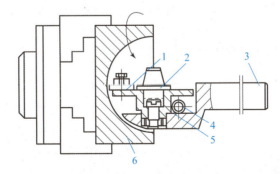

图 2-4-25 车削内球面装置

1—车刀；2—对刀量棒；3—刀杆；4—蜗轮轴；5—蜗轮；6—工件

第二单元　车工基本操作

4) 旋风切削法车削球面

（1）车削整圆球，如图 2-4-26 所示。用旋风切削法车削整球面，两刀尖距离 l 应在 $L>l>R$ 的范围内调节。若 $l>L$，则会切坏支承套；若 $l<R$，则余量切不掉，故选 $L=1$ 为宜。

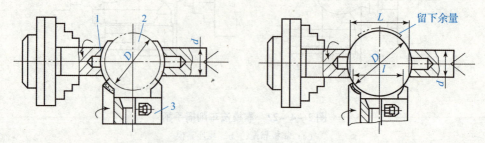

图 2-4-26 旋风切削法车削整圆球
1—支承套；2—工件；3—旋转刀具

在图 2-4-26 中：

$$L = \sqrt{D^2 - d^2}$$
$$D = 2R$$

第二次车削时工件水平转过 90°。

（2）旋风切削法车削带柄外球面，如图 2-4-27 所示。车削带柄的圆球，应根据球体及柄部的直径尺寸，先计算出旋风切削刀具应扳转的角度及刀盘两刀尖间的对刀直径。

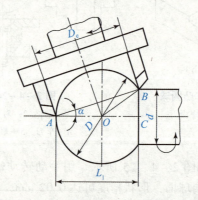

图 2-4-27 旋风切削法车削带柄外球面

求旋风切削刀具应扳角度 α 的公式为

$$\tan\alpha = \frac{BC}{AC} = \frac{\dfrac{d}{2}}{L_1} = \frac{d}{2L_1}$$

$$L_1 = \frac{D + \sqrt{D^2 - d^2}}{2}$$

对刀直径 D_e 的公式为

$$D_e = \sqrt{\left(\frac{d}{2}\right)^2 + L_1^2}$$

任务实施

1. 偏心轴和偏心套加工

（1）偏心轴加工步骤如下：

①用三爪联动卡盘夹住工件外圆长 30 mm 左右，并找正夹紧。

②粗车平面及外圆 ϕ39 mm，长度为 43 mm。

③掉头，用三爪联动卡盘夹住工件外圆长 30 mm 左右，并找正夹紧。

④粗车平面及外圆 ϕ35 mm，长度为 40 mm。

⑤精车平面及外圆 ϕ34 mm，长度为 40 mm。

⑥重新装夹工件找正 1 mm 的偏心距。

⑦在端面上加工中心孔。

⑧粗车平面及外圆 ϕ29 mm，长度为 20 mm。

⑨精车平面及外圆 ϕ28 mm，长度为 20 mm。

⑩用三爪联动卡盘夹住工件外圆 ϕ34 mm，长 20 mm 左右，并找正夹紧。

（2）偏心套加工步骤如下：

①粗车平面及外圆 ϕ39 mm，长度为 44 mm。

②精车平面及外圆 ϕ38 mm，长度为 44 mm。

③在端面上加工中心孔。

④钻孔 ϕ25 mm×40 mm。

⑤镗孔 ϕ34 mm，长度为 20 mm。

⑥重新装夹工件找正 1 mm 的偏心距。

⑦镗孔 ϕ28 mm，长度为 20 mm、40 mm。

⑧切断 40 mm。

⑨车端面，保证 20 mm、40 mm。

（3）偏心轴与偏心孔配合。

2. 球状手柄加工

加工步骤如下：

（1）用三爪联动卡盘夹住工件外圆长 30 mm 左右，并找正夹紧。

（2）粗车平面及外圆 ϕ41 mm，长度为 35 mm。

（3）在端面上加工中心孔。

（4）精车平面及外圆 ϕ40 mm，长度为 40 mm。

（5）修正中心孔。

（6）调头夹住外圆 ϕ50 mm 一端，长度 25 mm 左右，并找正夹紧。

（7）粗车平面及外圆 ϕ41 mm，长度为 43.3 mm。

（8）精车平面及外圆 ϕ40 mm，长度为 30 mm、73.3 mm。

（9）切 6 mm 宽的退刀槽。

（10）用双手分别控制大滑板和中滑板或中滑板和小滑板加工 Sϕ40 mm 圆球。

检测报告

班级				姓名		学号		日期	
序号		图纸尺寸/mm	允差/mm	量具		评分标准	配分	得分
				名称	规格/mm			
尺寸检测	1	外锥φ34	±0.04	卡尺	0.02	超差不得分（两处）	10	
	2	外锥φ28	±0.04	卡尺	0.02	超差不得分（两处）	10	
	3	1	±0.06	百分表	0.01	超差不得分（两处）	20	
	4	配合端面	±0.06	刀口尺		超差不得分（两处）	10	
	5	球Sφ40	0.04	半径规		超差不得分	10	
	6	φ40	±0.04	卡尺	0.02	超差不得分	10	
	7	30	±0.04	卡尺	0.02	超差不得分	10	
	8	6	±0.04	卡尺	0.02	超差不得分	5	
	9	73.3	±0.1	卡尺	0.02	超差不得分	5	
安全文明生产							10	
得分总计								

车工操作安全规范

实训过程中，要严格遵守工厂车间规定的安全操作规程，一般要注意以下两个方面。

1. 人身安全注意事项

（1）工作时要穿工作服，并扣好每一个扣子，袖口要扎紧，以防工作服衣角或袖口被旋转物体卷进，或铁屑从领口飞入。操作者应戴上工作帽，长头发必须塞进工作帽里方可进入车间。

（2）在车床上工作时不得戴手套。

（3）工作时头不能离工件太近，以防切屑飞入眼睛。如果切屑细而飞散，则必须戴上防护眼镜。

(4) 手和身体不能靠近正在旋转的机件,更不能在这些地方及附近开玩笑、打闹等。

(5) 在装工件或换卡盘时,若重量太重,不能一人单干,可用起重设备或请人帮忙配合,并注意各自安全。

(6) 工件和车刀必须装夹牢固,以防飞出伤人。装夹完毕后,工具要拿下放好,绝不能将工具遗忘在卡盘或刀架上,否则极易导致工具飞出伤人。

(7) 工件旋转时不允许测量工件,不可用手触摸工件。

(8) 清除铁屑应用专用的钩子,不可直接用手去拉。

(9) 不可直接或间接地用手去制动转动的卡盘。

(10) 不可任意拆装电气设备。

(11) 机床运转时,听到异常声音应及时停机检查。

(12) 遇故障而需检修时,应拉闸停电,并挂牌示警。

(13) 严格遵守各单位根据自身的具体情况而制定的规章制度。

2. 设备安全注意事项

(1) 车床开机前应先检查设备各部分机构是否完好,并按要求加好润滑油。

(2) 车床使用前应低速运转 3~5 min,观察运转情况,低速运转时可使车床内的润滑油充分润滑各处。

(3) 必须爱护机床,注意保护各导轨、光杠、丝杠等重要零件的表面,不可敲击重要零件表面,也不可在重要零件表面上堆放杂物。

(4) 要变速时必须先停机,工作时人不可随意离开机床。

(5) 自动进给时要注意机床的极限位置,并做到眼不离工件、手不离操作手柄。

(6) 刀具用钝后应及时刃磨,不能用钝刀继续切削,否则会增加车床负载,损坏车床。

(7) 按工具自身的用途,正确选择和使用工具,不可混用。

(8) 爱护量具,保持清洁,使它不受撞击和摔落。

(9) 每个班次工作结束后应及时清理车床,收拾工量具。清理车床时先用刷子刷去切屑,再用棉纱揩净油污,并按规定在需加油处加注润滑油。把用过的物件揩干净,按各工量具自身的要求进行保养,放回原位。

思考与练习

一、思考题

1. 什么是切削的三要素?切削三要素的选择有何规律?
2. 什么是粗、精分开原则?为什么要粗、精分开?
3. 常用的车刀材料有哪些?应用时有何特点?
4. 车刀的刀头由哪些部分组成?什么是刀具的基准面?如何作出刀具的基准面?
5. 如何选用车刀的主要几何角度?

6. 刃倾角有何作用？用简图画出正、负刃倾角。

7. 如何安装车刀？安装时车刀的刀尖高度有何要求？为什么？

8. 三爪卡盘与四爪卡盘有何不同？各有什么使用特点？

9. 普通顶尖与活顶尖在使用上各有什么优缺点？如何用顶尖安装工件？

10. 工件安装有哪些方法？各适用于哪些场合？

11. 车外圆时如何选用不同形状的车刀？为什么车削时要试切？如何试切？

12. 车削时，如何降低工件的表面粗糙度？

13. 如何车削端面？用弯头刀与偏刀车端面有何不同？

14. 切断刀有何特点？如何进行切断操作？

15. 镗孔刀有何特点？镗通孔与不通孔各如何操作？

16. 车锥度有哪些方法？小刀架转位法车锥度时，如何操作？为什么此时工件切削速度要选得比较高？

17. 车削螺纹时如何操作？进刀方法有哪些？什么是"乱扣"？如何防止？

二、练习题

1. 横向刻度盘与小拖板刻度盘的刻度如何读数？两者有何不同？

2. 如何刃磨车刀？针对不同的刀具材料，刃磨时如何合理选用砂轮？

3. 在车床上钻孔与在台钻上钻孔有何不同？

4. 工件滚花如何操作？工件要滚花处的直径有何要求？如何防止滚花的乱纹？

5. 结合创新设计与制造活动，自己设计一件符合车床加工的产品。要求产品具有一定的创意、使用和欣赏价值，并对产品进行经济成本核算。

第三单元　铣削加工

项目学习要点：
铣削加工是机械零件较常用的加工方法，铣床也是机加工企业中比较多见的设备。通过本单元的学习，应了解铣削加工的范围及特点；掌握常用铣刀的名称、用途、安装及特点；熟悉万能卧式铣床的基本结构、原理及使用；掌握平面、斜面、键槽、阶台的铣削方法，以及齿轮的加工原理和常用加工方法等内容。

项目技能目标：
通过本单元的学习，读者应该掌握铣床主要部件的名称及作用，通过技能训练，读者应该能独立进行铣床操作；能使用分度头进行平面、键槽及工件的等分操作，完成实习工件的加工。

项目一　平面铣削

任务引入

加工如图 3-1-1 所示的一个矩形零件，材料为 45 钢，表面粗糙度为 $Ra3.2\ \mu m$，各面铣削余量为 5 mm，面 1 为主要设计基准 A。

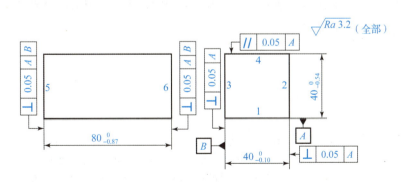

图 3-1-1　矩形零件工作图

知识链接

铣削是在铣床上以铣刀旋转做主运动,工件或铣刀做进给运动的切削加工方法。铣削加工的主要特点是用多刀刃的铣刀来进行切削,故效率较高;加工范围广,可以加工各种形状较复杂的零件,如图3-1-2所示。另外,铣削的加工精度也较高,其经济加工精度一般为 IT9~IT8、表面粗糙度 Ra 为 12.5~1.6 μm,必要时加工精度可高达 IT5,表面粗糙度可达 Ra0.2 μm。

铣床是机械制造行业的重要设备,是一种应用广、类型多的金属切削机床。

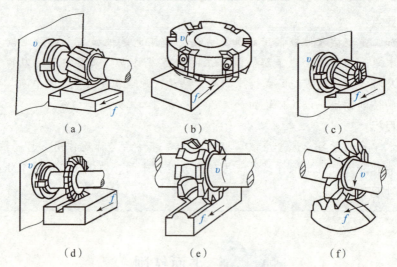

图 3-1-2 铣削加工的基本内容

(a) 圆柱铣刀铣平面;(b) 端铣刀铣平面;(c) 铣阶台;
(d) 铣沟槽;(e) 铣成形面;(f) 铣齿轮

铣平面可在卧式或立式铣床上进行,在卧式铣床上多用圆柱铣刀铣平面。圆柱铣刀有螺旋齿和直齿两种。前者刀齿是逐步切入,切削过程比后者平稳。在立式铣床常用端铣刀和立铣刀铣削平面。端铣刀铣削时工作平稳;立铣刀用于加工较小的平面、凸台面和台阶面。铣刀的周边刃为主刀刃,端面刃是副刀刃。主刀刃起切削作用,副刀刃起修光作用。

知识模块一 设备与刀具

1. 铣床种类

铣床的种类很多,常用的有以下几种。

1)升降台式铣床

升降台式铣床又称曲座式铣床,它的主要特征是有沿床身垂直导轨运动的升降台(曲座)。工作台可随着升降台做上下(垂直)运动,工作台本身在升降台上面又可做纵向和横向运动,故使用灵便,适宜于加工中小型零件。因此,升降台式铣床是用得最多和最普遍的铣床。这类铣床按主轴位置可分为卧式和立式两种。

(1)卧式铣床的主要特征是主轴与工作台台面平行,成水平位置,如图3-1-3所示。铣削时,铣刀和刀轴安装在主轴上,绕主轴轴心线做旋转运动;工件和夹具装夹在工作台台面上做进给运动。如图 3-1-3 所示的 X6132 型卧式万能铣床是国产万能铣床中较为典型的一种，该机纵向工作台可按工作需要在水平面上做 45°范围内的左右转动。

（2）立式铣床的主要特征是主轴与工作台台面垂直，主轴呈垂直状态。升降台式万能回转头立式铣床如图 3-1-4 所示。立式铣床安装主轴的部分称为立铣头，立铣头与床身结合处呈转盘状，并有刻度。立铣头可按工作需要，在垂直方向上左右扳转一定角度。

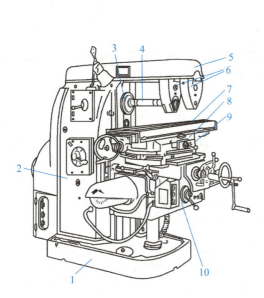

图 3-1-3　X6132 型卧式万能铣床
1—底座；2—床身；3—主轴；4—刀轴；
5—横梁；6—吊架；7—纵向工作台；
8—转台；9—横向工作台；10—升降台

图 3-1-4　升降台式万能回转头立式铣床
1—底座；2—升降台；3—横向工作台；
4—纵向工作台；5—主轴；6—立铣头；
7—刻度盘；8—电动机；9—床身

2）龙门铣床

X2010 型龙门铣床外形如图 3-1-5 所示，它主要由水平铣头、立柱、垂直铣头、连接梁、进给箱、横梁、床身和工作台等组成。该铣床有强大的动力和足够的刚度，因此可使用硬质合金面铣刀进行高速铣削和强力铣削，一次进给可同时加工 3 个方位的平面，确保加工面之间的位置精度，且具有较高的生产率，适用于大型工件精度较高的平面和沟槽加工。

2. 铣床的基本部件

铣床的类型虽然很多，但各类铣床的基本部件大致相同，都必须具有一套带动铣刀做旋转运动和使工件做直线运动或回转运动的机构。现将如图 3-1-3 所示的 X6132 型万能铣床的基本部件及其作用作简略介绍。

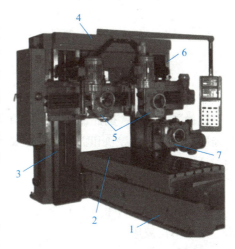

图 3-1-5　X2010 型龙门铣床外形
1—床身；2—工作台；3,6—立柱；
4—连接梁；5—垂直铣头进给箱；
7—水平铣头进给箱

第三单元　铣削加工　91

1）主轴

主轴是前端带锥孔的空心轴，锥孔的锥度一般是 7∶24，铣刀刀轴就安装在锥孔中。主轴是铣床的主要部件，要求旋转时平稳、无跳动和刚性好，所以要用优质结构钢来制造，并需经过热处理和精密加工。

2）主轴变速机构

该机构安装在床身内，作用是将主电动机的额定转速通过齿轮变速，变换成 18 种不同转速，传递给主轴，以适应铣削的需要。

3）横梁及挂架

横梁安装在卧式铣床床身的顶部，可沿顶部导轨移动。横梁上装有挂架，横梁和挂架的主要作用是支持刀轴的外端，以增加刀轴的刚性。

4）纵向工作台

纵向工作台用来安装夹具和工件，并带动工件做纵向移动，其长度为 1 250 mm，宽度为 320 mm。工作台上有三条 T 形槽，用来安放 T 形螺钉以固定夹具或工件。

5）横向工作台

横向工作台在纵向工作台下面，用来带动纵向工作台做横向移动。万能铣床的横向工作台与纵向工作台之间设有回转盘，可供纵向工作台在 ±45°范围内扳转所需要的角度。

6）升降台

升降台安装在床身前侧的垂直导轨上，中部有丝杠与底座螺母相连接。升降台主要用来支持工作台，并带动工作台做上下移动。工作台及进给系统中的电动机、变速机构、操纵机构等都安装在升降台上，因此，升降台的刚性和精度要求都很高，否则在铣削过程中会产生很大的振动，影响工件的加工质量。

7）进给变速机构

该机构安装在升降台内，其作用是将进给电动机的额定转速通过齿轮变速，变换成 18 种转速传递给进给机构，实现工作台移动的各种不同速度，以适应铣削的需要。

8）底座

底座是整部机床的支承部件，具有足够的刚性和强度。升降丝杠的螺母也安装在底座上，其内腔盛装切削液。

9）床身

床身是机床的主体，用来安装和连接机床其他部件，其刚性、强度与精度对铣削效率和加工质量影响很大。因此，床身一般用优质灰铸铁做成箱体结构，内壁有肋板，以增加刚性和强度。床身上的导轨和轴承孔是重要部位，必须经过精密加工和时效处理，以保证其精度和耐用度。

3. 铣床附件

铣床附件有平口钳、万能铣头、回转工作台和分度头等，分度头在钳工部分有详细介绍，这里不再叙述。

1）平口钳

平口钳是机床附件，也是一种通用夹具，它适于安装形状规则的小型工件，使用时先把平口钳找正并固定在工作台上，然后再安装工件。常用划线找正方法安装工件如图 3 – 1 – 6 所示。

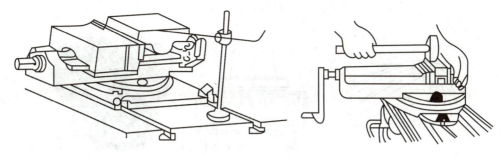

图 3-1-6 平口钳安装工件

2）万能铣头

万能铣头用于卧式铣床，不仅能完成立铣工作，还可以根据铣削的要求把铣头的主轴扳转任意角度。万能铣头的底座用螺栓固定在铣床垂直导轨上，铣床主轴的运动通过铣头内两对锥齿轮传到铣头主轴上。铣头的壳体可绕铣床主轴轴线偏转所需要的任意角度。

3）回转工作台

回转工作台又称转盘、平分盘、圆形工作台等，可进行圆弧面加工和较大零件的分度。回转工作台的外形如图 3-1-7 所示。回转工作台内部有一套蜗轮蜗杆，摇动手轮，通过蜗杆轴能直接带动与转台相连接的蜗轮传动。转台周围有刻度，可以用来观察和确定转台的位置。拧紧固定螺钉可以固定转台。转台中央有一孔，利用它可以很方便地确定工件的回转中心。铣圆弧槽时，工件安装在回转工作台上绕铣刀旋转，用手均匀缓慢地摇动回转工作台，即可使工件铣出圆弧槽。

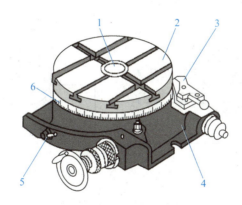

图 3-1-7 回转工作台的外形

1—定位台阶圆与锥孔；2—工作台；3—离合器手柄拨块；4—底座；5—锁紧手柄；6—刻度圈

4. 平面铣削刀具

铣刀实质上是一种由几把单刃刀具组成的多刃刀具，它的刀齿分布在圆柱铣刀的外圆柱表面或端铣刀的端面上。工作时，每个刀齿间断地进行切削，孔及端面或柄部（对带柄铣刀及刀盘）为定位安装面。常用的铣刀刀齿材料有高速钢和硬质合金两种。各种铣刀的主要几何参数如外径、孔径、齿数和某些铣刀的宽度、圆弧半径、角度，以及盘形模数铣刀的模数、号数等均标印在铣刀端面或颈部，以便于识别和方便使用。铣刀的种类很多、结构各异，常用的平面铣削铣刀如图 3-1-8 所示。

第三单元　铣削加工　93

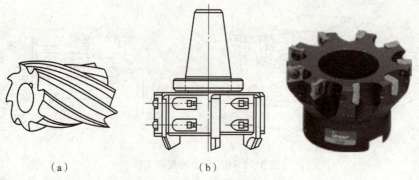

图3-1-8 常用的平面铣削铣刀

知识模块二　平面铣削方法

1. 铣削方式

平面的铣削方法有周铣法和端铣法（见图3-1-2），即使是同一种铣削方法，也有不同的铣削方式。在选用铣削方式时，要充分注意它们各自的特点和适用场合，以便保证加工质量和提高生产效率。

1）周铣法

周铣法即用铣刀圆周表面上的切削刃铣削零件。铣刀的回转轴线和被加工表面平行，所用刀具称为圆柱铣刀。它又可分为逆铣和顺铣，如图3-1-9所示。在切削部位刀齿的旋转方向和零件的进给方向相反时，为逆铣；相同时，为顺铣。

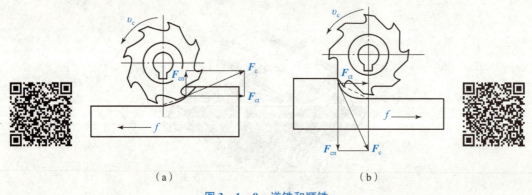

图3-1-9　逆铣和顺铣
(a) 逆铣；(b) 顺铣

逆铣时，每个刀齿的切削层厚度是从零增大到最大值。由于铣刀刃口处总有圆弧存在，而不是绝对尖锐的，所以在刀齿接触零件的初期不能切入零件，而是在零件表面上挤压、滑行，使刀齿与零件之间的摩擦加大，加速刀具磨损，同时也使表面质量下降。顺铣时，每个刀齿的切削层厚度是由最大减小到零，从而避免了上述缺点。

逆铣时，铣削力 F_c 的垂直分力 F_{cn} 上抬零件；而顺铣时，铣削力 F_c 的垂直分力 F_{cn} 将零件压向工作台，减少了零件振动的可能性，尤其是铣削薄而长的零件时更为有利。

由上述分析可知，从提高刀具耐用度和零件表面质量、增加零件夹持的稳定性等观点出发，一般以采用顺铣法为宜。但是，顺铣时忽大忽小的水平分力 F_f 与零件的进给方向是相同的。工作台进给丝杠与固定螺母之间一般都存在间隙,如图3-1-10所示,间隙在进给方向的前方。由于F_f的作用,就会使零件连同工作台和丝杠一起向前窜动,造成进给量突然增大,甚至引起打刀。而逆铣时,水平分力F_f与进给方向相反,铣削过程中工作台丝杠始终压向螺母,不致因为间隙的存在而引起零件窜动。目前,一般铣床尚没有消除工作台丝杠螺母之间间隙的机构,所以,在生产中仍采用逆铣法。

另外,当铣削带有黑皮的表面时,例如铸件或锻件表面的粗加工,若用顺铣法,因刀齿首先接触黑皮,将加剧刀齿的磨损,所以也应采用逆铣法。

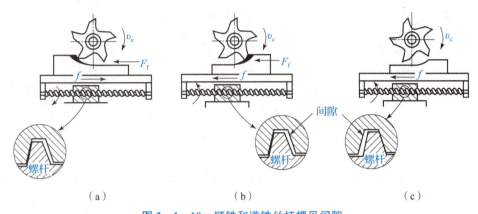

图3-1-10 顺铣和逆铣丝杠螺母间隙

(a) 逆铣;(b) 顺铣(有水平切削刀);(c) 顺铣(无水平切削刀)

2) 端铣法

用铣刀端面上的切削刃铣削零件。铣刀的回转轴线与被加工表面垂直,所用刀具称为端铣刀或面铣刀。根据铣刀和零件相对位置的不同,可分为3种不同的切削方式。

(1) 对称铣削,如图3-1-11(a)所示。零件安装在端铣刀的对称位置上,它具有较大的平均切削厚度,可保证刀齿在切削表面的冷硬层之下铣削。

(2) 不对称逆铣,如图3-1-11(b)所示。铣刀从较小的切削厚度处切入,从较大的切削厚度处切出,这样可减小切入时的冲击,提高铣削的平稳性,适合于加工普通碳钢和低合金钢。

(3) 不对称顺铣,如图3-1-11(c)所示。铣刀从较大的切削厚度处切入,从较小处切出。在加工塑性较大的不锈钢、耐热合金等材料时,可减少毛刺及刀具的黏结磨损,刀具耐用度大大提高。

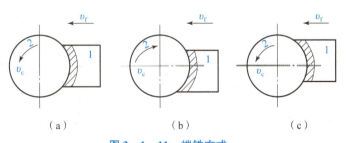

图3-1-11 端铣方式

(a) 对称铣削;(b) 不对称逆铣;(c) 不对称顺铣

1—工件;2—铣刀

3) 周铣法与端铣法的比较

如图 3-1-12 所示，周铣时，同时切削的刀齿数与加工余量（相当于 a_e）有关，一般仅有 1~2 个；而端铣时，同时切削的刀齿数与被加工表面的宽度（也相当于 a_e）有关，而与加工余量（相当于背吃刀量 a_p）无关，即使在精铣时，也有较多的刀齿同时工作。因此，端铣的切削过程比周铣平稳，有利于提高加工质量。

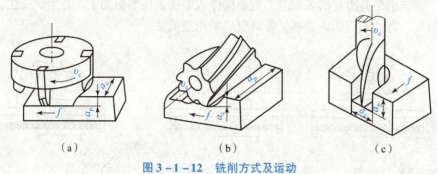

图 3-1-12　铣削方式及运动
(a) 端铣；(b) 周铣；(c) 端铣和周铣

端铣刀的刀齿在切入和切出零件时，虽然切削层厚度较小，但不像周铣时那样切削层厚度变为零，从而改善了刀具后刀面与零件的摩擦状况，提高了刀具耐用度，并可减小表面粗糙度。此外，端铣时还可以利用修光刀齿修光已加工表面，因此端铣可达到较小的表面粗糙度。

端铣刀直接安装在立式铣床的主轴端部，悬伸长度较小，刀具系统的刚度较好；而圆柱铣刀安装在卧式铣床细长的刀轴上，刀具系统的刚度远不如端铣刀。同时，端铣刀可方便地镶嵌硬质合金刀片，而圆柱铣刀多采用高速钢制造。所以，端铣时可以采用高速铣削，提高了生产效率，也提高了已加工表面的质量。

由于端铣法具有以上优点，所以在平面的铣削中，目前大多采用端铣法。但是，周铣法的适应性较广，可以利用多种形式的铣刀，除加工平面外还可较方便地进行沟槽、齿形和成形面等的加工，生产中仍常采用。

2. 水平面的铣削

图 3-1-13 所示为在立式铣床上用端铣刀盘（图 3-1-13 (b)）及在卧式铣床上用周铣刀（图 3-1-13 (a)）铣削水平面的示意图。平面铣削的铣削步骤如图 3-1-13 所示，具体叙述如下。

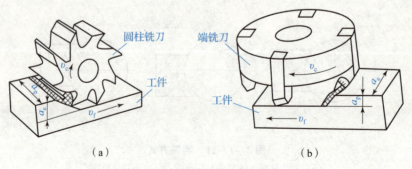

图 3-1-13　水平面的铣削
(a) 用周铣刀铣平面；(b) 用端铣刀盘铣平面

（1）移动工作台对刀，刀具接近工件时开车，铣刀旋转，缓慢移动工作台，使工件和铣刀接触；停车，将垂直进给刻度盘的零线对准，如图3-1-14（a）所示。

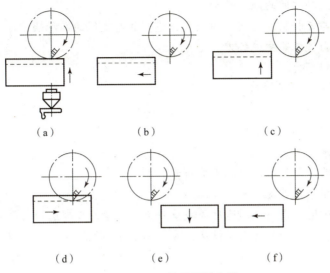

图3-1-14　铣平面的步骤

（2）纵向退出工作台，使工件离开铣刀，如图3-1-14（b）所示。

（3）调整铣削深度。利用刻度盘的标志，将工作台升高到规定的铣削深度位置，然后将升降台和横向工作台紧固，如图3-1-14（c）所示。

（4）切入。先手动使工作台纵向进给，当切入工件后改为自动进给，如图3-1-14（d）所示。

（5）下降工作台，退回。铣完一遍后停车，下降工作台，如图3-1-14（e）所示，并将纵向工作台退回，如图3-1-14（f）所示。

（6）检查工件尺寸和表面粗糙度，依次继续铣削至符合要求为止。

技能小贴士

提高铣削加工平面质量的途径

1. 如何提高平面度

圆周铣时，应提高铣刀的刃磨质量，铣刀的圆柱度误差尽量小；提高工作台进给的直线性，导轨面要平直；铣床主轴轴承间隙要调整好；工件要装夹得稳固并不使其变形。

端铣时，铣床主轴轴心线与进给方向的垂直度要好；对铣床导轨、轴承间隙和工件装夹的要求与圆周铣相同。

2. 如何提高加工表面粗糙度

（1）精确调整铣床，工作台导轨楔铁的松紧要调整好，主轴轴承的间隙要调整得适当。

（2）夹具和工件安装要可靠，刀轴刚性要好，并要安装得与铣床主轴同一轴线；夹具刚性要好，并把工件装夹得稳固、无振动。

（3）圆周铣削时可采取以下措施。

①适当增大铣刀直径。

②提高刃口和前刀面、后刀面的刃磨质量,刃口要光滑、锋利且无缺损,棱边宽度留0.1 mm左右。

③刀轴挂架到主轴之间的距离尽量小。

④刀轴挂架孔与刀杆轴套之间的间隙要合适,并有足够的润滑油。

⑤采用大螺旋角铣刀等先进铣刀。

⑥精铣时可采用顺铣。

(4) 端铣时可采取以下措施。

①采用高速切削。

②适当减小副偏角和主偏角。

③改进刀齿的修光刃。

④提高刀尖、前刀面和后刀面的刃磨质量。

⑤采用不等齿距等先进铣刀进行加工。

另外,还可通过适当提高铣削速度并减少每齿进给量、合理选择切削液、减少和消除铣削时的振动等措施来减少加工表面粗糙度;在铣削中途不能停止进给,以免产生深啃现象。

任务实施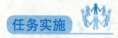

1. 正确选择基准面及加工步骤

图 3-1-15 所示为一个矩形零件,材料为 45 钢,表面粗糙度为 $Ra3.2\ \mu m$,各面铣削余量为 5 mm,面 1 为主要设计基准 A,遵循基准重合的原则,现选面 1 为定位基准面。

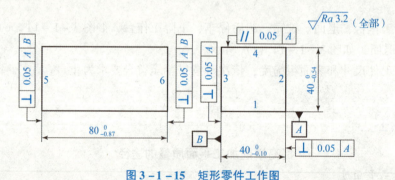

图 3-1-15 矩形零件工作图

加工顺序如图 3-1-16 所示。为了保证各项技术条件,加工中应注意以下几点。

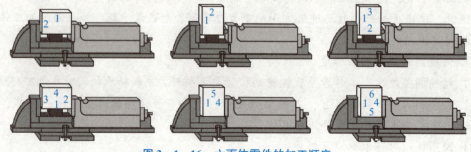

图 3-1-16 六面体零件的加工顺序

（1）先加工基准面1，然后用面1做定位基准面。

（2）加工面2、面3时，既要保证其与A面的垂直度，也要保证面2、面3之间的尺寸精度。

（3）加工面5、面6两个端面时，为了保证其与A、B两基准均垂直，除了使面1与固定钳口贴合外，还要用角尺校正面3与工作台台面的垂直度。

2. 选择刀具和铣削用量

（1）选择铣刀。根据工件尺寸和材料，可选用直径为$\phi 80$ mm的端铣刀，铣刀切削部分材料采用YG8硬质合金。

（2）选择铣削用量。材料按中等硬度考虑，根据表3-1-1、表3-1-2选择：铣削层深度$a_p = 5$ mm；每齿进给量$a_f = 0.15$ mm/z；铣削速度$v = 80$ mm/min。经计算取$n = 300$ r/min，$v_f = 190$ mm/min。

表3-1-1　每齿进给量推荐值　　　　　　　　　　　　　　　　　　　　　　　mm

工件材料	工件材料硬度/HB	硬质合金		高速钢			
		端铣刀	三面刃铣刀	圆柱铣刀	立铣刀	端铣刀	三面刃铣刀
低碳钢	<150 150~200	0.20~0.40 0.20~0.35	0.15~0.30 0.12~0.25	0.12~0.20 0.12~0.2	0.04~0.20 0.03~0.18	0.15~0.30 0.15~0.30	0.12~0.20 0.10~0.15
中、高碳钢	120~180 180~220 220~300	0.15~0.50 0.15~0.40 0.12~0.25	0.15~0.30 0.12~0.25 0.07~0.20	0.12~0.20 0.12~0.20 0.07~0.15	0.05~0.20 0.04~0.20 0.03~0.15	0.15~0.30 0.15~0.30 0.10~0.20	0.12~0.20 0.07~0.15 0.05~0.12
灰铸铁	150~180 180~220 220~300	0.2~0.50 0.2~0.40 0.15~0.30	0.12~0.30 0.12~0.25 0.10~0.25	0.20~0.30 0.15~0.25 0.1~0.2	0.07~0.18 0.05~0.15 0.03~0.10	0.20~0.35 0.15~0.30 0.10~0.15	0.15~0.25 0.12~0.20 0.07~0.12
可锻铸铁	110~160 160~200 200~240 240~280	0.2~0.50 0.2~0.40 0.15~0.3 0.1~0.30	0.1~0.30 0.1~0.25 0.1~0.20 0.1~0.15	0.20~0.35 0.20~0.30 0.15~0.25 0.10~0.20	0.08~0.20 0.07~0.20 0.05~0.15 0.02~0.08	0.20~0.40 0.20~0.35 0.15~0.25 0.10~0.20	0.15~0.25 0.15~0.25 0.12~0.20 0.07~0.12
$\omega(C)<0.3\%$ 合金钢	125~170 170~220 220~280 280~320	0.15~0.50 0.15~0.40 0.10~0.30 0.03~0.20	0.12~0.30 0.12~0.25 0.08~0.20 0.05~0.15	0.12~0.20 0.12~0.20 0.07~0.12 0.05~0.10	0.05~0.20 0.05~0.15 0.03~0.08 0.025~0.05	0.15~0.30 0.15~0.25 0.12~0.20 0.07~0.12	0.12~0.20 0.07~0.15 0.07~0.12 0.05~0.10
$\omega(C)>0.3\%$ 合金钢	170~220 220~280 280~320 320~380	0.125~0.40 0.10~0.30 0.08~0.20 0.06~0.15	0.12~0.30 0.08~0.20 0.05~0.15 0.05~0.12	0.12~0.2 0.07~0.15 0.05~0.12 0.05~0.10	0.12~0.20 0.07~0.15 0.05~0.12 0.05~0.10	0.15~0.25 0.12~0.20 0.05~0.10 0.05~0.10	0.07~0.15 0.07~0.12 0.05~0.10 0.05~0.10

续表

工件材料	工件材料硬度/HB	硬质合金		高速钢			
		端铣刀	三面刃铣刀	圆柱铣刀	立铣刀	端铣刀	三面刃铣刀
工具钢	退火状态 36 HRC 46 HRC 56 HRC	0.15~0.50 0.12~0.25 0.10~0.20 0.07~0.10	0.12~0.30 0.08~0.15 0.06~0.12 0.05~0.10	0.07~0.15 0.05~0.10	0.05~0.10 0.03~0.08	0.12~0.20 0.07~0.12	0.07~0.15 0.05~0.10
铝镁合金	95~100	0.15~0.38	0.125~0.30	0.15~0.20	0.05~0.15	0.2~0.30	0.07~0.20

表3-1-2 铣削速度的推荐数值 mm

工件材料	硬度/HB	铣削速度 v	
		硬质合金	高速钢
低、中碳钢	<220 225~290 300~425	60~150 54~115 36~75	21~40 15~36 9~15
高碳钢	<220 225~325 325~375 375~425	60~130 53~105 36~48 35~45	18~36 14~21 8~12 6~10
合金钢	<220 225~325 325~425	55~120 37~80 30~60	15~35 10~24 5~9
工具钢	200~250	45~83	12~23
灰铸铁	100~140 150~225 230~290 300~320	110~115 60~110 45~90 21~30	24~36 15~21 9~18 5~10
可锻铸铁	110~160 160~200 200~240 240~280	100~200 83~120 72~110 40~60	42~50 24~36 15~24 9~21
镁铝合金	95~100	360~600	180~300

任务评价

(1) 尺寸检测：用卡尺测量长、宽、高尺寸，达到 $80_{-0.87}^{0}$ mm、$40_{-0.10}^{0}$ mm、$40_{-0.54}^{0}$ mm 要求。

(2) 垂直度检测：两个相邻平面之间的垂直度为 ⊥ 0.05 A B，一般用角尺测量。测量时，尺座紧贴基准 A 和 B，观其相邻面与角尺面的缝隙，缝隙若小于 0.05 mm，为合格；反之为不合格。

(3) 平行度检测：用百分表在平板上测量，若误差小于 ∥ 0.05 A 为合格，反之为不合格。

(4) 表面粗糙度检测：表面粗糙度一般都采用标准样块来比较。如果加工出的平面与 $Ra = 3.2$ μm 的样块很接近，说明此平面的表面粗糙度已符合图样要求。

检测报告

班级		姓名		学号		日期		
	序号	图纸尺寸	允差 /mm	量具		评分标准	配分	得分
				名称	规格/mm			
尺寸检测	1	$80_{-0.87}^{0}$ mm	图纸公差	卡尺	0.02	超差不得分	15	
	2	$40_{-0.10}^{0}$ mm	图纸公差	卡尺	0.02	超差不得分	15	
	3	$40_{-0.54}^{0}$ mm	图纸公差	卡尺	0.02	超差不得分	15	
	4	⊥ 0.05 A B	图纸公差	直角尺		超差不得分	15	
	5	∥ 0.05 A	图纸公差	千分尺	0.01	超差不得分	15	
	6	Ra3.2 μm	图纸公差	目测		超差不得分	15	
安全文明生产							10	
得分总计								

项目二　铣斜面

任务引入

(1) 加工如图 3-2-1 所示工件的 30°斜面。采用端铣刀，转动立铣头主轴角度铣削斜面。

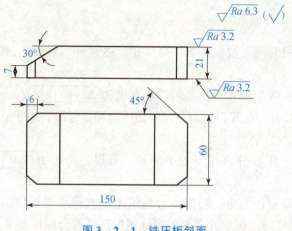

图 3-2-1　铣压板斜面

（2）图 3-2-2 所示为四方头螺钉工作图，可在立式铣床上用分度头铣削。

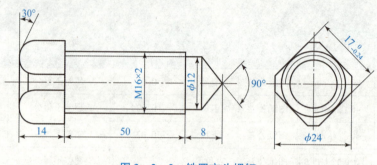

图 3-2-2　铣四方头螺钉

知识链接

斜面铣削既可以在卧式或立式升降台铣床上进行，也可以在龙门铣床上进行。铣削时可用平口钳或压板的装夹定位工具将工件偏转适当角度后安装夹紧，旋转加工表面至水平或竖直位置，以方便加工；也可使用万能分度头或万能转台将工件调整安装到适合加工的位置铣削，或利用万能铣头将铣刀调整到需要的角度铣削，详细请参阅有关于铣床附件的内容。

平面铣削刀具同样可以用于斜面铣削加工，详细请参阅刀具内容。此外，斜面铣削也可使用角度铣刀铣削，铣刀形态如图 3-2-3 所示。

图 3-2-3　角度铣刀

知识模块一　斜面铣削方法

斜面是指零件上与基准面呈倾斜角的平面，它们之间相交成一个任意的角度。铣斜面可采用下列方法进行加工。

1. 偏转工件铣斜面

工件偏转适当的角度,使斜面转到水平位置,然后即可按铣平面的各种方法来铣斜面。此时安装工件的方法有以下几种。

(1) 根据划线安装,如图3-2-4(a)所示。

(2) 使用倾斜垫铁安装,如图3-2-4(b)所示。

(3) 利用分度头安装,如图3-2-4(c)所示。

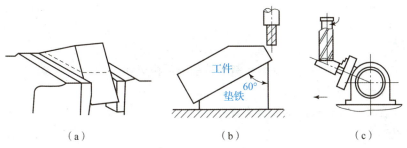

图3-2-4 偏转工件角度铣斜面

2. 偏转铣刀铣斜面

偏转铣刀铣斜面通常在立式铣床或装有万能铣头的卧式铣床上进行,将铣刀轴线倾斜成一定角度,工作台采用横向进给进行铣削,如图3-2-5所示。

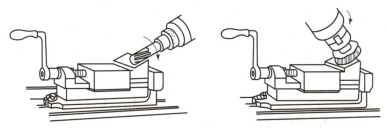

图3-2-5 偏转铣刀角度铣斜面

调整铣刀轴线角度时,应注意铣刀轴线偏转角度 θ 值的测量换算方法:用立铣刀的圆柱面上的刀刃铣削时,$\theta = 90° - \alpha$(式中 α 为工件加工面与水平面所夹锐角);用端铣刀铣削时,$\theta = \alpha$,如图3-2-6所示。

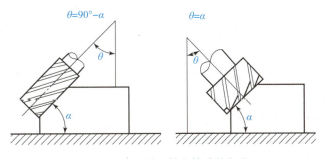

图3-2-6 铣刀轴线转动的角度

3. 用角度铣刀铣斜面

在铣削一些小斜面的工件时,可采用角度铣刀进行加工,如图3-2-7所示。

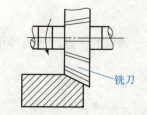

图 3-2-7 用角度铣刀铣斜面

平面和斜面铣削的质量分析

1. 尺寸公差超差的产生原因
(1) 刻度盘格数摇错或间隙没有考虑；
(2) 对刀不准；
(3) 测量不准；
(4) 用三面刃铣刀（或端铣刀）端面刃铣削时，铣床主轴与进给方向不垂直；
(5) 在铣削过程中，工件有松动现象。

2. 形位公差超差的产生原因
(1) 平面度超差。
①周铣时，铣刀圆柱度不好；
②端铣时，铣床主轴与进给方向不垂直；
③铣削薄而长的工件时，工件产生变形；
④铣刀宽度（或直径）不够时，表面有接刀痕。
(2) 垂直度超差。
①平口钳钳口与工作台面不垂直；
②基准面与固定钳口未贴合；
③基准面本身质量差，在装夹时造成误差；
④铣出的平面与工作台面不平行，如立铣头零位不准时采用横向进给等。
(3) 平行度超差。
①平口钳导轨面与工作台面不平行、平行垫铁的平行度差、基准面与平行垫铁未贴合等；
②和固定钳口贴合的面与基准面不垂直；
③铣出的平面有倾斜；
④在铣削过程中，活动钳口因受铣削力而向上抬起，使基准面位置不准。
(4) 倾斜度不准。
①工件划线不准确或在铣削时工件产生位移；
②万能平口钳、转台或立铣头扳转角度不准确；
③采用圆周铣时，铣刀有锥度；
④用角度铣刀铣削时，铣刀角度不准。

3. 表面粗糙度不符合要求
(1) 铣削层深度太大和进给量太大，尤其是进给量太大，使表面有明显的波纹；

(2) 有深啃现象;

(3) 铣刀不锋利;

(4) 铣刀装夹得不好,跳动量过大;

(5) 切削液使用不当;

(6) 有拖刀现象;

(7) 铣削时有明显的振动。

任务实施

1. 加工30°斜面（见图3-2-1）

采用端铣刀,转动立铣头主轴角度铣削斜面。

1) 选择铣刀

选用直径为80 mm的端铣刀,$z=10$。

2) 选择铣削用量

$a_p = 2 \sim 3$ mm,$a_f = 0.15$ mm/z,$v = 36$ m/min,计算得

$$n = 150 \text{ r/min}$$

$$v_f = a_f \cdot z \cdot n = 0.15 \times 10 \times 150 = 225 \text{ (mm/min)}$$

根据装夹条件及机床刚性等因素,可依实际情况进行调整,现取 $v_f = 95$ mm/min。

3) 安装校正工件

将平口钳固定钳口校成与纵向进给方向平行。装工件时,将工件底面校成与工作台台面平行并夹紧。

4) 调整立铣头转角

用端铣加工,且基准面与工作台台面平行,立铣头转角 $\alpha = \theta = 30°$。

5) 铣削

调整铣刀位置后,锁紧纵向进给机构,利用横向进给分几次走刀铣出斜面,保证尺寸 $60^{+0.3}_{0}$ mm、30°要求。

2. 铣削四方头螺钉（见图3-2-2）

1) 选刀

根据尺寸14 mm,选 $\phi 20$ mm的立铣刀。

2) 装夹工件

将工件安装在主轴成水平的分度头三爪上,采用立铣刀端齿铣削。

3) 对刀试铣

开机后使铣刀与工件接触,使工作台上升至面余量的一半,试铣一刀。然后将分度头手柄转过20转,铣出对边,进行测量、调整,以致对边尺寸达 $17^{0}_{-0.24}$ mm要求。

4) 铣削

分度 $n = \dfrac{40}{4} = 10$,依次铣完四面。

5) 检测

用卡尺测量 $17^{0}_{-0.24}$ mm。

任务评价

检测报告

班级				姓名		学号		日期	
尺寸检测	序号	图纸尺寸	允差/mm	量具		评分标准	配分	得分
				名称	规格/mm			
	1	60 mm	+0.3	卡尺	0.02	超差不得分	10	
	2	30°	±1′	量角器		超差不得分	20	
	3	45°	±1′	量角器		超差不得分	20	
	4	150 mm	±0.1	卡尺	0.02	超差不得分	10	
	5	21 mm	±0.1	卡尺	0.02	超差不得分	10	
	6	$17_{-0.24}^{0}$ mm	图纸公差	卡尺	0.02	超差不得分	20	
安全文明生产							10	
得分总计								

项目三 直角沟槽、键槽和阶台的铣削

任务引入

1. 铣阶台

图 3-3-1 所示为阶台式键零件图，完成在 X6132 型铣床上的加工。

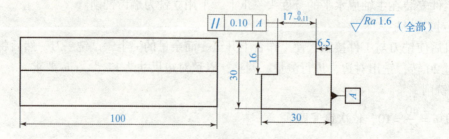

图 3-3-1 阶台式键零件图

2. 铣直角沟槽

加工如图 3-3-2 所示零件的内沟槽,在立式铣床上用平口钳装夹进行加工。

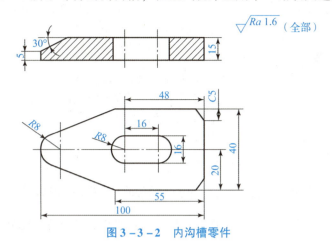

图 3-3-2 内沟槽零件

3. 铣键槽

加工如图 3-3-3 所示零件的封闭键槽。

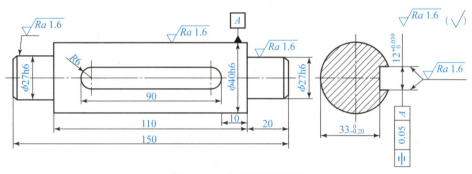

图 3-3-3 封闭键槽零件

知识链接

知识模块一 切削用量与刀具

1. 刀具的选择

1) 铣阶台刀具的选择

(1) 在卧式铣床上加工尺寸不太大的阶台,一般都采用三面刃盘铣刀,加工时为了减少让刀量,应尽量选用直径较小、厚度较大的铣刀。

(2) 在立式铣床上加工阶台,一般都采用立铣刀来铣削,尤其是对尺寸较大的阶台,大多采用直径较大的立铣刀或端铣刀来铣削,这样可以提高生产效率。

2) 铣直角沟槽、键槽刀具的选择

(1) 加工敞开式直角沟槽、键槽,当尺寸较小时,一般都选用三面刃盘铣刀,成批生产时采用盘形槽铣刀加工;成批生产较宽的直角通槽时则常采用合成铣刀。

(2) 封闭式直角沟槽、键槽一般都采用立铣刀或键槽铣刀在立式铣床上加工。

3) 工件切断刀具的选择

为了节省材料并获得质量较好的切口和比较准确的长度尺寸，一般在工件切断时都采用锯片铣刀或开缝铣刀进行加工。

2. 切削用量的选择

(1) 相对铣平面来说，铣阶台的切削条件较差，而铣沟槽，尤其是铣窄而深的沟槽时，其切削条件更差。因为加工沟槽时，排屑不畅，铣刀周围的散热面小，不利于切削，所以，在选择铣削用量时要考虑这些因素，采用较小的铣削用量。

(2) 铣削阶台、沟槽加工余量一般都较大，工艺要求也较高，所以应分粗、精铣进行加工。

知识模块二　直角沟槽、键槽和阶台的铣削工艺与方法

在铣床上铣削阶台和沟槽，其工作量仅次于铣削平面，如图3-3-4所示。另外，小型零件的切断也经常在铣床上进行。

1. 直角沟槽、键槽和阶台的铣削工艺要求

(1) 尺寸精度。大多数的阶台和沟槽要与其他零件配合，所以对它们的尺寸公差主要是配合尺寸公差，要求较高。

(2) 形状和位置精度。如各表面的平面度、阶台与沟槽的侧面和基准面的平行度、双阶台对中心线的对称度等，此外，对斜槽和与侧面成一夹角的阶台还有斜度的要求。

(3) 表面粗糙度。对与其他零件配合的两侧面的表面粗糙度要求较高，其表面粗糙度值一般应不大于 $Ra6.3\ \mu m$。

键槽是要与键配合的，键槽宽度的尺寸精度要求较高；两侧面的表面粗糙度要小；键槽与轴线的对称度也有较高的要求。键槽深度的尺寸一般要求不高。

2. 铣阶台的方法

1) 单刀加工阶台

这种方法适宜加工阶台面较小的零件，选用三面刃盘铣刀，并用平口钳装夹。采用这种方法时应注意以下几点。

(1) 校正机床工作台"零位"。在用盘形铣刀加工阶台时，若工作台零位不准，铣出的阶台两侧将呈凹弧形曲面，且上窄下宽，使尺寸和形状不准，如图3-3-5所示。

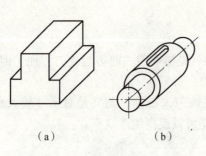
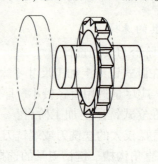

图3-3-4　带阶台和沟槽的零件
(a) 阶台式键；(b) 带键槽的传动轴

图3-3-5　工作台零位不准对加工阶台的影响

（2）校正平口钳。平口钳的固定钳口一定要校正到与进给方向平行或垂直，否则钳口的歪斜将导致加工出与工件侧面呈歪斜的阶台来。

2）用组合铣刀加工阶台

在成批生产时，阶台都是采用组合铣刀来进行加工的，如图3-3-6所示。用这种方法时，要特别注意两把铣刀内侧尺寸的调整，该尺寸应比零件的实际尺寸略大些，以避免因铣刀产生轴向摆动而使铣得的中间尺寸减小，并应进行多次试刀。加工中还需经常抽检该尺寸，避免造成过多的废品。

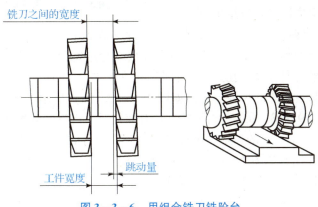

图3-3-6　用组合铣刀铣阶台

3. 铣直角沟槽的方法

1）敞开式直角沟槽的铣削方法

这种沟槽的铣削方法与铣削阶台基本相同。由于直角沟槽的尺寸精度和位置要求一般都比较高，因此在铣削过程中应注意以下几点：

（1）要注意铣刀的轴向摆差，以免造成沟槽宽度尺寸超差。

（2）在槽宽需分几刀铣至尺寸时，要注意铣刀单面切削时的让刀现象。

（3）若工作台"零位"不准，铣出的直角沟槽会出现上宽下窄的现象，并使两侧面呈弧形凹面，如图3-3-7所示。

（4）在铣削过程中不能中途停止进给，也不能退回工件。因为在铣削过程中，整个工艺系统的受力是有规律和方向性的，一旦停止进给，铣刀原来受到的铣削力发生变化，必然使铣刀在槽中的位置发生变化，使沟槽的尺寸发生变化。

（5）铣削与基准面呈倾斜角度的直角沟槽时，应将沟槽校正到与进给方向平行的位置再加工。

2）封闭式直角沟槽的铣削方法

封闭式直角沟槽一般都采用立铣刀或键槽铣刀来加工，加工方法如下：

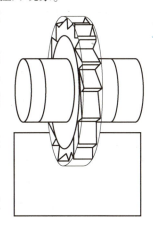

图3-3-7　工作台零位不准时对加工沟槽的影响

（1）使要校正沟槽方向与进给方向一致。

（2）用立铣刀加工时，要先钻落刀孔。

（3）当槽宽尺寸较小，铣刀的强度、刚性都较差时，应分层铣削。

（4）用自动进给铣削时，不能铣到头，要预先停止，改用手动进给，以免铣过尺寸。

4. 铣削键槽和半圆键槽的方法

1）工件装夹

（1）用平口钳装夹，如图 3-3-8（a）所示。当工件直径有变化时，工件中心在钳口内也会产生变动（见图 3-3-8（b）），影响键槽的对称度和深度尺寸；但装夹简便、稳固，适用于单件生产。若轴的外圆已精加工过，则也可用此装夹方法进行批量生产。

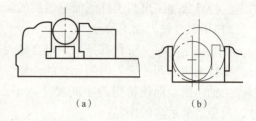

图 3-3-8 用平口钳装夹轴类零件

（2）用 V 形架装夹，如图 3-3-9 所示。其特点是工件中心只在 V 形槽的角平分线上，随直径的变化而上下变动。因此，当铣刀的中心线或盘形铣刀的对称线对准 V 形架的角平分线时，能保证键槽的对称度。在铣削一批直径有偏差的工件时，虽然对铣削深度有影响，但变化量一般不会超过槽深的尺寸公差，如图 3-3-9（a）所示。在卧式铣床上用键槽铣刀加工，如图 3-3-9（b）所示，当工件直径有变化时，键槽的对称度会受到影响。

直径在 $\phi20\sim\phi60$ mm 内的长轴，可直接装夹在工作台的 T 形槽口上，此时 T 形槽口的倒角起到 V 形槽的作用，如图 3-3-9（c）所示。

（3）用轴用虎钳装夹，如图 3-3-10 所示。用轴用虎钳装夹轴类零件时，具有用平口钳装夹和 V 形架装夹的优点，装夹简便、迅速。

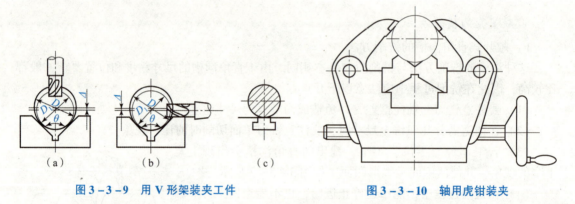

图 3-3-9 用 V 形架装夹工件

图 3-3-10 轴用虎钳装夹

（4）用分度头装夹，如图 3-3-11 所示。利用分度头的三爪自定心卡盘和后顶尖装夹工件时，工件轴线必定在三爪自定心卡盘和顶尖的轴心线上。

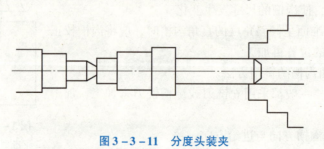

图 3-3-11 分度头装夹

工件装夹好后，要求使工件的轴线与进给方向平行，且与工作台台面平行，所以要先校正工件的上母线，再校正工件的侧母线，如图 3-3-12（a）所示。在装夹长轴时，最好用一对尺寸相等且底面有键的 V 形架，以节省校正时间，如图 3-3-12（b）所示。

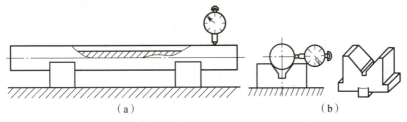

图 3-3-12 校正工件

2）调整铣刀位置（对中心）

为了使加工出的键槽对称于轴线，必须使键槽铣刀的中心线或盘形铣刀的对称线通过工件的轴线（又称对中心），这是保证键槽对称度的关键。现介绍几种对中心的方法。

（1）擦边对中心法，如图 3-3-13 所示。先在工件侧面贴一张薄纸，开动机床，当铣刃擦到薄纸后，向下退出工件，再横向移动。采用盘形铣刀时的移动距离为

$$A = \frac{D+B}{2} + \delta$$

式中：A——工作台移动距离，mm；

D——工件直径，mm；

d——铣刀直径，mm；

δ——纸厚，mm；

B——铣刀宽度，mm。

（2）切痕对中心法，这种方法使用简便，是最常用的对中心法，但精度不高。

盘铣刀对中心如图 3-3-14（a）所示，先把工件粗调到铣刀的中心位置上，开动机床，在工件表面上切出一个接近于铣刀宽度的椭圆形刀痕，然后移动横向工作台，使铣刀落在椭圆的中心位置。

立铣刀或键槽铣刀对中心如图 3-3-14（b）所示，其原理和盘铣刀的切痕对中心方法相同，只是切痕是一个小平面，应尽量使小平面为正方形，其边长等于铣刀直径，以便于对中。

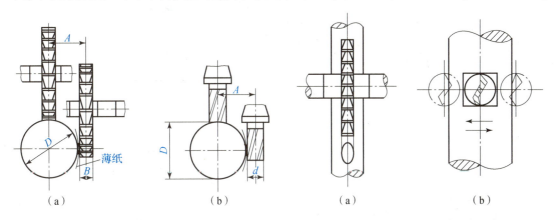

图 3-3-13 擦边对中心示意图   图 3-3-14 切痕对中心法
（a）盘形铣刀切痕对中心；（b）键槽铣刀切痕对中心

当工件用三爪自定心卡盘夹具装夹时可利用百分表对中心，先将一只杠杆式百分表的测头与工件外圆一侧最凸出的母线接触，如图 3-3-15（a）所示，再用手转动主轴，记下百

分表的最小读数;然后降下工作台,退出工件,并将主轴转过180°。用同样的方法,在工件外圆的另一侧也测得百分表最小读数,然后调整工作台,使两侧读数差不超过允许范围为止。也可用此方法调整测量得到V形架或平口钳的对称中心,如图3-3-15(b)和图3-3-15(c)所示。

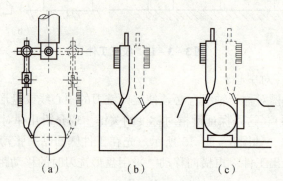

图3-3-15 用百分表对中心

3)铣键槽的方法

(1)分层铣削法,如图3-3-16所示。用这种方法加工,每次铣削深度只有0.5~1.0 mm,以较大的进给量往返进行铣削,直至深度尺寸要求。

这种加工方法的优点是:铣刀用钝后,只需刃磨端面,磨短不到1 mm,铣刀直径不受影响;铣削时不会产生"让刀"现象。但在普通铣床上进行加工,则操作不方便,生产效率低。

(2)扩刀铣削法,如图3-3-17所示。将选择好的键槽铣刀外径磨小0.3~0.5 mm(磨出的圆柱度要好)。铣削时,在键槽的两端各留0.5 mm余量,分层往复吃刀铣至深度尺寸,然后测量槽宽,确定宽度余量,由键槽的中心对称扩铣槽的两侧至尺寸,并同时铣够键槽的长度。铣削时应注意保证键槽两端圆弧的圆度。

图3-3-16 分层铣削键槽

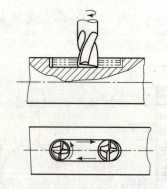

图3-3-17 分层铣够深度再扩铣两侧

(3)铣半圆键槽的方法。半圆键槽及铣刀如图3-3-18所示。

半圆键槽可在卧式铣床上加工,也可在立式铣床上加工。在卧式铣床加工时,铣刀在工件上方,观察方便,而且采用升降进给,速度比较缓慢,利于切削。另外,还可以在挂架上装夹顶尖,顶住铣刀前端的顶尖孔,以增加铣刀的刚性,故应用较普遍。铣削时,因为切削量逐渐增大,所以要特别注意:当切到深度还剩0.5~1.0 mm时,应改为手动。

5. 阶台、直角沟槽的检测方法

（1）检测宽度：当阶台和沟槽的宽度尺寸精度要求较低时，可用游标卡尺测量；在精度要求较高或成批生产时，可用百分尺或塞规和卡板检测。

（2）测量深度和长度：深度和长度一般用游标卡尺测量，要求高时用深度百分尺测量。

（3）测量位置精度：阶台和沟槽与零件其他表面的相对位置精度，一般用游标卡尺或百分尺来测量。

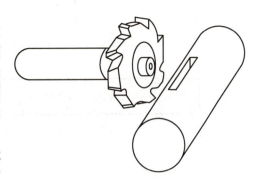

图 3-3-18　半圆键槽及铣刀

 技能小贴士

铣削阶台、直角沟槽的质量分析

阶台和直角沟槽铣削常见的质量问题有尺寸公差超差、形位公差超差等。造成尺寸公差超差的主要原因如下：

（1）工作台"零位"不准，使阶台上部尺寸变小，沟槽上部尺寸变大；
（2）刀有摆差；
（3）量不准；
（4）刀宽度（或直径）的尺寸不准；
（5）工作台移动尺寸摇得不准。

造成形位公差超差的主要原因有以下几种：

（1）工作台"零位"不准，使阶台上窄下宽、沟槽上宽下窄；
（2）夹具和工件未校正，使阶台和沟槽产生歪斜；
（3）铣键槽时中心未对准，使键槽的对称度不准；
（4）铣削时有"让刀"现象，使沟槽的位置（或对称度）不准。

造成表面粗糙度不符合要求的原因如下：

（1）铣刀磨损变钝；
（2）铣刀摆差太大；
（3）铣削用量选择不当；
（4）切削液使用不当；
（5）铣削时振动太大。

 任务实施

1. 铣阶台

图 3-3-19 所示的是阶台式键零件图，在 X6132 型铣床上加工时，其加工步骤如下。

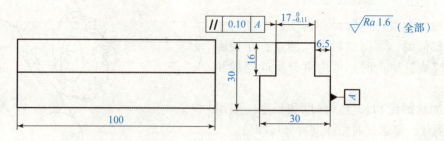

图 3-3-19 阶台式键零件图

(1) 选择铣刀。根据阶台尺寸 6.5 mm×16 mm，现选用一把 80 mm× 10 mm×27 mm 规格、齿数为 18 的错齿三面刃盘铣刀。

(2) 选择铣削用量。根据尺寸精度、表面粗糙度及工件余量，选择 a_p = 16 mm, a_f = 0.04 mm/z, v = 28 m/min。经计算取 n = 118 r/min, v_f = 75 mm/min。

(3) 工件装夹与校正。工件用平口钳装夹，并先校正固定钳口，然后将 A 基准面紧贴固定钳口、夹紧，以保证平行度 要求。

(4) 对刀。采用擦边法。

① 调整铣削宽度，在 A 基准面上贴纸擦边后，横向移动 6.5 mm。

② 调整铣削深度，在工件上平面贴纸擦到后，工作台上升 16 mm。

(5) 铣削。第一个阶台侧面铣完后，工作台横向移动 10 + 17 = 27 (mm)。因为铣刀有摆动，一般可多摇一些，试切测量后再做调整，以保证 $17_{-0.11}^{\ 0}$ mm 尺寸，然后铣出第二阶台侧面。

(6) 检测。用卡尺测量尺寸，用百分表和平板测量平行度要求。

2. 铣直角沟槽

加工如图 3-3-20 所示零件的内沟槽，在立式铣床上用平口钳装夹进行加工。

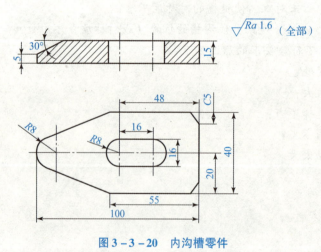

图 3-3-20 内沟槽零件

(1) 选择铣刀。因槽宽尺寸要求不高，故铣刀直径可以等于槽宽尺寸，选 D = 16 mm 的立铣刀。

(2) 选择铣削用量。由于铣刀直径较小,铣削深度相对较深,故 a_f 不宜大,选 a_f = 0.03 mm/z, v = 19 m/min,计算得 v_f = 30 mm/min, n = 375 r/min。

(3) 对刀和铣削。先用 ϕ6 mm 的钻头钻落刀孔,按划线对刀,然后铣削,保证尺寸 48 mm、16 mm、32 mm。

(4) 检测。用卡尺测量全部尺寸,应达到要求。

3. 铣键槽

加工如图 3-3-21 所示零件的封闭键槽。

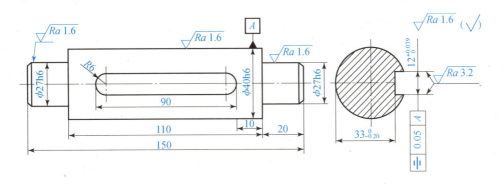

图 3-3-21 封闭键槽零件

加工步骤如下。

(1) 选择铣刀。根据键槽宽度和尺寸精度要求,选择 ϕ10 mm 的键槽铣刀和 ϕ12 mm 的立铣刀各一把。

(2) 选择铣削用量。选 a_f = 0.025 mm/z, v = 20 mm/min,经计算得 n = 600 r/min, v_f = 30 mm/min。

(3) 装夹、校正工件。用平口钳装夹,先将固定钳口校成与纵向进给方向平行,然后将工件与平口钳导轨贴实、夹紧。

(4) 对刀。根据对称度要求 ⌖ 0.05 A,采用杠杆百分表校钳口、对中心。

(5) 铣削。用扩刀法分粗、精铣加工键槽,保证尺寸 $12^{+0.039}_{0}$ mm、$33^{0}_{-0.20}$ mm,槽两端各留 0.5 mm,换 ϕ12 mm 立铣刀,控制定位尺寸 10 mm 和长度尺寸 90 mm,上下走刀铣削 R6 mm。

(6) 检测。用卡尺测量 10 mm、90 mm、$33^{0}_{-0.20}$ mm 尺寸,用百分表测量对称度 ⌖ 0.05 A 要求,用塞规或内径百分尺测量 $12^{+0.039}_{0}$ mm 尺寸,目测 R6 mm、Ra3.2 μm。

(7) 操作时应注意以下两点:

①使用直柄铣刀加工时,铣刀应装夹牢固,以免在铣削中掉刀,破坏槽深尺寸;

②使用直径较小的铣刀加工时,进给量不宜过大,以免产生严重的让刀现象而造成废品。

任务评价

检测报告

班级			姓名		学号		日期	
尺寸检测	序号	图纸尺寸	允差 /mm	量具 名称	量具 规格/mm	评分标准	配分	得分
	1	∥ 0.10 A	图纸公差	千分尺	0.01	超差不得分	20	
	2	$17_{-0.11}^{\ 0}$ mm	图纸公差	卡尺	0.02	超差不得分	10	
	3	16 mm	±0.1	卡尺	0.02	超差不得分（3处）	15	
	4	⌯ 0.05 A	图纸公差	百分表	0.01	超差不得分	20	
	5	$12_{\ 0}^{+0.039}$ mm	±0.1	千分尺	0.01	超差不得分	10	
	6	$33_{-0.20}^{\ 0}$ mm	图纸公差	卡尺	0.02	超差不得分	10	
	7	Ra3.2 μm	图纸公差	目测		超差不得分	5	
安全文明生产							10	
得分总计								

项目四　圆柱齿轮铣削

任务引入

斜齿圆柱齿轮就是齿线为螺旋线的圆柱齿轮，也称作斜齿轮（见图3-4-1），分析其加工计算过程。

知识链接

齿轮是传递运动和动力的重要零件。齿轮的齿形决定了其传递运动的准确性和受载的平稳性，它的加工方法有成形法和展成法两种。

知识模块一　齿轮成形方法

1. 成形法

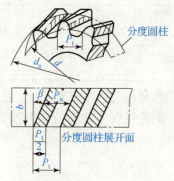

图3-4-1　斜齿圆柱齿轮加工

成形法是用与被切齿轮的齿槽完全相符的成形铣刀切出齿形的方法。成形法铣齿刀的形状制成被切齿轮的齿槽形状,成形铣刀称为模数铣刀(或齿轮铣刀)。用于卧式铣床的是盘状模数铣刀,用于立式铣床的是指状模数铣刀,如图3-4-2所示。铣齿属于成形法。

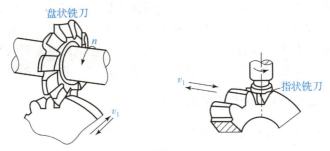

图3-4-2 成形法铣直齿圆柱齿轮

铣削时,工件在铣床上用分度头卡盘和尾架顶尖装夹,用一定模数的铣刀(盘状或指状)进行铣削。当加工完一个齿槽后,接着对工件分度,再对下一个齿槽进行铣削。

成形法加工齿形的特点是设备简单、刀具成本低,但由于每切削一个齿均需消耗重复切入、切出、退出和分度等的辅助时间,故生产率较低。又因为齿轮铣刀的齿形及分度均有误差,所以齿轮精度也较低,只能达到IT11~IT9。成形法加工齿形一般用于单件、小批生产及要求不高的齿轮。

2. 展成法

展成法是利用齿轮刀具与被切齿轮的相互强制啮合运动关系而切出齿形的方法。插齿和滚齿就是利用展成法来加工齿形的。

1)插齿

插齿刀用高速钢制造,形状与直齿圆柱齿轮相似,经淬火后磨出前角和后角,形成刀刃。插齿时,插齿刀做上下往复切削运动,并进行圆周和径向上的进给运动,通过分齿运动和工件的让刀运动,完成整个插齿过程。

插齿除了可以加工圆柱齿轮外,还可以加工双联齿轮及内齿轮。插齿可加工IT8~IT7级精度的齿轮,表面粗糙度为$Ra1.6\ \mu m$。一种模数的插齿刀可以加工模数相同的各种齿数的齿轮。

2)滚齿

滚齿运动可近似地看成做直线移动的齿条与转动齿轮的啮合。滚刀做连续旋转,可看成是一根无限长的齿条在做连续的直线运动。滚齿须具备主运动、分齿运动、垂直进给运动三种运动。

滚齿可以加工直齿和斜齿圆柱齿轮及蜗轮,它的加工精度可达IT8~IT7级,表面粗糙度为$Ra3.2 \sim 1.6\ mm$。一把滚刀可以加工出模数相同而齿数不同的渐开线齿轮。

3. 齿轮加工机床

齿轮加工机床主要分为圆柱齿轮加工机床和锥齿轮加工机床两大类。

圆柱齿轮加工机床主要用于加工各种圆柱齿轮、齿条及蜗轮,常用的有滚齿机、插齿机、铣齿机和剃齿机等。滚齿机用滚刀按展成法粗、精加工直齿、斜齿、人字齿轮和蜗轮等,加工范围广,可达到高精度或高生产率;插齿机用插齿刀按展成法加工直齿、斜齿齿轮和其他齿形件,主要用于加工多联齿轮和内齿轮;铣齿机用成形铣刀按分度法加工齿轮,主要用于加工具有特殊齿形的仪表齿轮；剃齿机是用齿轮式剃齿刀精加工齿轮的一种高效机床。圆柱齿轮加工机床还包括磨齿机、珩齿机、挤齿机、齿轮热轧机和齿轮冷轧机等。

锥齿轮加工机床主要用于加工直齿、斜齿、弧齿和延长外摆线齿等锥齿轮的齿部。直齿锥齿轮刨齿机是以成对刨齿刀按展成法粗、精加工直齿锥齿轮的机床，有的机床还能加工斜齿锥齿轮，在中小批量生产中应用最广。双刀盘直齿锥齿轮铣齿机使用两把刀齿交错的铣刀盘，按展成法铣削同一齿槽中的左右两齿面，生产效率较高，适用于成批生产。

知识模块二　成形法铣直齿圆柱齿轮的齿形

在铣床上铣削直齿圆柱齿轮可采用成形法，成形法铣圆柱直齿齿轮的步骤如下。

1. 选择铣刀

渐开线形状与模数 m、齿数 z 和压力角 α 有关，常用齿轮的压力角 $\alpha = 20°$ 是标准值，所以可根据被加工齿轮的模数和齿数去选用相适应的齿轮铣刀，如表 3-4-1 所示。

表 3-4-1　铣刀号数及其可铣制的齿轮齿数

铣刀号数	1	2	3	4	5	6	7	8
能铣制的齿轮齿数	12~13	14~16	17~20	21~25	26~34	35~54	55~134	135 以上

2. 铣削前的准备工作

（1）安装铣刀。铣刀安装后横向移动工作台，使铣刀中心平面对准分度头顶尖中心，然后固定横向拖板。

（2）安装工件。先将齿坯装在心轴上，再将心轴装在分度头顶尖和尾架顶尖之间。

（3）调整分度头。根据被铣齿轮的齿数计算分度头的摇柄转动圈数，选择分度盘孔圈，调节摇柄上定位销的位置和扇股之间的孔距，如图 3-4-3 所示。

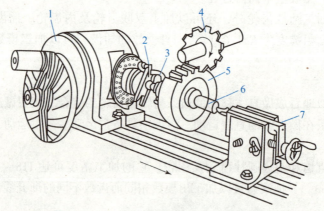

图 3-4-3　在卧式铣床上铣直齿圆柱齿轮
1—分度头；2—拨块；3—卡箍；4—模数铣刀；5—工件；6—心轴；7—尾架

3. 铣削操作

（1）计算齿槽的深度。

（2）调整垂直进给丝杆刻度盘的零线位置，方法与前述平面铣削相同。

(3) 试切，即在齿坯圆周上铣出全部齿数的刀痕，以检查分度是否正确。

(4) 调整铣削用量，一般先粗铣再精铣，约留 0.2 mm 的精铣余量。齿槽深不大时也可一次粗铣完毕。

(5) 精铣 2~3 个齿后，应检查齿的尺寸和表面粗糙度，合格后再继续精铣，直至完成整个工件的加工。

铣削直齿圆柱齿轮的质量分析

直齿圆柱齿轮铣削的质量分析如下。

1. 齿数和图样要求不符产生原因分析

(1) 未仔细看清图样；

(2) 分度计算错误，或者分度叉使用不当及选错了分度盘孔圈。

2. 齿厚不等、齿距误差过大产生原因分析

(1) 操作分度头不正确，如未正确使用分度叉；手柄未朝一个方向均匀转动，分度手柄不慎多转，在改正时未消除分度头蜗杆副间隙。

(2) 工件未校正好，致使工件径向跳动过大。

3. 齿高、齿厚不正确

(1) 铣削深度调整错误；

(2) 铣刀模数或刀号选择错误。

4. 轮齿偏斜（困牙）

铣刀未对准中心。

5. 齿面表面较粗糙不合格

(1) 铣刀钝或铣削用量过大；

(2) 工件装夹不牢发生振动；

(3) 铣刀安装不好，摆差过大；

(4) 铣削时分度头主轴未固紧，工件振动较大；

(5) 机床主轴松动或工作台塞铁太松，致使铣削时机床振动较大。

斜齿圆柱齿轮就是齿线为螺旋线的圆柱齿轮，也称作斜齿轮（见图 3-4-1），加工计算过程如下。

1. 斜齿圆柱齿轮的当量齿数计算及铣刀的选择

对于斜齿轮，其齿线上某一点处的法向平面与分度圆柱面的交线是一个椭圆，以此椭圆的最大曲率半径作为某一个假想直齿轮的分度圆半径，并以此斜齿轮的法向模数和法向压力角作为上述假想直齿轮的端面模数和端面压力角，于是，此假想直齿轮就称为斜齿轮的当量齿轮。当量齿轮的齿数称为当量齿数，并用下式计算：

$$z_n = \frac{z}{\cos^3\beta} = Kz$$

式中：z——斜齿轮的实际齿数；

z_n——斜齿轮的当量齿数；

β——斜齿轮的螺旋角，(°)；

K——当量齿数的 $K = 1/\cos^3\beta$，取值可查阅有关手册。

按求出的当量齿数选择铣刀。

2. 导程和配换齿轮的计算

导程按下式计算：

$$P_z = \frac{\pi m_n z}{\sin\beta}$$

式中：m_n——法面模数；

z——齿轮实际齿数；

β——螺旋角，(°)。

铣削斜齿圆柱齿轮以及螺旋槽时，为了把工件的旋转运动和工件的直线运动联系起来，要在分度头侧轴和机床纵向丝杆上挂轮，如图 3-4-4 所示，并要保证工件转一转，工作台纵向移动一个导程距离，即要纵向丝杆转 $P_工/P_丝$ 转。挂轮的速比可按下式计算：

$$i = \frac{z_1 z_3}{z_2 z_4} = \frac{40 P_丝}{P_工}$$

式中：z_1，z_3——主动挂轮齿数；

z_2，z_4——被动挂轮齿数；

$P_丝$——纵向丝杆螺距，mm；

$P_工$——工件导程，mm。

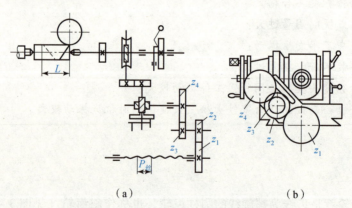

图 3-4-4 铣削斜齿圆柱齿轮时挂轮的配置
(a) 传动系统；(b) 挂轮位置

3. 斜齿轮的铣削方法

斜齿轮的铣削方法与直齿轮的铣削方法基本相同，不同点如下：

(1) 需要加装配换齿轮，在加挂轮后，检查导程和分度头转向是否正确。

(2) 工作台要转动一个螺旋角。

(3) 每铣一齿后,要先降下工作台后再退刀。

(4) 铣削速度应低于加工直齿轮的速度。

4. 圆柱斜齿轮的测量方法

测量圆柱斜齿轮时,应在齿廓的法向平面进行测量,这里介绍分度圆弦齿厚测量方法。斜齿轮的分度圆弦齿厚 $\overline{S}_n$ 和分度圆弦齿高 $\overline{h}_{an}$ 的计算公式如下:

$$\overline{S}_n = m_n z_n \sin\frac{90°}{z_n}$$

$$\overline{h}_{an} = m_n \left[1 + \frac{z_n}{2}\left(1 - \cos\frac{90°}{z_n}\right) \right]$$

式中:m_n——斜齿轮法向模数;

z_n——斜齿轮当量齿数(此时计算的当量齿数,小数部分不能略去)。

测量分度圆弦齿厚时要注意,因为测量时是以齿顶圆为定位基准的,而齿顶圆的制造有一定的公差要求,所以应从分度圆弦齿高 $\overline{h}_{an}$ 中减去齿顶圆半径的实际偏差 $\frac{1}{2}\Delta E_{d_a}$:

$$\frac{1}{2}\Delta E_{d_a} = \frac{d_a - d'_a}{2}$$

式中:$\frac{1}{2}\Delta E_{d_a}$——齿顶圆半径的实际偏差值,mm;

d_a——齿顶圆直径的基本尺寸,mm;

d'_a——齿顶圆直径的实际尺寸,mm。

测量示意图如图3-4-5所示,在法向平面上测量。

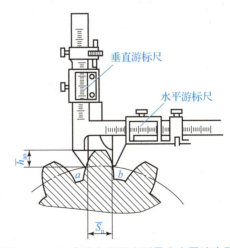

图3-4-5 在法向平面上测量分度圆弦齿厚

铣削斜齿圆柱齿轮的质量分析

(1) 铣削斜齿圆柱齿轮时,同样会出现铣直齿圆柱齿轮时易产生的质量问题,应避免产生。

(2) 导程不准确是由于导程和挂轮比计算有误或挂轮配置错误造成的。

(3) 铣削中干涉量过大是由于工作台扳转角度不准确引起的。

任务评价

考核评价

评价项目	评价内容	配分	自评 20%	互评 20%	师评 60%	合计
职业素养 40 分	爱岗敬业，安全意识，责任意识，服从意识	10				
	积极参加任务活动，按时完成工作任务	10				
	团队合作，交流沟通能力，集体主义精神	10				
	劳动纪律，职业道德	5				
	现场 6S 标准，行为规范	5				
专业能力 60 分	专业资料检索能力，工程计算能力	10				
	制订计划和执行能力	10				
	操作符合规范，精益求精	15				
	工作效率，分工协作	10				
	任务验收质量，质量意识	15				
	合计	100				
创新能力 加分 20 分	创新性思维和行动	20				
	总计	120				

教师签名：　　　　　　　　　　　　　　　　　　　　　　学生签名：

铣工操作安全规范

在铣床上工作，必须严格遵守操作规程，同时应懂得安全生产技术和文明生产。

1. 安全技术

在操作铣床时，往往由于操作者忽视安全规则而造成人身事故，为此必须重视和遵守下列安全规则。

1）衣帽穿戴

(1) 工作服要紧身，无拖出带子和衣角，袖口要扎紧或戴袖套。

(2) 女工要戴工作帽，长发要剪短，要将头发全部塞进帽子。

(3) 不准戴手套操作，以免发生事故。

(4) 高速切削时要戴好防护镜，防止高速飞出的切屑损伤眼睛。

(5) 铣削铸铁工件时最好戴口罩。

(6) 不宜戴首饰操作铣床。

2）防止铣刀切伤

(1) 装拆铣刀要用揩布垫衬，不要用手直接握住铣刀。

(2) 铣刀未完全停止转动前不得用手去触摸、制动。

(3) 使用扳手时，用力应避开铣刀，以免扳手打滑时造成伤害。

(4) 切削过程中不得用手触摸工件，以免被铣刀切伤手指。

(5) 装拆工件或测量时必须在铣刀停转后进行，否则极易发生事故。

3）防止切屑损伤皮肤、眼睛

(1) 清除切屑要用毛刷，不可用手抓、用嘴吹。

(2) 操作时不要站立在切屑飞出的方向，以免切屑飞入眼中。

(3) 若有切屑飞入眼中，切勿用手揉擦，应及时请医生治疗。

4）安全用电

(1) 了解与熟悉铣床电器装置的部位和作用，懂得用电常识。

(2) 不准随便搬弄不熟悉的电器装置。

(3) 当铣床电器损坏时应关闭总开关，请电工修理。

(4) 不能用金属棒去拨动电闸开关。

(5) 注意周围电线、电闸、铣床接地是否牢靠，否则应及时请电工修复。

(6) 发生触电事故应立即切断电源，或用木棒等绝缘体将触电者撬离电源。需要时应做人工呼吸，或送医院治疗。

2. 铣床安全操作规程

(1) 开车前先将刀具与工件装夹稳固，如果中途需要固紧压板螺栓或刀具，则必须先停车再进行；铣刀必须用拉杆拉紧。

(2) 开车时必须注意工作物与铣刀不得接触，工作台来回松紧应均匀，否则禁止开车。

(3) 机床运转时不准测量工件、不准离开机床。

(4) 装卸零件和刀具时应先关闭电动机开关。

(5) 开自动走刀时必须先检查行程限位器是否可靠。

(6) 笨重工件装卸必须使用吊车，不得撞击机床；如多人抬装，则必须注意彼此协作。

3. 文明生产

文明生产是操作工人科学操作的基本内容，反映了操作工人的技术水平和管理水平。文明生产包括以下几个方面。

(1) 机床保养。应做到严格遵守操作规程，熟悉机床性能和使用范围，并懂得一般调整和维修常识。平时应做好一般保养和润滑，使用一段时间后应定期对机床进行一级保养。

(2) 场地环境。操作者应保持周围场地清洁、无油垢，踏板牢固清洁、高低适当，放置刀、量具和工件的架子要可靠，安放位置要便于操作。切削过程中如需冲注切削液，应加挡板，以防止切削液外溢。批量生产时，应注意零件摆放，有条件的应使用零件工位器具。

(3) 工、夹量具保养。操作者应有安放整齐的工具箱，工具齐备，并定期进行检查。夹具和机床附件应有固定位置，安放整齐，取用方便，不用时要揩净上油，以防生锈。量具应由专人保管，定期检定，每天使用后应揩净放入盒内。

(4) 工艺文件保管。操作工人使用的图样、工艺过程卡片等工艺文件是生产的依据，使用时必须保持清洁、完好，用后应妥善保管。在生产过程中使用的产品数量流转卡和工时记录单等生产管理文件，也应认真记录，保证其正常流转。

思考与练习

一、思考题

1. 铣削能完成哪些加工内容？
2. 说明铣削加工的主要特点。
3. 指出铣削运动中的主运动和进给运动。
4. 铣削用量包括哪些方面？
5. 铣刀有哪些种类？如何选用？
6. 比较端铣与周铣的主要区别和适用范围。
7. 何谓顺铣与逆铣、对称铣与不对称铣？说明它们的适用场合。
8. 铣斜面的方法有哪几种？

二、练习题

1. 简述带孔铣刀和带柄铣刀的安装方法。
2. 铣削时工件的装夹方法有哪些？
3. 说明铣削平面的加工方法及适用加工对象。试问用何种简便方法可检测平面度？
4. 铣开口式键槽与铣封闭式键槽应分别在何种铣床上进行？分别用何种铣刀？
5. 如图 3-4-6 所示直齿圆柱齿轮，材料为 45 钢、模数为 2 mm、齿数为 61、齿形角为 20°、精度等级为 9GK（GB/T 10095—1988），试分析其加工工艺。

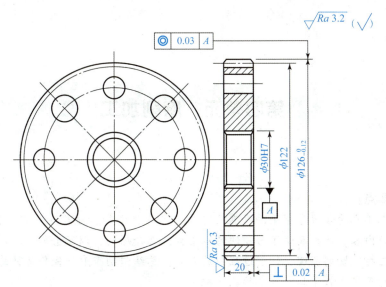

图 3-4-6 直齿圆柱齿轮

第四单元　磨削加工

项目学习要点：
　　通过本单元的学习掌握平面磨削及外圆和内圆磨削的基础理论知识、操作方法、技术要领等内容。详细阐述了砂轮的特征要素、选择原则，以及磨削加工与其他金属切削加工在材料切削原理、切削过程中的差异；总结归纳了磨削操作常见的缺陷与产生原因，对于实践教学具有重要的指导意义。
项目技能目标：
　　通过本单元的学习和实践课题的训练，读者可以熟悉磨床主要部件的作用，独立操作磨床设备，并完成课程内容要求的加工项目。

项目一　平面磨削

　　磨削如图 4-1-1 所示的 V 形支架，材料：20Cr，热处理：渗碳淬火，硬度 59HRC。

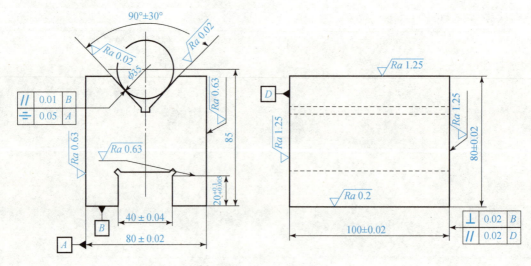

图 4-1-1　V 形支架

知识链接

在磨床上用砂轮对工件进行切削加工称为磨削。磨削加工从工件上切除的金属层极薄，能经济地获得高的加工精度（IT6～IT5）和小的表面粗糙度（$Ra = 0.8 \sim 0.2 \ \mu m$）。高精度磨削可使表面粗糙度 Ra 小于 $0.025 \ \mu m$，尺寸公差达微米级水平，因此磨削加工一般用作精加工。

随着高速磨削、强力磨削、宽砂轮磨削、多片砂轮磨削等高效磨削方式不断投入使用，磨削加工正在逐步代替部分车削、铣削加工，进入高效率加工的领域。另外，随着毛坯制造水平的提高，毛坯的余量将很小，直接磨削即可达到精度要求，这使得磨削加工在成批、大量生产中得到广泛应用。

磨削加工的应用范围很广，可磨削内外圆柱面、圆锥面、平面以及螺纹、齿轮和花键等成形面。

知识模块一　平面磨床

平面磨削是在铣、刨基础上的精加工。经磨削后平面的尺寸精度可达公差等级 IT6～IT5，表面粗糙度值达 $Ra 0.8 \sim 0.2 \ \mu m$。

平面磨床主轴分为立式和卧式，工作台分为矩形和圆形，如图 4-1-2 所示。砂轮由电动机主轴直接驱动；砂轮架可沿滑座的燕尾导轨做横向间歇进给运动（手动或液压传动）；滑座和砂轮架一起，可沿立柱上的导轨垂直移动，以调整砂轮架高低及完成径向进给（手动），工作台沿床身导轨做纵向往复直线运动（液压传动），实现纵向进给；工作台上有电磁吸盘，用以磨削磁性材料工件时的装夹；磨削非磁性材料的工件或形状复杂的工件时，则在电磁吸盘上安装平口钳等夹具装夹工件；对于某些不允许带有磁性的零件，磨削完毕后需进行退磁处理。

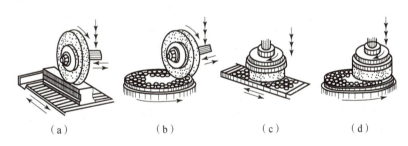

图 4-1-2　平面磨床及其磨削运动

(a) 卧式矩形台；(b) 卧式圆形台；(c) 立式矩形台；(d) 立式圆形台

M7120A 型平面磨床是较为常见的平面磨削设备（见图 4-1-3），机床结构与特性介绍如下。

1) 概述

M7120A 型平面磨床是卧轴矩台平面磨床，砂轮主轴的轴线与工作台面平行。该机床适用于机械制造业、小批量生产车间及其他机修或工具车间对零件平面、侧面等的磨削。M7120A 型平面磨床的最大磨削宽度为 200 mm，最大磨削长度为 630 mm，最大磨削高度为

320 mm，最大工件质量为 158 kg，工作精度可达 5 μm/300 mm，表面粗糙度可达 $Ra = 0.63$ μm。

2) 主要运动

M7120A 型平面磨床由床身 10、工作台 8、磨头 2 和砂轮修整器 5 等组成，如图 4-1-3 所示。装在床身 10 水平纵向导轨上的长方形工作台由液压传动做直线往复运动，既可做液压无级驱动，也可用手轮移动。磨头横向移动为液压控制连续进给或断续进给，也可手动进给；磨头由手动做垂直进给。工件可吸附于电磁工作台或直接固定于工作台上。砂轮主轴采用精密滚动轴承支承；液压系统由床身作油池供油。

3) 工件装夹

(1) 直接在电磁吸盘上定位装夹工件。磨

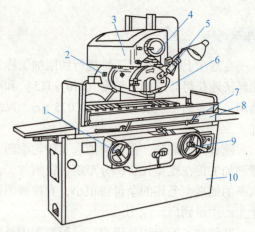

图 4-1-3　M7120A 型平面磨床

1、4、9—手轮；2—磨头；3—滑板；
5—砂轮修整器；6—立柱；7—撞块；
8—工作台；10—床身

削中小型导磁工件常采用电磁吸盘装夹，如图 4-1-4 所示。装夹前必须先擦干净电磁吸盘和工件，若有毛刺应以油石去除；工件应装在电磁吸盘磁力能吸牢的位置，以利于磨削加工。

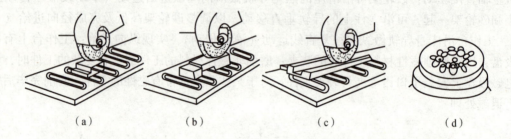

图 4-1-4　工件直接在电磁吸盘上定位装夹

(a) 先以大面为基准磨小面；(b) 在小基面工件的前端加挡铁；
(c) 磨夹具体的凹槽面；(d) 圆台平面磨床的工件多件装夹

(2) 用夹具装夹工件。当工件定位面不是平面或材料为非铁金属、非金属等不导磁工件时，要采用夹具装夹，如图 4-1-5 所示。

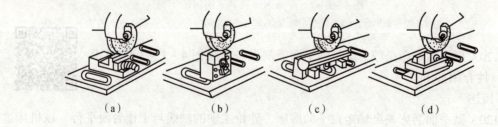

图 4-1-5　平面磨床上用夹具装夹工件

(a) 在平口钳上装夹工件；(b) 用精密方箱装夹工件；
(c) 用电磁方箱装夹工件；(d) 用直角弯板装夹工件

知识模块二　砂轮的特征要素

砂轮是由一定比例、硬度很高的粒状磨料和结合剂压制烧结而成的多孔物体，磨削时能否取得较高的加工质量和生产率，与砂轮的选择合理与否有重要关系。砂轮的性能主要取决于砂轮的磨料、粒度、结合剂、硬度、组织及形状尺寸等因素，这些因素称为砂轮的特征要素。

1. 磨料

砂轮的磨料应具有很高的硬度、耐热性，适当的韧度和强度及边刃。常用磨料主要有以下 3 种。

(1) 刚玉类（Al_2O_3）：棕刚玉（GZ）、白刚玉（GB），适用于磨削各种钢材，如不锈钢、高强度合金钢、退火的可锻铸铁和硬青铜。

(2) 碳化硅类（SiC）：黑碳化硅（HT）、绿碳化硅（TL），适用于磨削铸铁、激冷铸铁、黄铜、软青铜、铝、硬表层合金和硬质合金。

(3) 高硬磨料类：人造金刚石（JR）、氮化硼（BLD），具有高强度和高硬度，适用于磨削高速钢、硬质合金和宝石等。

各种磨料的性能、代号和用途见表 4-1-1。

表 4-1-1　各种磨料的性能、代号和用途

磨料名称		代号	主要成分	颜色	力学性能	热稳定性	适合磨削范围
刚玉类	棕刚玉	A	Al_2O_3 95% TiO_2 2%~3%	褐色	韧性好，硬度大	2 100 ℃熔融	碳钢，合金钢，铸铁
	白刚玉	WA	Al_2O_3 >99%	白色			淬火钢，高速钢
碳化硅类	黑碳化硅	C	SiC >95%	黑色		>1 500 ℃氧化	铸铁，黄铜，非金属材料
	绿碳化硅	GC	SiC >99%	绿色			硬质合金钢
高硬磨料类	氮化硼	CBN	立方氮化硼	黑色	高硬度，高强度	<1 300 ℃稳定	硬质合金钢，高速钢
	人造金刚石	D	碳结晶体	乳白色		>700 ℃石墨化	硬质合金，宝石

2. 粒度

粒度表示磨粒的大小程度，其表示方法有两种。

(1) 以磨粒所能通过的筛网上每英寸长度上的孔数作为粒度。粒度号为 4~240 号，粒度号越大，则磨料的颗粒越细。

(2) 粒度号比 240 号还要细的磨粒称为微粉。微粉的粒度用实测的实际最大尺寸，并在前冠以字母"W"来表示。例如 W7，即表示此种微粉的最大尺寸为 7~5 μm。粒度号越小，微粉颗粒越细。

粒度的大小主要影响加工表面的粗糙度和生产率。一般来说，粒度号越大，则加工表面的表面粗糙度越小，生产率越低。所以粗加工宜选粒度号小（颗粒较粗）的砂轮，精加工则选用粒度号大（颗粒较细）的砂轮，而微粉则用于精磨、超精磨等加工。

此外，粒度的选择还与零件的材料、磨削接触面积的大小等因素有关。通常情况下，磨软的材料应选颗粒较粗的砂轮。

3. 结合剂

结合剂的作用是将磨料黏合成具有各种形状及尺寸的砂轮，并使砂轮具有一定的强度、硬度、气孔，以及抗腐蚀、抗潮湿等性能。砂轮的强度、耐热性和耐磨性等重要指标，在很大程度上取决于结合剂的特性。

作为砂轮结合剂应具有的基本要求是：与磨粒不发生化学作用，能持久地保持其对磨粒的黏结强度，并保证所制砂轮在磨削时安全可靠。

目前砂轮常用的结合剂有陶瓷、树脂、橡胶等。陶瓷应用最广泛，它能耐热、耐水、耐酸，价廉，但脆性高，不能承受较大的冲击和振动；树脂和橡胶弹性好，能制成很薄的砂轮，但耐热性差，易受酸、碱切削液的侵蚀。

常用结合剂的性能及适用范围如表 4-1-2 所示。

表 4-1-2 常用结合剂的性能及适用范围

结合剂	代号	性能	使用范围
陶瓷	V	耐热耐蚀，气孔率大，易保持轮廓形状，弹性差	最常用，适用于各类磨削加工
树脂	B	强度比陶瓷高，弹性好，耐热性差	用于高速磨削、切削、开槽等
橡胶	R	强度比树脂高，更有弹性，气孔率小，耐热性差	用于切断和开槽

4. 硬度

砂轮的硬度是指结合剂对磨料黏结能力的大小。砂轮的硬度是由结合剂的黏结强度决定的，而不是靠磨料的硬度。在同样的条件和一定的外力作用下，若磨粒很容易从砂轮上脱落，则砂轮的硬度就比较低（或称为软）；反之，砂轮的硬度就比较高（或称为硬）。

砂轮上的磨粒钝化后，使作用于磨粒上的磨削力增大，从而促使砂轮表层磨粒自动脱落，里层新磨粒锋利的切削刃则投入切削，砂轮又恢复原有的切削性能。砂轮的此种能力称为"自锐性"。

砂轮硬度的选择合理与否，对磨削加工质量和生产率影响很大。一般来说，零件材料越硬，则应选用越软的砂轮。这是因为零件硬度高，磨粒磨损快，选择较软的砂轮有利于磨钝砂轮的"自锐"。但若硬度选得过低，则砂轮磨损快，也难以保证正确的砂轮轮廓形状；若选用砂轮硬度过高，则难以实现砂轮的"自锐"，不仅生产率低，而且易产生零件表面的高温烧伤。

在机械加工中，经常选用的砂轮硬度范围一般为 H~N（软2~中2）。

砂轮的硬度等级及其代号如表 4-1-3 所示。

5. 组织

砂轮的组织是指砂轮中磨料、结合剂和气孔三者体积的比例关系。磨料在砂轮总体积中所占的比例越大，则砂轮的组织越紧密；反之，则组织越疏松。砂轮的组织分为紧密、中等、疏松三大类，细分 0～14 共 15 个组织号。组织号为 0 者，组织最紧密；组织号为 14 者，组织最疏松。

表 4-1-3　砂轮的硬度等级及其代号

大级名称	超软	软			中软				中硬			硬		超硬
小级名称	超软	软1	软2	软3	中软1	中软2	中1	中2	中硬1	中硬2	中硬3	硬1	硬2	超硬
代号	D	E	F	G	H	J	K	L	M	N	P	Q	R	S	T	Y

砂轮组织疏松，有利于排屑、冷却，但容易磨损和失去正确的轮廓形状；组织紧密，则情况与之相反，并且可以获得较小的表面粗糙度。一般情况下采用中等组织的砂轮。精磨和成形磨用组织紧密的砂轮；磨削接触面积大和薄壁零件时，用组织疏松的砂轮。

6. 砂轮的形状及尺寸

为了适应不同的加工要求，常将砂轮制成不同的形状。同样形状的砂轮，还可以制成多种不同的尺寸。常用砂轮的形状、代号及用途如表 4-1-4 所示。

表 4-1-4　常用砂轮的形状、代号及用途

砂轮名称	代号	断面形状	主要用途
平行砂轮	1		外圆磨，内圆磨，平面磨，无心磨，工具磨
薄片砂轮	41		切断，切槽
筒形砂轮	2		端磨平面
碗形砂轮	11		刃磨刀具，磨导轨
蝶形1号砂轮	12a		磨齿轮，磨铣刀，磨铰刀，磨拉刀
双斜边砂轮	4		磨齿轮，磨螺纹
杯形砂轮	6		磨平面，磨内圆，刃磨刀具

7. 砂轮的特性要素及规格尺寸标志

在砂轮的端面上一般均印有砂轮的标志，标志的顺序是：形状代号，尺寸，磨料，粒度号，硬度，组织号，结合剂，线速度。例如，一砂轮标记为"砂轮 1-400×60×75-WA60-

第四单元　磨削加工　131

L5V-35 m/s",则表示外径为 400 mm、厚度为 60 mm、孔径为 75 mm、磨料为白刚玉（WA）、粒度号为 60、硬度为 L（中软 2）、组织号为 5、结合剂为陶瓷（V）、最高工作线速度为 35 m/s 的砂轮。

8. 磨削过程

从本质上讲，磨削也是一种切削，砂轮表面上的每个磨粒可以近似地看成一个微小刀齿，凸出的磨粒尖棱可以认为是微小的切削刃。由于砂轮上的磨粒形状各异且具有分布的随机性，导致了它们在加工过程中均以负前角切削，且它们各自的几何形状和切削角度差异很大，工作情况相差甚远。砂轮表面的磨粒在切入零件时，其作用大致可分为滑擦、刻划和切削三个阶段，如图 4-1-6 所示。

9. 砂轮的检验、平衡、安装和修整

砂轮在安装前一般通过外观检查和敲击响声来判断是否存有裂纹，以防止高速旋转时破裂。安装砂轮时，

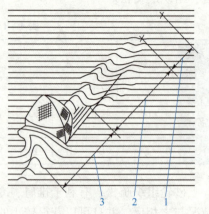

图 4-1-6 磨粒切削过程
1—滑擦；2—刻划；3—切削

一定要保证牢固可靠，以使砂轮工作平稳。一般直径大于 125 mm 的砂轮都要进行平衡检查，使砂轮的重心与其旋转轴线重合。砂轮在工作一定时间以后，磨粒会逐渐变钝，砂轮工作表面的空隙会被堵塞，这时必须进行修整，使已磨钝的磨粒脱落，以恢复砂轮的切削能力和外形精度。砂轮的修整常用金刚石进行。

知识模块三　平面磨削操作

平面磨削是用平行砂轮的端面或外圆周面或用杯形砂轮、碗形砂轮进行平面磨削加工的方法。平面磨削的尺寸精度可达 IT5～IT6 级；平面度小于 0.1 mm/100 mm；表面粗糙度一般达 Ra0.4～0.2 μm，精密磨削可达 Ra0.1～0.01 μm。

常用平面磨削方法分为端磨法、周边磨法以及导轨磨削。端磨（砂轮主轴立式布置）分为端面纵向磨削（可加工长平面及垂直平面）和端面切入磨削（可加工环形平面、短圆柱形零件的双端面平行平面、大尺寸平行平面和复杂工件的平行平面）。双端面磨削是一种高效磨削方法。周边磨（砂轮轴水平布置）分为周边纵向磨削及周边切入磨削。周边纵向磨削可以加工大平面、环形平面、薄片平面、斜面、直角面、圆弧端面、多边形平面和大余量平面；周边切入磨削可加工窄槽、窄形平面。周边磨和端面磨按所使用的工作台分为圆工作台及矩形工作台两种（见图 4-1-2）。导轨磨可加工平导轨、V 形导轨。采用组合磨削法可提高导轨磨削的效率。

平面磨削的砂轮速度，周磨铸铁时：粗磨 20～24 m/s，精磨 22～26 m/s；周磨钢件时：粗磨 22～25 m/s，精磨 25～30 m/s。端磨铸铁时：粗磨 15～18 m/s，精磨 18～20 m/s；端磨钢件时：粗磨 18～20 m/s，精磨 20～25 m/s。缓进磨削在平面磨削中得到了推广，它是提高磨削效率的有效工艺方法。

薄片平面磨削的关键是工件的装夹，要防止工件在装夹中、加工中及加工后的变形。选择合理的磨削条件，尽量减少发热及变形，才能保证薄片平面的加工质量。

 技能小贴士

平面磨削常见缺陷的产生原因

1. 工件表面波纹产生的原因

（1）机床主轴轴承间隙过大。

（2）机床主轴电动机转子不平衡。

（3）外界振动源引起机床振动。

（4）主轴电动机转子与定子间隙不均匀。

（5）头架塞铁间隙过大或接触不好。

（6）液压系统振动。

（7）工作台的换向冲击引起工件的一端或两端出现波纹。应将工作台行程调大或调整节流阀，以减小换向冲击。

（8）磨头系统刚度差。应对配合滑动面进行修刮和调整，保持其精度要求。

（9）砂轮不平衡。

（10）砂轮硬度太高。

（11）圆周面上硬度不均匀。

（12）砂轮已用钝，不锋利。

（13）砂轮法兰盘的锥孔与主轴接触不良。

（14）垂直进给量太大。

（15）当砂轮与工件有相对振动时出现菱形花纹。应调整换向时间，并采取措施消除其他原因的振动。

2. 工件表面拉毛、划伤

（1）砂轮罩或砂轮法兰盘上积存的磨屑、杂物落在工件表面上。应注意文明生产，经常清理砂轮罩和法兰盘上的脏物，保持清洁。

（2）磨削液供应不足。

（3）磨削液不清洁。

（4）砂轮表面与工件之间有细砂粒或脏物。应注意磨削液的清洁度，可在砂轮的左、右两边各安装一个喷嘴，进行双向冲洗，并加大压力和流量。

3. 工件表面有直线痕迹

（1）机床热变形不稳定。

（2）机床主轴系统刚性差。

（3）砂轮已用钝，不锋利。

（4）进给量太大。

（5）金刚石修整器安装的位置不对。应安放在工作台面上，以保持砂轮母线与工件被磨表面平行。

4. 工件表面烧伤

（1）砂轮粒度太细或硬度太高。

（2）砂轮已用钝，不锋利。

（3）砂轮修整太细。

(4) 工件进给速度太低。

(5) 背吃刀量太大。

(6) 磨削液喷射位置不佳。

(7) 磨削液压力及流量不够。

5. 工件塌角或侧面呈喇叭形

(1) 机床主轴轴承间隙过大。

(2) 砂轮选择不当。

(3) 砂轮不锋利。

(4) 换向时越程太大。应在工件两侧加辅助件与工件一起进行磨削或适当减小越程。

(5) 背吃刀量过大。应减小进给量,增加光磨次数。

6. 工件两表面的平行度或平面度超差

(1) 机床热变形太大。

(2) 机床导轨润滑油太多。

(3) 导轨润滑油压力差太大。

(4) 磨床横向运动精度超差。

(5) 砂轮选择不当。

(6) 砂轮不锋利。应及时修整砂轮,可在砂轮的圆周上开槽。

(7) 工件基准平面度超差或有毛刺。

(8) 工件内应力未消除。

(9) 工件太薄,变形较大。解决办法主要有:磨第一面时基准面可用纸或橡皮垫实;可翻身多磨几次;采用真空吸盘,吸面上涂油;由磁力过渡块及剩磁装夹,使工件在自由状态下磨削。

(10) 背吃刀量太大。

(11) 用压板压紧工件,磨削时夹紧点不合理,夹紧力过大。

(12) 用砂轮端面磨削时,立柱倾斜角未调整好。

(13) 夹具基准不平或有毛刺、脏物。应修研夹具基准面,或在充磁状态下修磨磁性吸盘面,并注意保持夹具基准面的清洁。

(14) 磨削液供给不足。

任务实施

磨削如图 4-1-7 所示的 V 形支架,材料:20Cr,热处理:渗碳淬火,硬度 59HRC。V 形支架磨削工艺如下。

(1) 以 B 为基准磨顶面,翻转磨 B 面至尺寸,控制平行度 <0.01 mm。

(2) 以 B 为基准校 C,磨 C 面,磨出即可,控制垂直度 <0.02 mm,用精密角铁定位。

(3) 以 B 为基准校 A,磨 A 面,磨出即可,用精密角铁定位。

(4) 以 A 面为基准磨对面,控制尺寸 (80±0.02) mm。

(5) 以 C 为基准磨对面,控制尺寸 (100±0.02) mm 及平行度 <0.02 mm。

(6) 以顶面为基准,校 A 与工作台纵向平行 (<0.01 mm),切入磨,控制尺寸 $20^{+0.100}_{+0.005}$ mm,

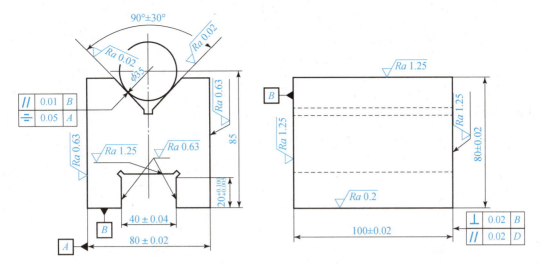

图 4-1-7 V 形支架

再分别磨两内侧面，控制尺寸（40±0.04）mm。

（7）以 B 和 A 为基准，磨 90°的两个斜面，控制对称度 <0.05 mm，用导磁 V 形块定位。

（8）终检测量。

任务评价

检测报告

班级				姓名		学号		日期	
尺寸检测	序号	图纸尺寸	允差/mm	量具		评分标准	配分	得分
				名称	规格/mm			
	1	（80±0.02）mm	图纸公差	千分尺	0.01	超差不得分	10	
	2	（100±0.02）mm	图纸公差	千分尺	0.01	超差不得分	10	
	3	$20^{+0.10}_{+0.005}$ mm	图纸公差	千分尺	0.01	超差不得分	20	
	4	（40±0.04）mm	图纸公差	千分尺	0.01	超差不得分	10	
	5	∥ 0.01 B	图纸公差	百分表	0.01	超差不得分	10	
	6	⌰ 0.05 A	图纸公差	百分表	0.01	超差不得分	10	
	7	⊥ 0.02 B	图纸公差	直角尺		超差不得分	10	
	8	∥ 0.02 D	图纸公差	百分表	0.01	超差不得分	10	
				安全文明生产			10	
				得分总计				

项目二 外圆磨削

任务引入

磨削加工如图 4-2-1 所示的机床主轴,材料:38CrMoAlA,热处理:氮化 900 HV。

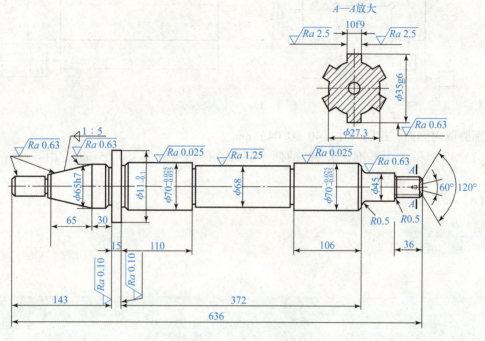

图 4-2-1 机床主轴

知识链接

外圆磨床分为普通外圆磨床和万能外圆磨床,两者的区别在于万能外圆磨床的头架、砂轮架能在水平面内回转一定角度,并配有内圆磨头,可以磨削内圆柱面和内锥面,而普通外圆磨床只能磨削外圆柱面或锥度不大的外锥面。

知识模块一 外圆磨削设备

M1432A 型万能外圆磨床是较为常见的外圆磨削设备,如图 4-2-2 所示,其型号中各项代表的意义如下。

1. 床身

床身是一个箱体铸件,用来支承磨床的各个部件。床身上有纵向和横向两组导轨,其上分别装有工作台和砂轮架。床身内部有储存液压油的油池,装有液压传动装置和其他传动装置。

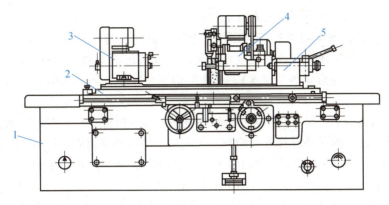

图 4-2-2　M1432A 型万能外圆磨床
1—床身；2—工作台；3—头架；4—砂轮架；5—尾座

2. 工作台

工作台面上装有头架和尾座，它们随着工作台一起沿床身导轨做纵向往复运动。工作台由上、下两部分组成。上工作台可绕下工作台中间的心轴在水平面内调整一定角度，用以磨削锥度较小的长圆锥面；下工作台底部安装齿轮和液压缸，通过液压传动使工作台做纵向机动进给。摇动手轮可进行手动纵向进给，用于加工时的调整。头架和尾座都装在工作台上。

3. 头架

头架上装有主轴及其变速机构，用来夹持工件并带动工件转动，在水平面内可逆时针方向旋转 90°，以磨削圆锥面。

4. 砂轮架

砂轮装在砂轮架的主轴上，由单独的电动机经 V 带直接带动旋转。砂轮架安装在滑鞍上，可在水平面内旋转一定角度，用于磨削短圆锥面。内圆磨具装在可绕铰链回转的支架上，由单独的电动机经 V 带直接传动，不用时可翻向砂轮架上方。

5. 尾座

尾座用来支承较长工件带有顶尖孔的另一端。

知识模块二　外圆磨削操作

1. 工件的装夹

磨外圆时，常用的装夹方法有以下四种。

（1）用前、后顶尖装夹，用夹头带动旋转。

（2）用心轴装夹。磨削套筒类零件时，常以内孔为定位基准，把零件套在心轴上，然后再将心轴装在磨床的前后顶尖上。

(3) 用三爪卡盘或四爪卡盘装夹。磨削端面上不能打中心孔的短工件时，可用卡盘装夹。三爪卡盘用于装夹圆形或规则的表面，四爪卡盘特别适于装夹表面不规则的零件。

(4) 用卡盘和顶尖装夹。当工件较长，一端能打中心孔而另一端不能打中心孔时，可一端用卡盘、一端用顶尖装夹。

2. 外圆柱面的磨削方法

磨削外圆柱面的工艺方法主要有以下三种。

(1) 纵磨法，如图4-2-3 (a) 所示。磨削时砂轮高速旋转为主运动，零件旋转为圆周进给运动，零件随磨床工作台的往复直线运动为纵向进给运动。每一次往复行程终了时，砂轮做周期性的横向进给（磨削深度）。每次磨削深度很小，经多次横向进给磨去全部磨削余量。

由于每次磨削量小，所以磨削力小，产生的热量少，散热条件较好。同时，还可以利用最后几次无横向进给的光磨行程进行精磨，因此加工精度和表面质量较高。此外，纵磨法具有较大的适应性，可以用一个砂轮加工不同长度的零件。但是，它的生产效率较低，广泛用于单件、小批量生产及精磨，特别适用于细长轴的磨削。

(2) 横磨法，如图4-2-3 (b) 所示，又称切入磨法。零件不做纵向往复运动，而由砂轮做慢速连续的横向进给运动，直至磨去全部磨削余量。

横磨法生产率高，但由于砂轮与零件接触面积大、磨削力较大、发热量多、磨削温度高，故零件易发生变形和烧伤。同时砂轮的修正精度以及磨钝情况均直接影响零件的尺寸精度和形状精度，所以横磨法适用于成批及大量生产中，加工精度较低、刚性较好的零件，尤其是零件上的成形表面，只要将砂轮修整成形，即可直接磨出，较为简便。

(3) 深磨法，如图4-2-3 (c) 所示。磨削时用较小的纵向进给量（一般取1~2 mm/r）、较大的背吃刀量（一般为0.10~0.35 mm），在一次行程中磨去全部余量，生产率较高；需要把砂轮前端修整成锥面进行粗磨，直径大的圆柱部分起精磨和修光作用，应修整得精细一些。深磨法只适用于大批大量生产中加工刚度较大的短轴。

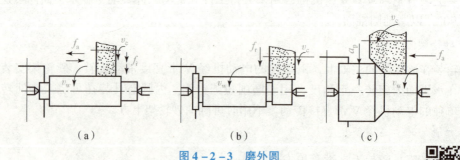

图4-2-3 磨外圆
(a) 纵磨法；(b) 横磨法；(c) 深磨法

3. 外圆锥面的磨削方法

磨外圆锥面与磨外圆柱面的主要区别是工件和砂轮的相对位置不同。磨外圆锥面时，工件轴线必须相对于砂轮轴线偏斜一个圆锥半角。外圆锥面磨削可在外圆磨床或万能外圆磨床上进行。磨外圆锥面的方法有以下四种。

(1) 转动上工作台磨外圆锥面法，适合磨锥度小而长度大的工件，如图4-2-4 (a)

所示。

（2）转动头架（工件）磨外圆锥面法，适合磨削锥度大而长度短的工件，如图4-2-4（b）所示。

（3）转动砂轮架磨外圆锥面法，适合磨削长工件上锥度较大的圆锥面，如图4-2-4（c）所示。

（4）用角度修整器修整砂轮磨削外圆锥面法，该法实为成形磨削，大多用于圆锥角较大且有一定批量的工件的生产，如图4-2-4（d）所示。

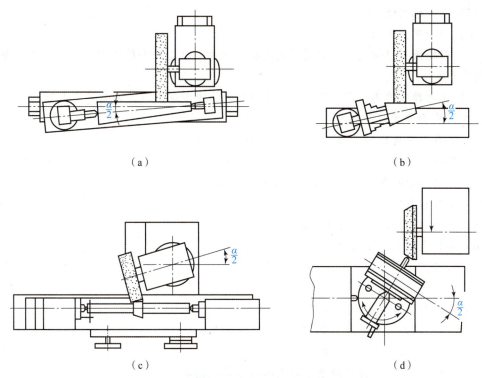

图4-2-4 外圆锥面的加工方法
（a）转动上工作台磨削外圆锥面；（b）转动头架磨削外圆锥面；
（c）转动砂轮架磨削外圆锥面；（d）用角度修整器修整砂轮磨削外圆锥面

 技能小贴士

外圆磨削常见缺陷产生的原因

1. 工件表面产生直波纹
（1）机床头架主轴轴承精度不良或磨损。
（2）电动机无隔振装置或失灵。
（3）横向进给导轨或滚柱磨损，使抗振性能变差。
（4）机床传动V带长短不一。
（5）V带卸荷装置失灵。
（6）电动机轴承磨损。
（7）电动机动平衡不良。

(8) 液压泵振动。

(9) 砂轮主轴轴承精度超差。

(10) 尾架套筒与壳体配合间隙过大。

(11) 砂轮法兰盘与主轴锥度配合不良。

(12) 顶尖与套筒锥孔接触不良。

(13) 砂轮平衡不良。

(14) 砂轮硬度不高或不均匀。

(15) 砂轮已用钝,不锋利。

(16) 砂轮磨损不均匀。

(17) 砂轮修整用量过细或金刚石已磨损,导致刚修整的砂轮不锋利。应增大修整用量或更换修整器。

(18) 工件转速过高、中心孔不良、直径过大、重量过重或工件自身不平衡。

2. 工件表面产生螺旋形

(1) 工作台导轨的润滑油过多,产生漂移。

(2) 砂轮主轴轴线与头、尾架轴线不同轴。

(3) 修整砂轮时金刚石运动中心线与砂轮轴线不平行。

(4) 工作台有爬行现象。

(5) 砂轮架偏转使砂轮与工件接触不好。

(6) 砂轮主轴轴向窜动。

(7) 砂轮主轴间隙过大。

(8) 砂轮硬度过高、修整过细。

(9) 修整砂轮时机床热变形不稳定、修整不及时、磨损不均匀。

(10) 修整砂轮时磨削液不足。

(11) 横向进给量或纵向进给量过大。

(12) 磨削力过大。应及时修整砂轮和适当减小切削用量。

(13) 磨削液供给不足。

(14) 砂轮主轴翘头或低头过度,导致砂轮母线不直。应修刮砂轮架或调整轴瓦。

(15) 热变形不稳定。应注意季节,掌握开机后的热变形规律,待稳定后再工作。

3. 工件表面烧伤

(1) 砂轮修整过细。

(2) 砂轮用钝未及时修整。

(3) 砂轮硬度太高或粒度过细,磨料或结合剂选用不当。应根据工件材料及硬度等特点选用合适的砂轮,当工件硬度≥64HRC 时,宜用 CBN 砂轮。

(4) 磨削用量过大。

(5) 工件转速太低。

(6) 靠端面时砂轮接触面太宽,应减小到 0.5~2 mm。

(7) 磨削液压力及流量不足。

(8) 磨削液喷射位置不当。

(9) 磨削液变质。

（10）磨削液选用不当。应根据磨削性质和工件材质特性选择恰当的磨削液。

4. 工件呈锥度

（1）工件旋转轴线与工件轴向进给方向不平行。

（2）机床热变形不稳定。

（3）工作台导轨的润滑油过多，有漂移。

（4）磨损不均匀或砂轮不锋利。

（5）砂轮修整不良。

（6）工件中心孔不良。

（7）磨削用量及压力过大。应在砂轮锋利的情况下减小磨削用量，增加光磨次数。

5. 工件呈鼓形或鞍形

（1）机床导轨水平面内直线度误差超差。

（2）砂轮不锋利。

（3）成型精度差。成形磨削时，应调整仿形修整板或修复金刚石滚轮的精度。

（4）工件细长，刚度差。应用中心架支承，顶尖不宜顶得太紧。

（5）中心架调整不当，支承压力过大。

（6）磨削用量过大，一方面使工件弹性变形产生鼓形；另一方面，若顶尖顶得太紧，会导致工件因受磨削热而伸胀变形产生鞍形。宜减小磨削用量，增加光磨次数，注意工件的热伸胀，调整顶尖压力。

6. 工件两端直径较小或较大

（1）工作台换向停留时间过长或过短。

（2）砂轮越出工件太多或太少。应调整换向挡块位置，使砂轮越出工件端面 1/3~1/2 的砂轮宽度。

7. 工件端面垂直度超差

（1）砂轮轴线与工件轴线不平行，偏差过大。

（2）砂轮磨损。

（3）砂轮端面与工件接触面过大。宜在砂轮端面上开槽或将砂轮端面修整成凹形，使其接触面宽度 <2 mm。

8. 工件圆度超差

（1）机床尾架套筒与壳体配合间隙过大。

（2）消除横向进给机构螺母间隙的压力过小。

（3）砂轮主轴与轴承配合间隙过大。

（4）用卡盘装夹工件时，头架轴承松动。

（5）用卡盘装夹工件时，主轴轴向跳动过大。

（6）砂轮不锋利或磨损不均匀。

（7）工件中心孔不良。

（8）工件中心孔或顶尖因润滑不良而磨损。

（9）工件顶得过紧或过松。

（10）工件本身不平衡。应做好工件的平衡和配重工作，并适当降低工件转速。

（11）工件弹性变形未完全消除。应调整好磨削用量，适当增加光磨次数。

（12）顶尖与套筒锥孔接触不良。

（13）夹紧工件的方法不当。应掌握正确的夹紧方法和增大夹紧点的面积，使其压强减小。

任务实施

磨削加工如图4-2-5所示的机床主轴，材料：38CrMoAlA，热处理：氮化900HV。磨削工艺如表4-2-1所示，磨削用量如表4-2-2所示。

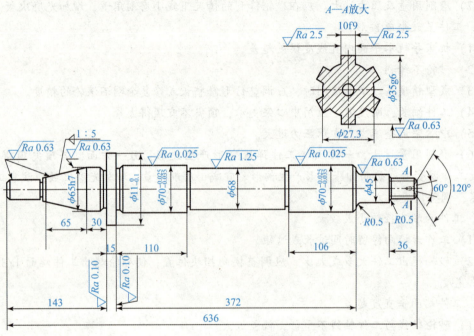

图4-2-5 机床主轴

表4-2-1 机床主轴磨削工艺

工序	工步	工艺内容	砂轮	机床	基准
1		除应力，研中心孔：$Ra=0.63$ μm，接触面>70%			
2		粗磨外圆，留余量0.07~0.09 mm	PA40K	M131W	中心孔
	1	磨 $\phi 65h7$ mm			
	2	磨 $\phi 70_{-0.035}^{-0.025}$ mm 尺寸到 $\phi 70_{+0.080}^{+0.135}$ mm			
	3	磨 $\phi 68$ mm			
	4	磨 $\phi 45$ mm			
	5	磨 $\phi 110_{-0.1}^{0}$ mm，且磨出肩面			
	6	磨 $\phi 35g6$ mm			

续表

工序	工步	工艺内容	砂轮	机床	基准
3		粗磨1:5锥度,留余量0.07~0.09 mm		M1432A	中心孔
4		半精磨各外圆,留余量0.05 mm	PA60K	M1432A	中心孔
5		氮化、探伤、研中心孔:Ra0.2 μm,接触面>75%			
6		精磨外圆 $\phi68$ mm、$\phi45$ mm、$\phi35g6$ mm、$\phi110_{-0.1}^{0}$ mm 至尺寸,$\phi65h7$ mm、$\phi70_{-0.035}^{-0.025}$ mm 留余量 0.025~0.04 mm	PA100L	M1432A	中心孔
7		磨光键至尺寸	WA80L	M8612A	中心孔
8		研中心孔:Ra0.10 μm,接触面>90%			
9		精密磨1:5锥度尺寸	WA100K	MMB1420	中心孔
10	1	精密磨 $\phi70_{-0.035}^{-0.025}$ mm,留余量 0.01~0.015 mm	WA100K	MMB1420	中心孔
	2	磨出 $\phi100$ mm 肩面			
11		超精密磨 $\phi70_{-0.035}^{-0.025}$ mm 至尺寸,表面粗糙度 Ra0.025 μm	WA240L	MG1432A	中心孔

表4-2-2 磨削用量参考值

磨削用量	粗、精磨	超精磨
砂轮速度/(m·s^{-1})	17~35	15~20
工件速度/(m·min^{-1})	10~15	10~15
纵向进给速度/(m·min^{-1})	0.2~0.6	0.05~0.15
背吃刀量/mm	0.01~0.03	0.002 5
光磨次数	1~2	4~6

任务评价

检测报告

班级			姓名		学号		日期		
尺寸检测	序号	图纸尺寸	允差/mm	量具		评分标准	配分	得分
				名称	规格/mm			
	1	$\phi65h7$ mm	图纸公差	千分尺	0.01	超差不得分	10	
	2	$\phi70_{-0.035}^{-0.025}$ mm	图纸公差	千分尺	0.01	超差不得分	20	

续表

班级			姓名		学号		日期	
尺寸检测	序号	图纸尺寸	允差/mm	量具		评分标准	配分	得分
				名称	规格/mm			
	3	$\phi110_{-0.1}^{0}$ mm	图纸公差	千分尺	0.01	超差不得分	20	
	4	$\phi35g6$ mm	图纸公差	千分尺	0.01	超差不得分	10	
	5	1:5 锥度	图纸公差	百分表	0.01	超差不得分	20	
	6	$Ra0.025$ μm	图纸公差	样板		超差不得分	10	
安全文明生产							10	
得分总计								

项目三　内圆磨削

任务引入

磨削如图 4-3-1 所示的套筒零件内孔，材料：20Cr；热处理：渗碳淬火；硬度：56~62HRC。

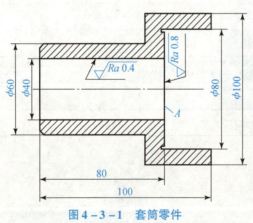

图 4-3-1　套筒零件

知识链接

知识模块一　内圆磨削设备

内圆表面的磨削可在内圆磨床、万能外圆磨床等设备上进行。内圆磨床主要用于磨削圆柱孔和圆锥孔，有些内圆磨床还附有专门磨头用以磨削端面。M2120 型内圆磨床的外形如

图 4-3-2 所示。

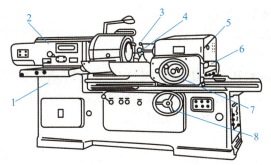

图 4-3-2　M2120 型内圆磨床
1—床身；2—头架；3—砂轮修整器；4—砂轮；5—磨具架；
6—工作台；7—操纵磨具架手轮；8—操纵手轮

头架固定在工作台上，其主轴前端的卡盘或夹具用以装夹工件，实现圆周进给运动。头架可在水平面内偏转一定角度以磨锥孔。工作台带动头架沿床身的导轨做直线往复运动，实现纵向进给。砂轮架主轴由电动机经皮带直接带动旋转做主运动。工作台往复一次，砂轮架沿滑鞍可横向进给一次（液动或手动）。

知识模块二　内圆磨削操作

圆柱孔及圆锥孔的磨削可以在内圆磨床上进行，也可以在万能外圆磨床上用内圆磨头进行磨削。

1. 工件的安装

磨圆柱孔和圆锥孔时，一般都用卡盘夹持工件外圆，其运动与磨削外圆柱面和外圆锥面时基本相同，但砂轮的旋转方向与前者正好相反。

2. 内圆柱表面的磨削方法

与外圆磨削类似，内圆磨削也可以分为纵磨法和横磨法。横磨法仅适用于磨削短孔及内成形面。鉴于磨内孔时受孔径限制，砂轮轴比较细，刚性较差，所以多数情况下采用纵磨法。

在内圆磨床上可磨通孔、磨不通孔（见图 4-3-3（a）和图 4-3-3（b）），还可在一次装夹中同时磨出孔内的端面（见图 4-3-3（c）），以保证孔与端面的垂直度和端面圆跳动公差的要求。在外圆磨床上，除可磨孔、端面外，还可在一次装夹中磨出外圆，以保证孔与外圆同轴度公差的要求。

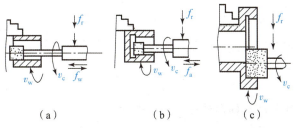

图 4-3-3　磨孔示意图
(a) 磨通孔；(b) 磨不通孔；(c) 磨孔内端面

第四单元　磨削加工

3. 磨圆锥孔的方法

磨圆锥孔有以下两种基本方法。

（1）转动工作台磨圆锥孔。在万能外圆磨床上转动工作台磨圆锥孔，它适合磨削锥度不大的圆锥孔，如图4-3-4（a）所示。

（2）转动头架磨圆锥孔。在万能外圆磨床上用转动头架的方法可以磨锥孔，如图4-3-4（b）所示。在内圆磨床上也可以用转动头架的方法磨锥孔。前者适合磨削锥度较大的圆锥孔，后者适合磨削各种锥度的圆锥孔。

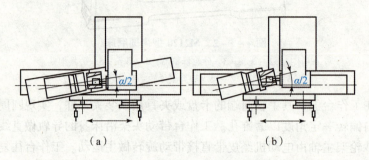

图4-3-4 锥孔的磨削方法
(a) 转动工作台磨圆锥孔；(b) 转动头架磨圆锥孔

技能小贴士

内圆磨削常见缺陷产生的原因

1. 工件表面产生直波纹

（1）机床头架轴承松动。

（2）机床头架轴承磨损。

（3）磨头装配及调整精度差。应调整磨头轴承间隙，使其达到精度要求，或适当增加轴承的预加负荷。

（4）砂轮与工件的接触长度过大而引起振动。

（5）砂轮不锋利。

（6）砂轮不平衡引起振动。

（7）接长轴长而细，刚性差。应提高接长轴的刚性，磨小孔时可采用硬质合金刀杆。

2. 工件表面产生螺旋形

（1）机床工作台爬行。

（2）磨头轴向窜动太大。

（3）砂轮与工件接触不良。应注意修整砂轮时金刚石的位置。

（4）纵向进给速度太快。

3. 工件呈现锥度

（1）工件旋转轴线与磨头轴向进给方向不平行。

（2）砂轮硬度太低、不锋利。

（3）夹具的V形座中心高不对。

(4) 光磨次数不够。
(5) 中心架调整不当。应调整中心架,使工件轴线与头架中心的连线相重合。

4. 工件圆度超差
(1) 机床头架轴承松动或磨损。
(2) 磨头轴承松动或磨损。
(3) 工件本身不平衡。
(4) 以外圆为基准,用中心架及V形块时,外圆精度不够。
(5) 工件夹得过紧,产生了变形。
(6) 工件夹紧点的位置不当,使工件产生变形。
(7) 薄壁套的磨削装夹不当。应将工件装入套筒内,采用端面压紧。

5. 工件表面烧伤
(1) 砂轮直径过大。
(2) 砂轮已用钝,不锋利。
(3) 工件转速太低,切削用量过大。
(4) 切削液供给不足。

6. 工件呈喇叭形
(1) 磨削中间有沉槽的通孔时,砂轮宽度不够,引起喇叭形。
(2) 磨削短台肩孔时,砂轮超出工件太多,引起喇叭形。应选用窄一些的砂轮或将砂轮越出部分的直径修小一些。
(3) 磨削有键槽的内孔,砂轮太宽,引起槽边塌角。应适当减小砂轮宽度或在工件槽内嵌入垫物(胶木或金属)。
(4) 砂轮越出工件太多,引起喇叭形。
(5) 砂轮越出工件太少,引起倒喇叭形。

任务实施

磨削如图4-3-5所示的套筒零件内孔,材料:20Cr;热处理:渗碳淬火;硬度:56~62HRC。套筒内孔的磨削工艺如表4-3-1所示,磨削用量如表4-3-2所示。

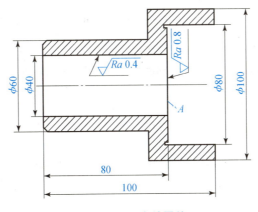

图4-3-5 套筒零件

表 4-3-1 套筒内孔磨削工艺

工序号	工序名称	工艺要求
1	粗磨	磨 $\phi 40$ mm 孔
2	粗、精磨	磨端面 A 至尺寸,控制 $Ra0.8$ μm
3	精磨	磨 $\phi 40$ mm 孔至尺寸,控制 $Ra0.4$ μm

表 4-3-2 套筒内孔磨削用量

参数	用量/mm
砂轮速度 $v_s/(m \cdot min^{-1})$	15~18
工件速度 $v_w/(m \cdot min^{-1})$	约 17
纵向进给速度 $f_a/(m \cdot min^{-1})$	0.4
背吃刀量 $\alpha_p/(mm \cdot 单行程^{-1})$	0.003~0.005

任务评价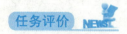

检测报告

班级			姓名		学号		日期		
	序号	图纸尺寸	允差/mm	量具名称	规格/mm	评分标准	配分	得分
尺寸检测	1	$\phi 40$ mm	±0.01	千分尺	0.01	超差不得分	20	
	2	$\phi 80$ mm	±0.01	千分尺	0.01	超差不得分	20	
	3	$\phi 60$ mm	±0.01	千分尺	0.01	超差不得分	20	
	4	$\phi 100$ mm	±0.01	千分尺	0.01	超差不得分	10	
	5	$Ra0.8$ μm		样板		超差不得分	10	
	6	$Ra0.4$ μm		样板		超差不得分	10	
	7							
安全文明生产							10	
得分总计								

磨工操作安全规范

磨削操作时，需遵守以下操作规范。

(1) 工作时要穿工作服，女学生要戴安全帽，不能戴手套，夏天不得穿凉鞋进入车间。

(2) 应根据工件材料、硬度及磨削要求，合理选择砂轮。新砂轮要用木锤轻敲检查是否有裂纹，有裂纹的砂轮严禁使用。

(3) 安装砂轮时，在砂轮与法兰盘之间要垫衬纸。砂轮安装后要做砂轮静平衡。

(4) 高速度工作砂轮应符合所用机床的使用要求。高速磨床特别要注意校核，以防发生砂轮破裂事故。

(5) 开机前应检查磨床的机械、砂轮罩壳等是否坚固；防护装置是否齐全。启动砂轮时，人不应正对砂轮站立。

(6) 砂轮应经过 2 min 空运转试验，确定砂轮运转正常时才能开始磨削。

(7) 无切削液磨削的磨床在修整砂轮时要戴口罩并开启吸尘器。

(8) 不得在加工中测量。测量工件时要将砂轮退离工件。

(9) 外圆磨床纵向挡铁的位置要调整得当，要防止砂轮与顶尖、卡盘、轴肩等部位发生撞击。

(10) 使用卡盘装夹工件时，要将工件夹紧，以防脱落。卡盘钥匙用后应立即取下。

(11) 在头架和工作台上不得放置工、量具及其他杂物。

(12) 在平面磨床上磨削高而窄的工件时，应在工件的两侧放置挡块。

(13) 使用切削液的磨床，使用结束后应让砂轮空转 1~2 min 脱水。

(14) 注意安全用电，不得随意打开电气箱。操作时如发现电气故障，应请电工维修。

(15) 实习中应注意文明操作，要爱护工具、量具、夹具，保持其清洁和精度完好；要爱护图样和工艺文件。

(16) 要注意实习环境文明，做到实习现场清洁、整齐、安全、舒畅；做到现场无杂物、无垃圾、无切屑、无油迹、无痰迹、无烟头。

思考与练习

一、思考题

1. 磨削加工的特点是什么？
2. 磨削加工适用于加工哪类零件？有哪些基本磨削方法？
3. 万能外圆磨床由哪几部分组成？各有何功用？
4. 外圆磨削的方法有哪几种？各有什么特点？
5. 外圆磨削时，砂轮和工件各做哪些运动？

6. 磨硬材料应选用什么样的砂轮？磨较软材料应选用什么样的砂轮？
7. 磨内圆与磨外圆有什么不同之处？为什么？

二、练习题

试编写如图4-3-6所示叶片零件的磨削工艺路线（零件材料：W18Cr4V；生产类型：大批量）。

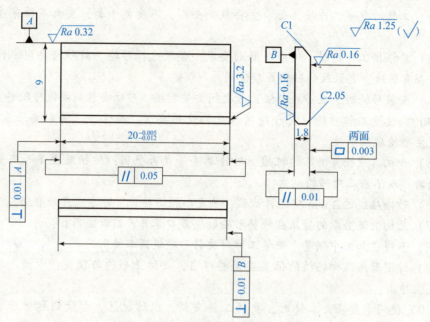

图4-3-6　叶片零件的磨削工艺路线

第五单元 钳工操作

项目学习要点:
　　本单元介绍了钳工所要了解并掌握的各种常用工具、技能操作要点等内容,具体结合加工工艺详细讲解了包括锯割、锉削、錾削、孔加工操作、内螺纹与外螺纹的加工方法以及刮削、研磨、校正等内容,阐述了钳工基础理论知识与实践。读者可通过每一个项目的任务实施课题讲解、典型工艺分析的学习,快速掌握技能操作要领,达到实训目的。

项目技能目标:
　　通过本单元的学习,读者应该掌握锯削、锉削、錾削、钻孔、扩孔、铰孔、攻丝与套丝、刮削与研磨以及校正、弯曲的操作技能,并结合本单元所提供的任务课题的训练,以达到掌握其操作要领的目的。

项目一　划线操作

任务引入

依据图 5-1-1 所示零件,进行简单薄板零件的平面划线训练。

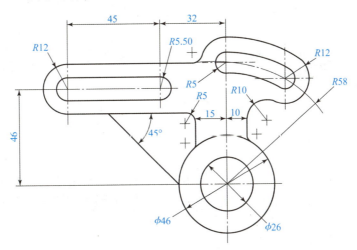

图 5-1-1　薄板零件的平面划线

知识链接

根据图样的尺寸要求，用划线工具在毛坯或半成品工件上划出待加工部位的轮廓线或作为基准的点、线的操作称为划线。可以借助划线检查毛坯或工件的尺寸和形状，并合理地分配各加工表面的余量，及早剔出不合格品，避免造成后续加工工时的浪费；在板料上划线下料，可做到正确排料，使材料得到合理使用。划线是一项复杂、细致的重要工作，要求尺寸准确、位置正确、线条清晰、冲眼均匀。划线精度一般为 0.25~0.5 mm，其精度直接关系到产品的质量。

知识模块一　划线工具及使用

划线工具按用途可分为以下几类：基准工具、量具、直接绘划工具、辅助划线设备、夹持工具等。

1. 基准工具

划线平台是划线的主要基准工具，如图 5-1-2 所示，其安放要平稳牢固，上平面应保持水平；划线平台的平面各处要均匀使用，以免局部磨凹，其表面不准碰撞也不准敲击，且要经常保持清洁。划线平台长期不用时应涂油防锈，并加盖保护罩。

2. 量具

量具有钢直尺、90°角尺、高度尺等。普通高度尺（见图 5-1-3（a））又称量高尺，由钢直尺和底座组成，使用时配合划针盘量取高度尺寸。高度游标卡尺（见图 5-1-3（b））能直接表示出高度尺寸，其读数精度一般为 0.02 mm，可作为精密划线工具。

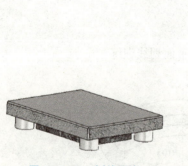

图 5-1-2　划线平台

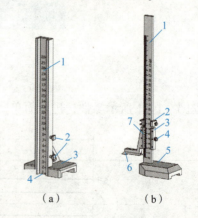

图 5-1-3　高度尺
（a）普通高度尺；
1—钢直尺；2—锁紧螺钉；3—底座；4—零线
（b）高度游标卡尺
1—尺身；2—微动装置；3—尺框；4—紧固螺钉；
5—底座；6—划线量爪；7—游标

3. 直接绘划工具

直接绘划工具有划针、划规、划卡、划线盘和样冲等。

(1) 划针。划针（见图 5-1-4（a）和图 5-1-4（b））是在工件表面划线用的工具，常用 φ3～φ6 mm 的工具钢或弹簧钢丝制成，其尖端磨成 15°～20° 的尖角，并经淬火处理。有的划针在尖端部位焊有硬质合金，这样划针就更锐利，耐磨性更好。划线时，划针要依靠钢直尺或 0°角尺等导向工具移动，并向外侧倾斜 15°～20°，向划线方向倾斜 45°～75°（见图 5-1-4（c））。在划线时，要做到尽可能一次划成，使线条清晰、准确。

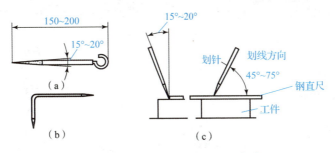

图 5-1-4 划针的种类及使用方法
(a) 直划针；(b) 弯头划针；(c) 用划针划线的方法

(2) 划规。划规（见图 5-1-5）是划圆、划弧线、等分线段及量取尺寸等操作使用的工具，它的用法与制图中的圆规相同。

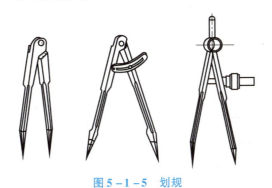

图 5-1-5 划规

(3) 划卡。划卡（单脚划规）主要是用来确定轴和孔的中心位置，其使用方法如图 5-1-6 所示。操作时应先划出四条圆弧线，然后根据圆弧线确定中心位置并打样冲点。

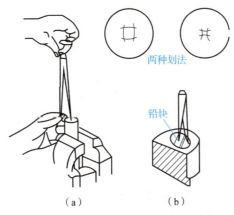

图 5-1-6 用划卡定中心
(a) 定轴心；(b) 定孔中心

第五单元 钳工操作 153

(4) 划线盘。划线盘（见图5-1-7）主要用于立体划线和校正工件位置。用划线盘划线时，要注意划针装夹应牢固，伸出长度要短，以免产生抖动。其底座要保持与划线平台贴紧，不要摇晃和跳动。

(5) 样冲。样冲（见图5-1-8）是在划好的线上冲眼时使用的工具。冲眼是为了强化显示用划针划出的加工界线，也为了使划出的线条具有永久性的位置标记，另外它也可用作圆弧线中心点位置的确定。样冲由工具钢制成，尖端处磨成45°~60°并经淬火硬化。

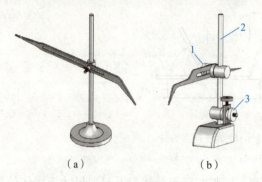

图5-1-7 划线盘

(a) 普通划线盘；(b) 可调式划线盘
1—划针夹头；2—支杆；3—锁紧装置

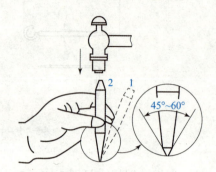

图5-1-8 样冲及其用法
1—对准位置；2—冲孔

4. 辅助划线设备

划线操作时对于按圆周规律分布的图形，经常用到分度头来确定分点位置，即等分或不等分圆周。分度头根据结构及原理的不同，可分为机械、光学、电磁等类型，应用较普遍的是万能分度头。分度头的规格是以主轴中心到底面的高度，即中心高表示的，如FW125，"F"表示分度头，"W"表示万能型，"125"表示主轴中心高（mm）。各种分度头的分类如表5-1-1所示。

表5-1-1 分度头分类

类型代号	名　称	类型代号	名　称
FJ	简式分度头	FA	电感分度头
FB	半万能分度头	FK	数控分度头
FW	万能分度头	FG	光学分度头
FN	等分分度头	FP	影屏光学分度头
FC	梳齿分度头	FX	数字显示分度头
FD	电动分度头		

1) 万能分度头的结构

万能分度头的外形如图5-1-9所示，主要由壳体和壳体中部的鼓形回转体（即球形扬头）、主轴以及分度盘和分度叉等组成。

主轴的前端有莫氏4号的锥孔，可插入顶尖。主轴前端的外螺纹可用来安装三爪自定心卡盘。松开壳体上部的两个螺钉，可使装有主轴的球形扬头在壳体的环形导轨内转动，从而使主轴轴心线相对于工作台平面在向上 90°和向下 10°的范围内转动任意角度。主轴倾斜的角度可从扬头侧壁上的刻度看出来。刻度盘固定在分度头主轴上，和主轴一起旋转。刻度盘上有 0°~360°的刻度，可用作直接分度。

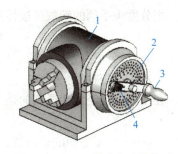

图 5-1-9　万能分度头的外形
1—球形扬头；2—分度盘；
3—分度手柄；4—定位销

在分度头的左侧有两个手柄，一个是用于紧固主轴的，在分度时应松开，分度完毕后应紧固，以防止主轴松动；另一个是用于脱落蜗杆的，它可以使蜗杆与蜗轮连接或脱开。蜗杆与蜗轮之间的间隙可用螺母调整。

2）万能分度头的传动系统

常用的万能分度头的传动系统如图 5-1-10 所示。在手柄轴上空套着一个套筒，套筒的一端装有螺旋齿轮，另一端装有分度盘。套筒上的螺旋齿轮与挂轮轴上的螺旋齿轮相啮合（在主轴和挂轮轴上安装配换齿轮，实现分度盘的附加转动，可进行复杂分度）。简单分度时，可旋紧紧定螺钉将分度盘固定，当转动手柄时，分度盘不转动，通过传动比为 1：1 的圆柱齿轮传动，使蜗杆带动蜗轮及主轴转动进行分度。刻度盘上标有 0°~360°的刻度，可用作对分度精度要求不高的直接分度。

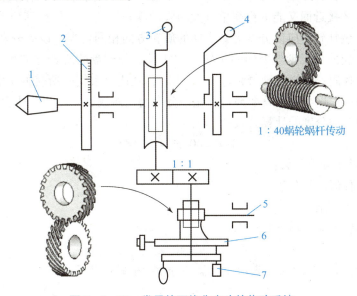

图 5-1-10　常用的万能分度头的传动系统
1—主轴；2—刻度盘；3—蜗杆脱落手柄；4—主轴锁紧手柄；5—挂轮轴；6—分度盘；7—定位销

3）万能分度头的使用

分度头的主要功能是按要求对工件进行分度加工或划线。分度方法有直接分度法、简单分度法、角度分度法、复式分度法、差动分度法、近似分度法、直线移距分度法和双分度头复式分度法等，其中简单分度法和差动分度法是常用的两种分度法。

（1）简单分度法：工件的等分数若是一个能分解的简单数，则可采用简单分度法分度。由图 5-1-10 可知蜗杆为单头，主轴上蜗轮齿数为 40，传动比为 1：40，即当手柄转过 1 周时，分度头主轴便转过 1/40 周。如果要求主轴上支持的工件作 Z 等分，即应转过 $1/Z$

第五单元　钳工操作　155

周，则分度头手柄的转数可按传动关系式求出：

$$1:40 = (1/Z):n, n = 40/Z$$

式中：n——分度头手柄转数，周；

　　　Z——工件的等分数。

在使用中，经常会遇到的是手柄需转过的不是整周数，这时可用下列公式：

$$n = 40/Z = a + P/Q$$

式中：a——分度手柄的整周数，周；

　　　Q——分度盘上某一孔圈的孔数，孔/周；

　　　P——手柄在孔数为 Q 的孔圈上应转过的孔距数，孔。

上式表示手柄在转过 a 整周后，还应在 Q 孔圈上再转过 P 个孔距数。

（2）差动分度法：当分度时遇到的等分数是采用简单分度法难以解决的较大质数（如 61、67、71、79 等）时，就要采用差动分度法来分度。

差动分度法就是在主轴后锥孔内装入挂轮心轴，将分度头主轴与挂轮轴用配换齿轮连接起来。当旋转分度手柄进行简单分度的同时，主轴的转动通过挂轮及螺旋齿轮副使分度盘也随之正向或反向旋转，以达到补偿分度差值而进行精确分度的目的。差动分度手柄的实际转数是手柄相对于分度盘的转数与分度盘本身转数的代数和。

在采用差动分度法计算手柄转数和确定分度盘的旋转方向时，可首先选取一个与工件要求的实际等分数 Z 接近而又能进行简单分度的假设等分数 Z_0：当假设等分数 Z_0 大于工件实际等分数 Z 时，装挂轮时应使分度盘与手柄的旋转方向相同；当假设等分数 Z_0 小于工件实际等分数 Z 时，应使分度盘与手柄的旋转方向相反。分度盘的旋转方向可通过在挂轮板上增加中间介轮来控制，即当主轴每转过 $1/Z_0$ 周时，就比要求实际所转的 $1/Z$ 周多转或少转了一个较小的角度。这个角度就要通过挂轮使分度盘正向或反向转动来补偿。

由此可得到差动分度的计算公式：

$$40/Z = 40/Z_0 + (1/Z)i$$

式中：Z——工件实际等分数；

　　　Z_0——工件假设等分数；

　　　i——挂轮传动比。

分度时手柄转数 n 可用下式计算：

$$n = 40/Z_0$$

当挂轮传动比 i 为负值时，表示分度盘和分度手柄转向相反。

5. 夹持工具

夹持工具有方箱、千斤顶和 V 形架等。

1) 方箱

方箱（见图 5-1-11）是用铸铁制成的空心立方体，它的六个面都经过精加工，其相邻各面互相垂直。方箱用于夹持、支承尺寸较小而加工面较多的工件。通过翻转方箱，可在工件的表面上划出互相垂直的线条。

2) 千斤顶

千斤顶（见图 5-1-12）是在平板上作支承工件划线使用的工具，其高度可以调整。通常三个千斤顶组成一组，用于不规则或较大工件的划线找正。

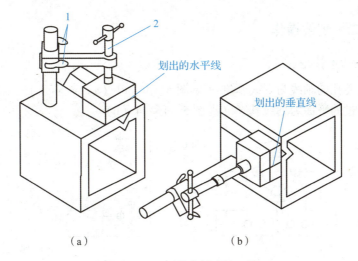

（a）　　　　　　　　　　　（b）

图 5-1-11　用方箱夹持工件

（a）将工件压紧在方箱上划出水平线；（b）方箱翻转90°划出垂直线

1—紧固手柄；2—压紧螺栓

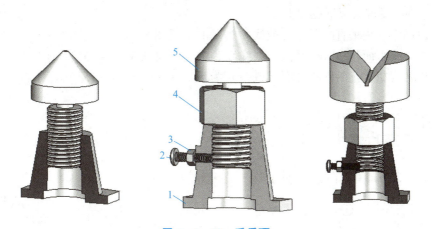

图 5-1-12　千斤顶

1—千斤顶座；2—定向螺母；3—锁紧螺母；4—圆螺母；5—顶杆

3）V形架

V形架（见图5-1-13）用于支承圆柱形工件，使工件轴心线与平台平面（划线基面）平行。一般两个V形架为一组。

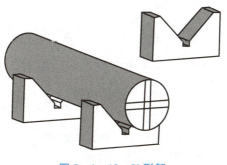

图 5-1-13　V形架

第五单元　钳工操作　157

知识模块二 划线操作

1. 划线基准的选择原则

一般选择重要孔的轴线为划线基准（见图 5-1-14（a））；若工件上个别平面已加工过，则应以加工过的平面为划线基准（见图 5-1-14（b））。

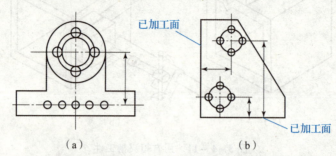

图 5-1-14 划线基准
(a) 以孔的轴线为基准；(b) 以已加工面为基准

常见的划线基准有以下三种类型：
(1) 以两个互相垂直的平面（或线）为基准（见图 5-1-15（a））。
(2) 以一个平面与一对称平面（或线）为基准（见图 5-1-15（b））。
(3) 以两互相垂直的中心平面（或线）为基准（见图 5-1-15（c））。

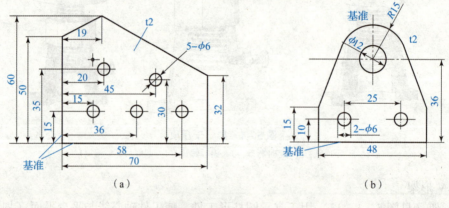

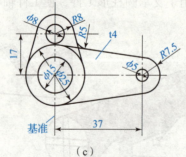

图 5-1-15 划线基准种类
(a) 以两个互相垂直的平面（或线）为基准；(b) 以一个平面与一对称平面（或线）为基准；
(c) 以两互相垂直的中心平面（或线）为基准

2. 划线找正和借料

在对零件毛坯进行划线之前，一般都要先进行安放和找正工作。所谓找正，就是利用划线工具（如划针盘、直角尺等）使毛坯表面处于合适的位置，即需要找正的点、线或面与划线平板平行或垂直。另外，当铸、锻件毛坯在形状、尺寸和位置上有缺陷，且用找正划线的方法不能满足加工要求时，还要用借料的方法进行调整，然后重新划线加以补救。

1）划线找正

在对毛坯进行划线之前，首先要分析清楚各个基准的位置，即明确尺寸基准、安放基准和找正基准的位置。在具体划线时，不论是平面划线，还是立体划线，找正的方法一般有以下几种。

（1）找正基准。

如图5-1-16所示，为保证 $R40$ mm外缘与 $\phi 40$ mm内孔之间壁厚的均匀以及底座厚度的均匀，选 $R40$ mm外缘两端面中心连线Ⅰ-Ⅰ和底座上缘 A、B 两面为找正基准。找正时也应首先将其找正，即用划针盘将 $R40$ mm两端面中心连线Ⅰ-Ⅰ和 A、B 两面找正并与划线平板平行，这样才能使上述两处加工后壁厚均匀。

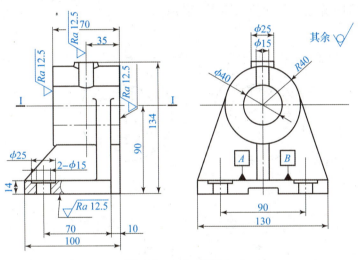

图5-1-16 轴承座

（2）找正尺寸基准。

如图5-1-17所示工件，所有加工部位的尺寸基准在两个方向上均为对称中心，所以划线找正时应将水平和垂直两个方向的对称中心在两个方向找成与划线平板平行，以保证所有部位尺寸的对称。

2）借料

铸、锻件毛坯因形状复杂，在制作毛坯时经常会产生尺寸、形状和位置方面的缺陷。当按找正基准进行划线时，就会出现某些部位加工余量不够的问题，这时就要用借料的方法进行补救。

如图5-1-18所示的齿轮箱体毛坯，由于铸造误差，使 A 孔向右偏移6 mm，毛坯孔距减小为144 mm。若按找正基准划线（见图5-1-18（a）），则应以 $\phi 125$ mm凸台外圆的中心连线为划线基准和找正基准，并保证两孔中心距为150 mm，然后再划出两孔的 $\phi 75$ mm圆周线，但这样划线会使 A 孔的右边没有加工余量。这时就要用借料的方法（见图5-1-

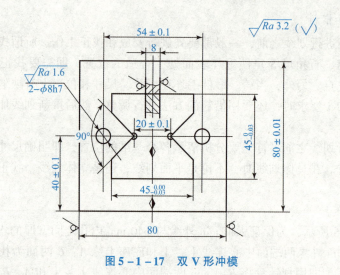

图 5–1–17 双 V 形冲模

18（b）），即将 A 孔毛坯中心向左借过 3 mm，用借过料的中心再划两孔的圆周线，即可使两孔都能分配到加工余量，从而使毛坯得以利用。

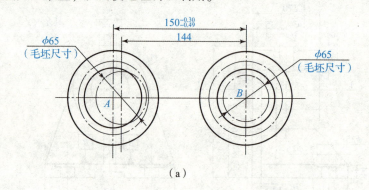

(a)

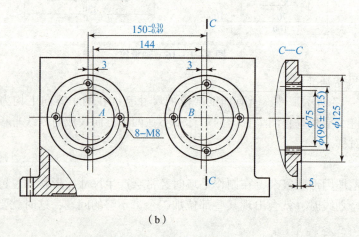

(b)

图 5–1–18 齿轮箱体
(a) 凸台为基准划线；(b) 借料划线

借料实际上就是将毛坯重要部位的误差转移到非重要部位的方法。在本例中是将 A、B 两孔中心距的铸造误差转移到了两孔凸台外圆的壁厚上，由于偏心程度不大，所以对外观质量的影响也不大。

3. 平面划线和立体划线

划线方法分为平面划线和立体划线两种。平面划线是在工件的一个平面上划线（见图 5-1-19（a））；立体划线是平面划线的复合，是在工件的几个表面上划线，即在长、宽、高三个方向划线（见图 5-1-19（b））。平面划线与平面作图方法类似，即用划针、划规、90°角尺和钢直尺等在工件表面上划出几何图形的线条。

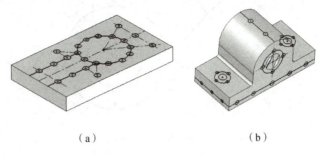

（a） （b）

图 5-1-19 平面划线和立体划线
(a) 平面划线；(b) 立体划线

平面划线步骤如下：
(1) 分析图样，查明要划哪些线，选定划线基准；
(2) 划基准线和加工时在机床上安装找正所用的辅助线；
(3) 划其他直线；
(4) 划圆和连接圆弧及斜线等；
(5) 检查核对尺寸；
(6) 打样冲眼。

立体划线是平面划线的复合运用，它和平面划线有许多相同之处，其不同之处是在两个以上的面划线，如划线基准一经确定，其后的划线步骤与平面划线大致相同。立体划线的常用方法有两种：一种是工件固定不动，该方法适用于大型工件，划线精度较高，但生产率较低；另一种是工件翻转移动，该方法适用于中、小型件，划线精度较低，而生产率较高。在实际工作中，特别是中、小型件的划线，有时也采用中间方法，即将工件固定在可以翻转的方箱上，这样便可兼具两种划线方法的优点。

任务实施

依据图 5-1-20 所示进行简单薄板零件的平面划线训练。其划线步骤如下：研究图样，确定划线基准；清理工件表面，给划线部位涂上工艺墨水，找正划线；检查划线质量并用游标卡尺校核，确认无误后打样冲眼，划线结束。

1. 划线前的准备

(1) 工件准备：包括工件的清理除锈、检查和表面涂色。
(2) 工具的准备：按工件图样要求，选择所需工具并检查和校验工具。

2. 操作时应注意的事项

(1) 看懂图样，了解零件的作用，分析零件的加工程序和加工方法。

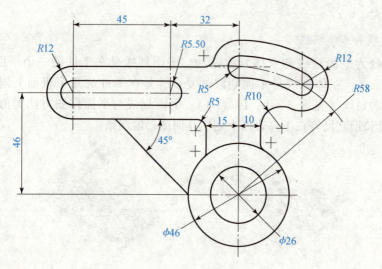

图 5-1-20 薄板零件平面划线

(2) 工件夹持或支承要稳当，以防滑倒或移动。

(3) 毛坯划线时，要做好找正工作。第一条线如何划，要从多方面考虑，制定划线方案时要考虑到全局。

(4) 在定位好的工件上应将要划出的平行线全部划全，以免再次支承补划而造成划线误差。

(5) 正确使用划线工具，划出的线条要准确、清晰，关键部位要划辅助线，样冲眼的位置要准确，大小、疏密要适当。

(6) 划线时自始至终要认真、仔细，划完后要反复核对尺寸，直到确实无误后才能转入机械加工。

任务评价

考核评价

评价项目	评价内容	分值/分	自评 20%	互评 20%	师评 60%	合计
职业素养 40 分	爱岗敬业，安全意识，责任意识，服从意识	10				
	积极参加任务活动，按时完成工作任务	10				
	团队合作，交流沟通能力，集体主义精神	10				
	劳动纪律，职业道德	5				
	现场 6S 标准，行为规范	5				
专业能力 60 分	专业资料检索能力，绘图能力	10				
	制定计划和执行能力	10				

续表

评价项目	评价内容	分值/分	自评20%	互评20%	师评60%	合计
专业能力 60分	操作符合规范,精益求精	15				
	工作效率,分工协作	10				
	任务验收质量,质量意识	15				
	合计	100				
创新能力加分20分	创新性思维和行动	20				
	总计	120				
教师签名:				学生签名:		

项目二 锯、锉、錾削

任务引入

运用钳工划线、锯割、錾削、锉削等方法,加工如图 5-2-1 所示的錾口榔头,分析錾口榔头图纸,确定加工工艺。

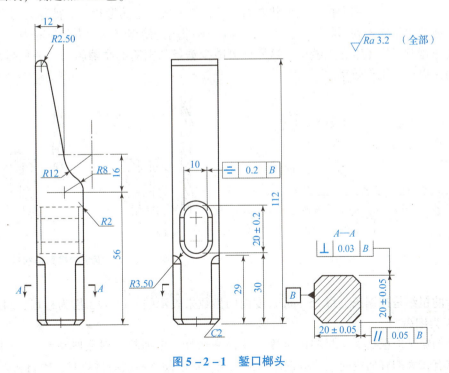

图 5-2-1 錾口榔头

知识链接

知识模块一 锯削

锯削是用手锯对工件或材料进行分割的一种切削加工,是钳工需要掌握的基本功之一。

1. 锯削工具

锯弓分固定式和可调节式两种。固定式锯弓的弓架是整体的,只能装一种长度规格的锯条(见图 5-2-2(a));可调式锯弓的弓架分成前后两段,由于前段在后段套内可以伸缩,因此可以安装几种长度规格的锯条(见图 5-2-2(b))。

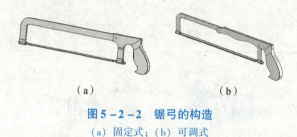

图 5-2-2 锯弓的构造
(a)固定式;(b)可调式

锯条用工具钢制成,并经热处理淬硬。锯条规格以锯条两端安装孔间的距离表示,常用的手工锯条长 300 mm、宽 12 mm、厚 0.8 mm。锯条的切削部分是由许多锯齿组成的,每一个齿相当于一把錾子,起切削作用。常用的锯条后角 α 为 40°~45°,楔角 β 为 45°~50°,前角 γ 约为 0°,如图 5-2-3 所示。

在制造锯条时,把锯齿按一定形状左右错开,排列成一定的形状,这被称为锯路。锯路有交叉、波浪等不同排列形状(见图 5-2-4),其作用是使锯缝宽度大于锯条背部的厚度,目的是防止锯割时锯条卡在锯缝中,这样即可减少锯条与锯缝的摩擦阻力,并使排屑顺利、锯削省力,以提高工作效率。

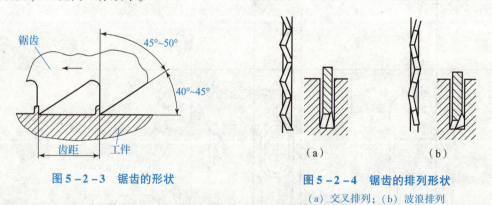

图 5-2-3 锯齿的形状   图 5-2-4 锯齿的排列形状
                               (a)交叉排列;(b)波浪排列

锯齿的粗细是按锯条上每 25 mm 长度内的齿数来表示的,14~18 齿为粗齿,24 齿为中齿,32 齿为细齿。

锯齿的粗细应根据加工材料的硬度、厚薄来选择。锯削软材料或厚材料时,因锯屑较多,要求有较大的容屑空间,故应选用粗齿锯条。锯削硬材料或薄材料时,因材料硬,锯齿不易切入，锯屑量少，不需要大的容屑空间，而薄材料在锯削中锯齿易被工件勾住而崩裂，需要多齿同时工作（一般要有三个齿同时接触工件），使锯齿承受的力量减少，所以这两种情况应选用细齿锯条。一般中等硬度的材料选用中齿锯条。

手锯是在向前推时进行切削的，在向后返回时不起切削作用，因此安装锯条时要保证齿尖的方向朝前。锯条的松紧要适当，太紧会失去应有的弹性，锯条易崩断；太松会使锯条扭曲，锯缝歪斜，锯条也容易折断。

2. 锯削的姿势

锯削时的站立姿势与錾削相似，人体重量均分在两腿上，右手握稳锯柄，左手扶在锯弓前端，锯削时推力和压力主要由右手控制，如图5-2-5所示。

推锯时，锯弓运动方式有两种：一种是直线运动，适用于锯缝底面要求平直的槽和薄壁工件的锯削；另一种是锯弓做上、下轻微摆动，这样操作自然，两手不易疲劳。手锯在回程中因不进行切削，故不用施加压力，以免锯齿磨损。在锯削过程中锯齿崩落后，应将邻近几个齿都磨成圆弧状（见图5-2-6）才可继续使用，否则会连续崩齿直至锯条报废。

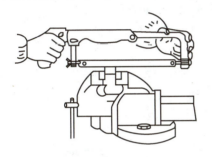

图5-2-5 手锯的握法

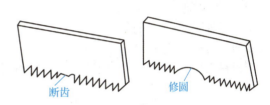

图5-2-6 崩齿修磨

3. 锯削操作方法

起锯是锯削工作的开始，起锯的好坏会直接影响锯削质量。起锯的方式有远边起锯和近边起锯两种。一般情况下采用远边起锯（见图5-2-7（a）），因为此时锯齿是逐步切入材料，不易被卡住，起锯比较方便；如采用近边起锯（见图5-2-7（b）），掌握不好时，锯齿由于突然锯入且较深，故容易被工件棱边卡住，甚至崩断或崩齿。无论采用哪种起锯方法，起锯角α以15°为宜，如起锯角太大，则锯齿易被工件棱边卡住；起锯角太小，则不易切入材料，锯条还可能打滑，把工件表面锯坏（见图5-2-7（c））。为了使起锯的位置准确而平稳，可用左手大拇指挡住锯条来定位，起锯时压力要小，往返行程要短，速度要慢，这样可使起锯平稳。

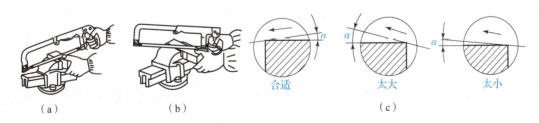

图5-2-7 起锯方法
(a) 远边起锯；(b) 近边起锯；(c) 起锯角太大或太小

锯削操作示例如下。

1) 圆管锯削

锯薄管时应将管子夹在两块木制的V形槽垫之间,以防夹扁管子(见图5-2-8)。锯削时不能从一个方向锯到底(见图5-2-9(b)),其原因是锯齿锯穿管子内壁后,锯齿即在薄壁上切削,受力集中,很容易被管壁勾住而折断。圆管锯削的正确方法是:多次变换方向进行锯削,每一个方向只能锯到管子的内壁处,随即把管子转过一个角度,一次一次地变换,逐次进行锯切,直至锯断为止(见图5-2-9(a))。另外,在变换方向时应使已锯部分向锯条推进方向转动,不要反转,否则锯齿也会被管壁勾住。

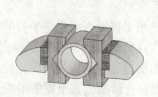
图5-2-8 管子的夹持

(a)　　　　(b)

图5-2-9 锯管子的方法
(a) 正确;(b) 不正确

2) 薄板锯削

锯削薄板时应尽可能从宽面锯下去,如果只能在板料的窄面锯下去,则可将薄板夹在两木板之间一起锯削(见图5-2-10(a)),这样可避免锯齿被勾住,同时还可增加板的刚性。当板料太宽,不便用台虎钳装夹时,应采用横向斜推锯削(见图5-2-10(b))。

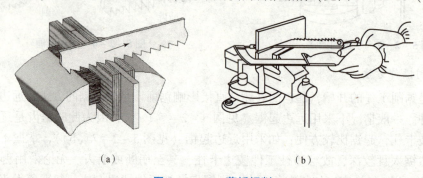
(a)　　　　　　　　　(b)

图5-2-10 薄板锯削
(a) 用木板夹持;(b) 横向斜推锯削

3) 深缝锯削

当锯缝的深度超过锯弓的高度(见图5-2-11(a))时,应将锯条转过90°重新安装,把锯弓转到工件边(见图5-2-11(b))。当锯弓横下来后锯弓的高度仍然不够时,也可按图5-2-11(c)所示将锯条转过180°后,把锯条锯齿安装在锯弓内进行锯削。

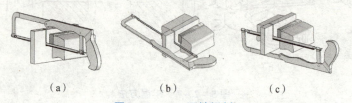
(a)　　　　(b)　　　　(c)

图5-2-11 深缝锯削
(a) 锯缝深度超过锯弓高度;(b) 将锯条转过90°安装;(c) 将锯条转过180°安装

 技能小贴士

锯条损坏、锯削质量问题及产生原因分析和预防

1. 锯条损坏原因及预防方法

锯条损坏的形式主要有锯条折断、锯齿崩裂、锯齿过早磨钝等,其产生的原因及预防方法如表5-2-1所示。

表5-2-1 锯条损坏原因及预防方法

锯条损坏形式	原 因	预防方法
锯条折断	1. 锯条装得过紧、过松; 2. 工件装夹不准确,产生抖动或松动; 3. 锯缝歪斜,强行纠正; 4. 压力太大,起锯较猛; 5. 旧锯缝使用新锯条	1. 注意装得松紧适当; 2. 工件夹牢,锯缝应靠近钳口; 3. 扶正锯弓,按线锯削; 4. 压力适当,起锯较慢; 5. 调换厚度合适的新锯条,调转工件再锯
锯齿崩裂	1. 锯条粗细选择不当; 2. 起锯角度和方向不对; 3. 突然碰到砂眼、杂质	1. 正确选用锯条; 2. 选用正确的起锯方向及角度; 3. 碰到砂眼时应减小压力
锯齿很快磨钝	1. 锯削速度太快; 2. 锯削时未加冷却液	1. 锯削速度适当减慢; 2. 可选用冷却液

2. 锯削质量问题及产生的原因和预防方法

锯削时产生废品的种类有:工件尺寸小,锯缝歪斜超差,起锯时工件表面拉毛。前两种废品产生的原因主要是锯条安装偏松,工件未夹紧而产生抖动和松动,推锯压力过大,换用新锯条后在旧锯缝中继续锯削;起锯时工件表面拉毛的现象是由起锯不当和速度太快造成的。预防方法是:加强责任心,逐步掌握技术要领,提高技术水平。

知识模块二 锉削

用锉刀对工件表面进行切削加工的方法称为锉削。锉削加工比较灵活,可以加工工件的内外平面、内外曲面、内外沟槽以及各种复杂形状的表面,加工精度也较高。在现代化工业生产的条件下,对某些零、部件的加工广泛采用锉削方法来完成。例如,单件或小批量生产条件下某些复杂形状的零件加工、样板和模具等的加工,以及装配过程中对个别零件的修整等都需要用锉削加工。所以锉削是钳工最重要的基本操作之一。

1. 锉削工具

锉刀是锉削的主要工具,常用碳素工具钢 T12、T13 制成,并经热处理淬硬至62~67 HRC。

锉刀由锉刀面、锉刀边、锉刀舌、锉刀尾和木柄等组成,如图 5-2-12 所示。

按用途,锉刀可分为钳工锉、特种锉和整形锉三类。

(1) 钳工锉(见图 5-2-13)按其截面形状可分为平锉、方锉、圆锉、半圆锉和三角

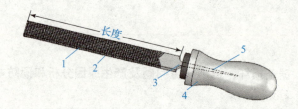

图 5 - 2 - 12　锉刀各部分的名称
1—锉刀面；2—锉刀边；3—锉刀尾；4—木柄；5—锉刀舌

锉五种；按其长度可分为 100 mm、150 mm、200 mm、250 mm、300 mm、350 mm 及 400 mm 七种；按其齿纹可分单齿纹、双齿纹两种；按其齿纹粗细可分为粗齿、中齿、细齿、粗油光（双细齿）和细油光五种。

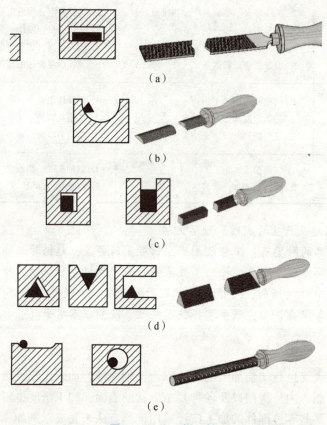

图 5 - 2 - 13　钳工锉
(a) 平锉；(b) 半圆锉；(c) 方锉；(d) 三角锉；(e) 圆锉

(2) 整形锉（见图 5 - 2 - 14）主要用于精细加工及修整工件上难以机加工的细小部位，由若干把各种截面形状的锉刀组成一套。

(3) 特种锉可用于加工零件上的特殊表面，有直的和弯曲的两种，其截面形状很多，如图 5 - 2 - 15 所示。

合理选用锉刀对保证加工质量、提高工作效率和延长锉刀寿命有很大的影响。锉刀的一般选择原则是：根据工件表面形状与加工面的大小选择锉刀的断面形状和规格，根据材料软

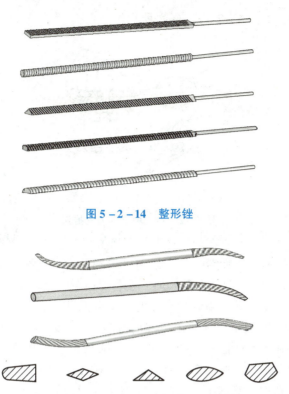

图 5-2-14 整形锉

图 5-2-15 特种锉及截面形状

硬、加工余量、精度和粗糙度的要求选择锉刀齿纹的粗细。

粗齿锉刀由于齿距较大、不易堵塞，一般用于锉削铜、铝等软金属及加工余量大、精度低和表面粗糙工件的粗加工；中齿锉刀齿距适中，适于粗锉后的加工；细齿锉刀可用于锉削钢、铸铁（较硬材料）以及加工余量小、精度要求高和表面粗糙度值低的工件；油光锉用于最后修光工件表面。

2. 锉削操作

正确握持锉刀有助于提高锉削质量，可根据锉刀大小和形状的不同采用相应的握法。

（1）大锉刀的握法。该握法是：右手心抵着锉刀木柄的端头，大拇指放在锉刀木柄的上面，其余四指弯在下面，配合大拇指捏住锉刀木柄；左手则根据锉刀大小和用力的轻重，可选择多种姿势，如图 5-2-16 所示。

（2）中锉刀的握法。该握法的右手握法与大锉刀握法相同，而左手则需用大拇指和食指捏住锉刀前端，如图 5-2-17（a）所示。

（3）小锉刀的握法。该握法是：右手食指伸直，拇指放在锉刀木柄上面，食指靠在锉刀的刀边上，左手几个手指压在锉刀中部，如图 5-2-17（b）所示。

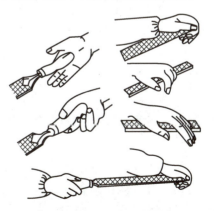

图 5-2-16 大锉刀的握法

（4）更小锉刀（整形锉）的握法。该握法一般只用右手拿着锉刀，食指放在锉刀上面，拇指放在锉刀的左侧,如图5-2-17(c)所示。

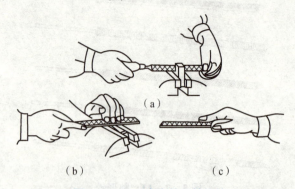

图5-2-17 中小锉刀的握法
(a)中锉刀的握法;(b)小锉刀的握法;(c)更小锉刀的握法

正确的锉削姿势能够减轻疲劳,提高锉削质量和效率。人站立的位置与錾削时基本相同,即左腿弯曲,右腿伸直,身体向前倾斜,重心落在左腿上。锉削时,两脚站稳不动,靠左膝的屈伸使身体做往复运动,手臂和身体的运动要互相配合,并要使锉刀的全长充分利用。开始锉削时身体要向前倾斜10°左右,左肘弯曲,右肘向后(见图5-2-18(a))。锉刀推出1/3行程时,身体要向前倾斜约15°左右(见图5-2-18(b)),此时左腿稍弯曲,左肘稍直,右臂向前推。锉刀推到2/3行程时,身体逐渐倾斜到18°左右(见图5-2-18(c)),最后左腿继续弯曲,左肘渐直,右臂向前使锉刀继续推进,直到推尽,身体随着锉刀的反作用方向退回到15°位置(见图5-2-18(d))。行程结束后,把锉刀略微抬起,使身体与手恢复到开始时的姿势,如此反复。

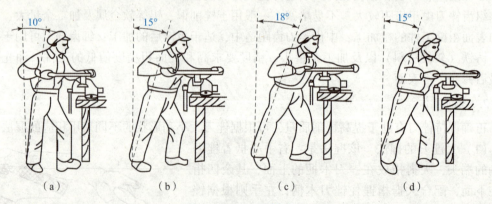

图5-2-18 锉削动作
(a)开始锉削时;(b)锉刀推出1/3行程时;(c)锉刀推到2/3行程时;(d)锉刀行程推尽时

锉削速度一般为每分钟30~60次,太快,操作者容易疲劳且锉齿易磨钝;太慢,切削效率低。

3. 锉削方法

1) 平面锉削

平面锉削是最基本的锉削,常用的方法有三种,如图5-2-19所示。

(1) 顺向锉法:如图5-2-19(a)所示,锉刀沿着工件表面做横向或纵向移动,锉削平面可得到正直的锉痕,比较整齐美观。这种方法适用于工件锉光、锉平或锉顺锉纹。

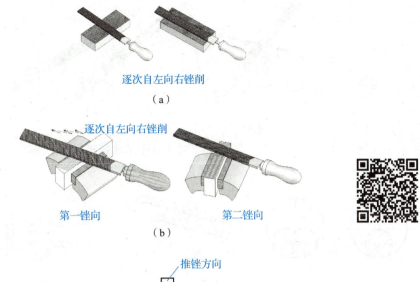

图 5－2－19 平面锉削
(a) 顺向锉法；(b) 交叉锉法；(c) 推锉法

(2) 交叉锉法：如图 5－2－19 (b) 所示，该方法是以交叉的两方向顺序对工件进行锉削，由于锉痕是交叉的，容易判断锉削表面的不平程度，因而也容易把表面锉平。交叉锉法去屑较快，适用于平面的粗锉。

(3) 推锉法：如图 5－2－19 (c) 所示，两手对称地握住锉刀，用两大拇指推锉刀进行锉削。这种方法适用于对表面较窄且已经锉平、加工余量很小的工件进行尺寸修正和减小表面粗糙度。

2) 圆弧面（曲面）的锉削

(1) 外圆弧面锉削。锉刀要同时完成两个运动：锉刀的前推运动和绕圆弧面中心的转动。前推是完成锉削，转动是保证锉出圆弧面形状。

常用的外圆弧面锉削方法有滚锉法和横锉法两种。滚锉法（见图 5－2－20 (a)) 是使锉刀顺着圆弧面锉削，用于精锉外圆弧面；横锉法（见图 5－2－20 (b)) 是使锉刀横着圆弧面锉削，用于粗锉外圆弧面或不能用滚锉法加工的情况。

(2) 内圆弧面锉削（见图 5－2－21)。锉刀要同时完成三个运动：锉刀的前推运动、锉刀的左右移动和锉刀自身的转动，缺少任何一个运动都锉不好内圆弧面。

3) 通孔的锉削

根据通孔的形状、工件材料、加工余量、加工精度和表面粗糙度来选择所需的锉刀进行通孔的锉削，通孔的锉削方法如图 5－2－22 所示。

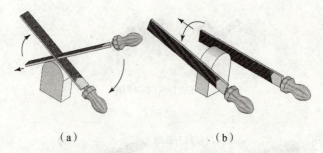

图 5-2-20 外圆弧面锉削
(a) 滚锉法；(b) 横锉法

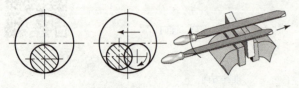 

图 5-2-21 内圆弧面锉削　　　　　图 5-2-22 通孔的锉削

4. 锉削质量与质量检查

锉削中的常见质量问题如下：

（1）平面出现凸、塌边和塌角。该问题是由于操作不熟练、锉削力运用不当或锉刀选用不当造成的。

（2）形状、尺寸不准确。该问题是由于划线错误或锉削过程中没有及时检查工件尺寸造成的。

（3）表面较粗糙。该问题是由于锉刀粗细选择不当或锉屑卡在锉齿间造成的。

（4）锉掉了不该锉的部分。该问题是由于锉削时锉刀打滑，或者是没有注意带锉齿工作边和不带锉齿的光边造成的。

（5）工件夹坏。该问题是由于工件在台虎钳上装夹不当造成的。

锉削质量检查方法如下：

（1）检查直线度。用钢直尺和90°角尺以透光法来检查工件的直线度，如图 5-2-23 (a) 所示。

（2）检查垂直度。用90°角尺采用透光法检查，其方法是：先选择基准面，然后对其他各面进行检查，如图 5-2-23 (b) 所示。

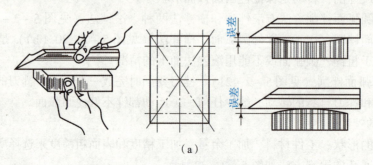

图 5-2-23 用90°角尺检查直线度和垂直度
(a) 检查直线度

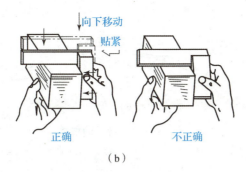

图 5-2-23 用 90°角尺检查直线度和垂直度（续）

（b）检查垂直度

（3）检查尺寸。检查尺寸是指用游标卡尺在工件全长不同的位置上进行数次测量。

（4）检查表面粗糙度。检查表面粗糙度一般用眼睛观察即可。如要求准确，则可用表面粗糙度样板对照进行检查。

知识模块三　錾削

錾削是用手锤敲击錾子对金属工件进行切削加工的一种方法。它主要用于对不便于进行机械加工的零件的某些部位进行切削加工，如去除毛坯上的毛刺、凸缘，錾削异形油槽、板材等。錾削是钳工工作中的一项重要的基本技能，其中的锤击技能是装拆机械设备必不可少的基本功。

1. 錾削工具

錾削用的工具主要是各种錾子和手锤。

1）錾子

錾子由锋口（切削刃）、斜面、柄部和头部四部分组成，如图 5-2-24 所示。其柄部一般制成菱形，全长 170 mm 左右，直径为 $\phi 18 \sim \phi 20$ mm。

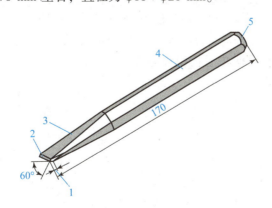

图 5-2-24　錾子的构造

1—切削部分；2—切削刃；3—斜面；4—柄部；5—头部

根据工件加工的需要，一般常用的錾子有以下几种。

（1）平口錾：又称扁錾，如图 5-2-25（a）所示，有较宽的切削刃（刀刃），刃宽一般在 15~20 mm，可用于錾大平面、较薄的板料及直径较细的棒料，清理焊件边缘及铸件与锻件上的毛刺、飞边等。

图 5-2-25 錾子的种类

(a) 扁錾；(b) 窄錾；(c) 油槽錾

（2）窄錾：如图 5-2-25 (b) 所示，其刀刃较窄，一般为 2~10 mm，用于錾槽和配合扁錾錾削宽的平面。

（3）油槽錾：如图 5-2-25 (c) 所示，油槽錾的刀刃很短并呈圆弧状，其斜面做成弯曲形状，可用于錾削轴瓦和机床润滑面上的油槽等。

在制造模具或其他特殊场合，如还需要特殊形状的錾子，可根据实际需要锻制。錾子的材料通常采用碳素工具钢 T7、T8，经锻造并做热处理，其硬度要求是：切削部分 52~57 HRC，头部 32~42 HRC。

錾子的切削部分呈楔形，由两个平面与一个刀刃组成，其两个面之间的夹角称为楔角 β。錾子的楔角越大，切削部分的强度越高。錾削阻力加大，不但会使切削困难，而且会将材料的被切面挤切不平，所以应在保证錾子具有足够强度的前提下尽量选取小的楔角值。一般来说，錾子楔角要根据工件材料的硬度来选择：在錾削硬材料（如碳素工具钢）时，楔角取 60°~70°；錾削碳素钢和中等硬度的材料时，楔角取 50°~60°；錾削软材料（铜、铝）时，楔角取 30°~50°。

2）手锤

手锤是錾削工作中不可缺少的工具，手锤（见图 5-2-26）由锤头和木柄两部分组成。锤头用碳素工具钢制成，两端经淬火硬化、磨光等处理，顶面稍稍凸起。锤头的另一端形状可根据需要制成圆头、扁头、鸭嘴或其他形状。手锤的规格以锤头的重量大小来表示，其规格有 0.25 kg、0.5 kg、0.75 kg、1 kg 等几种。木柄需用坚韧的木质材料制成，其截面形状一般呈椭圆形。木柄长度要合适，过长则操作不方便，过短则不能发挥锤击力量。木柄长度一般以操作者手握锤头，手柄与肘长相等为宜。木柄装入锤孔中必须打入楔子（见图 5-2-27），以防锤头脱落伤人。

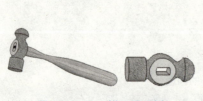

图 5-2-26 钳工用手锤

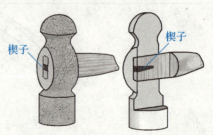

图 5-2-27 锤柄端部打入楔子

2. 錾削操作方法

握錾的方法随工作条件的不同而不同，其常用的方法有以下几种。

（1）正握法。如图 5-2-28 (a) 所示，这种握法是：手心向下，用虎口夹住錾身，拇指与食指自然伸开，其余三指自然弯曲靠拢并握住錾身。这种握法适用于在平面上进行錾削。

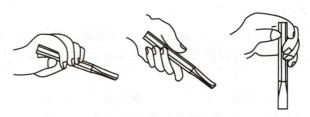

图 5－2－28　錾子的握法
(a) 正握法；(b) 反握法；(c) 立握法

(2) 反握法。如图 5－2－28（b）所示，这种握法是：手心向上，手指自然捏住錾柄，手心悬空。这种握法适用于小的平面或侧面錾削。

(3) 立握法。如图 5－2－28（c）所示，这种握法是：虎口向上，拇指放在錾子一侧，其余四指放在另一侧捏住錾子。这种握法适用于垂直錾切工件，如在铁砧上錾断材料等。

手锤的握法有紧握法和松握法两种。

(1) 紧握法。如图 5－2－29 所示，这种握法是：右手五指紧握锤柄，大拇指合在食指上，虎口对准锤头方向，木柄尾端露出 15～30 mm，在锤击过程中五指始终紧握。这种方法因手锤紧握，所以容易疲劳或将手磨破，应尽量少用。

(2) 松握法。如图 5－2－30 所示，这种握法是：在锤击过程中，拇指与食指仍卡住锤柄，其余三指稍有自然松动并压着锤柄，锤击时三指随冲击逐渐收拢。这种握法的优点是轻便自如、锤击有力、不易疲劳，故常在操作中使用。

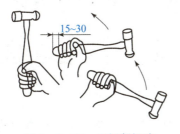 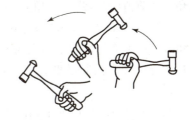

图 5－2－29　手锤紧握法　　　　　图 5－2－30　手锤松握法

挥锤方法有腕挥、肘挥和臂挥三种。

(1) 腕挥。如图 5－2－31（a）所示，腕挥是指单凭腕部的动作，挥锤敲击。这种方法锤击力小，适用錾削的开始与收尾，或錾油槽、打样冲眼等用力不大的地方。

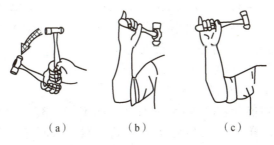

(a)　　　　　(b)　　　　　(c)

图 5－2－31　挥锤方法
(a) 腕挥；(b) 肘挥；(c) 臂挥

(2) 肘挥。如图 5-2-31 (b) 所示，肘挥是靠手腕和肘的活动，也就是小臂的挥动来完成挥锤动作。挥锤时，手腕和肘向后挥动，上臂不大动，然后迅速向錾子顶部击去。肘挥的锤击力较大，应用最广。

(3) 臂挥。如图 5-2-31 (c) 所示，臂挥靠的是腕、肘和臂的联合动作，也就是挥锤时手腕和肘向后上方伸，并将臂伸开。臂挥的锤击力大，适用于要求锤击力大的錾削工作。

錾削时，操作者的步位和姿势应便于用力。操作者身体的重心偏于右腿，挥锤要自然，眼睛应正视錾刃而不是看錾子的头部。錾削时的步位和正确姿势如图 5-2-32 所示。

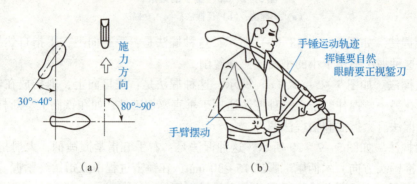

图 5-2-32 錾削时的步位和正确姿势
(a) 步位；(b) 正确姿势

在錾削过程中錾子需与錾削平面形成一定的角度（见图 5-2-33）。各角度的主要作用如下。

(1) 前角 γ（前刀面与基面之间的夹角）。其作用是减少切屑变形并使錾削轻快，前角越大，切削越省力。

(2) 后角 α（后刀面与切削平面之间的夹角）。其作用是减少后刀面与已加工面间的摩擦，并使錾子容易切入工件。

(3) 切削角 δ（前刀面与切削平面之间的夹角）。其大小与錾削质量、錾削工作效率有很大关系。

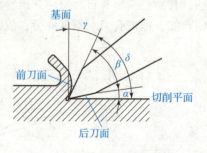

图 5-2-33 錾削时的角度

由 δ=β+α 可知，δ 的大小由 α 和 β 确定，而楔角 β 是根据被加工材料的软、硬程度选定的，在工作中不变，所以切削角的大小取决于后角。后角过大，会使錾子切入工件太深，錾削困难，甚至损坏錾子刃口和工件（见图 5-2-34 (a)）；后角太小，錾子容易从材料表面滑出，或切入很浅，效率不高（见图 5-2-34 (b)）。所以，錾削时后角是关键角度，α 一般以 5°~8°为宜。在錾削过程中，应掌握好錾子，使后角保持稳定不变，否则工件表面将錾得高低不平。

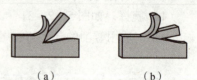

图 5-2-34 后角大小对錾削的影响
(a) 后角太大；(b) 后角太小

起錾时，錾子应尽可能向右倾斜 45°左右（见图 5-2-35 (a)），从工件尖角处向下倾斜 30°，轻打錾子，这样錾子便容易切入材料，然后按正常的錾削角度逐步向中间錾削。

当錾削到距工件尽头约 10 mm 左右时，应调转錾子来錾掉余下的部分（见图 5-2-35

(b)），这样可以避免单向錾削到终了时边角崩裂，保证錾削质量，这在錾削脆性材料时尤其应该注意。

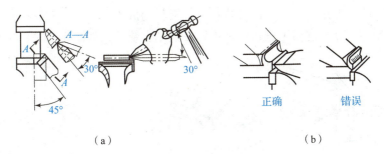

图 5-2-35 起錾和结束錾削的方法
(a) 起錾方法；(b) 结束錾削的方法

在錾削过程中每分钟锤击次数在 40 次左右。刃口不要老是顶住工件，每錾二三次后，可将錾子退回一些，这样既可观察錾削刃口的平整度，又可使手臂肌肉放松一下，效果较好。

3. 錾削操作示例

1）錾平面

较窄的平面可以用平錾进行，每次錾削厚度为 0.5~2 mm；对宽平面，应先用窄錾开槽，然后用平錾錾平，如图 5-2-36 所示。

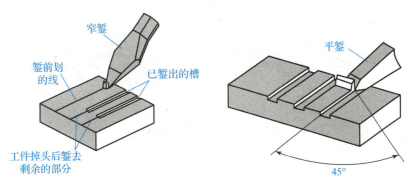

图 5-2-36 錾宽平面
(a) 先开槽；(b) 錾成平面

2）錾油槽

錾削油槽时，要选用与油槽宽度相同的油槽錾錾削（见图 5-2-37），油槽必须錾得深浅均匀、表面光滑。在曲面上錾油槽时，錾子的倾斜角要灵活掌握，应随曲面而变动并保持錾削时后角不变，以使油槽的尺寸、深度和表面粗糙度达到要求。錾削后还需用刮刀裹以砂布修光。

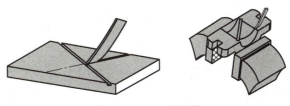

图 5-2-37 錾油槽

3) 錾断

錾断薄板（厚度 4 mm 以下）和小直径棒料（φ13 mm 以下）可在台虎钳上进行（见图 5-2-38（a）），即用扁錾沿着钳口并斜对着板料约成 45°角自右向左錾削。对于较长或大型板料，如果不能在台虎钳上进行，则可以在铁砧上錾断，如图 5-2-38（b）所示。

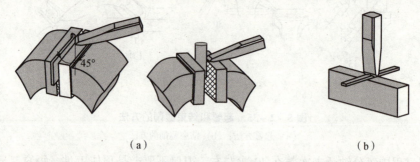

图 5-2-38 錾断
(a) 錾薄板和小直径棒料；(b) 较长或大型板料的錾断

当錾断形状复杂的板料时，最好在工件轮廓周围钻出密集的排孔，然后再錾断。对于轮廓的圆弧部分宜用狭錾錾断、轮廓的直线部分宜用扁錾錾削，如图 5-2-39 所示。

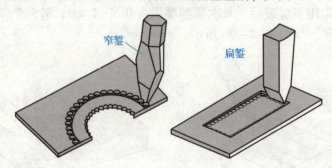

图 5-2-39 弯曲部分的錾断

技能小贴士

錾削质量问题及产生原因分析

錾削中常见的质量问题有以下三种：

(1) 錾过了尺寸界线；
(2) 錾崩了棱角或棱边；
(3) 夹坏了工件的表面。

以上三种质量问题产生的主要原因是：操作时不认真和操作技术还未充分掌握。

任务实施

运用钳工划线、锯割、錾削、锉削等方法，加工如图 5-2-40 所示的錾口榔头，分析錾口榔头图纸，确定加工工艺。

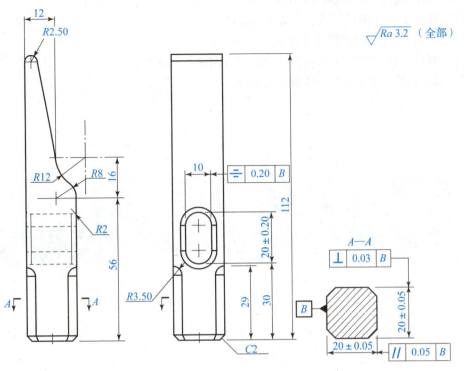

图 5-2-40 錾口榔头

錾口榔头加工工艺步骤如下。

（1）下料。选择截面尺寸为 25 mm×25 mm 的 45 方钢型材，截取长度 115 mm。

（2）加工第一个基准面。由于锉削的第一个面相对要求较少，只有平面度要求，所以应该选择加工难度相对较大的大平面，这里选择一个 25 mm×115 mm 的平面进行加工。注意在锉削时，毛坯表面可能会有较厚的锈蚀氧化皮，应选择一把较大的粗齿旧锉刀清除锈蚀，然后再根据粗精加工选择相应锉刀。

（3）加工第二个基准面。选择与第一基准相邻的 25 mm×115 mm 平面加工，加工方法与第一基准面基本相同，增加与第一基准的垂直度测量。

（4）加工第三个基准面。选择与第一、第二基准相垂直的 25 mm×25 mm 平面加工，此面不仅有平面度要求，还分别有相对第一、第二基准面的垂直度要求。

（5）长方体划线。以前 3 步加工的基准面作为划线基准，在划线平板上完成 20 mm×20 mm×112 mm 长方体划线。

（6）锯割长方体。沿所划线外侧锯割，均匀留下 0.30 mm 左右锉削加工余量。如果所留余量较大，则可先用扁錾錾去多余金属，使得锉削余量均匀适当。

（7）锉削长方体。按图纸公差要求完成 20 mm×20 mm×112 mm 长方体锉削，检测平面度、垂直度和平行度要求。

（8）錾口榔头划线。按图纸完成榔头划线，可预先制作划线样板，这样批量划线时可提高效率。

（9）錾口榔头锯割。沿錾口斜面锯割分离材料，圆弧处可以斜面近似锯出。

（10）錾口榔头锉削。平面选择平锉、圆弧面选择半圆锉锉削加工，按图纸要求检测各项尺寸和形状位置误差，圆弧用半径规检测。

（11）孔加工。按图纸划线，选 $\phi 10$ mm 麻花钻，钻削两个相切孔，使用圆锉贯通两孔锉削至图纸所示形状，检测榔头手柄孔的对称度。

（12）修整。修整各已加工表面，使锉纹方向一致、表面美观。

（13）热处理。錾口榔头整体做淬火处理。

任务评价

检测报告

班级				姓名		学号		日期	
尺寸检测	序号	图纸尺寸	允差/mm	量具		评分标准	配分	得分
				名称	规格/mm			
	1	(20 ± 0.05) mm	图纸公差	千分尺	0.01	超差不得分（两处）	20	
	2	(20 ± 0.20) mm	图纸公差	千分尺	0.01	超差不得分	20	
	3	$R8$ mm	图纸公差	半径规		超差不得分	10	
	4	$R12$ mm	图纸公差	半径规		超差不得分	10	
	5	⌯ 0.20 B	图纸公差	百分表	0.01	超差不得分	10	
	6	⊥ 0.03 B	图纸公差	直角尺		超差不得分	10	
	7	∥ 0.05 B	图纸公差	百分表	0.01	超差不得分	10	
安全文明生产							10	
得分总计								

项目三　钻、扩、锪、铰孔加工

任务引入

1. 完成图 5-3-1 所示孔加工操作

2. 麻花钻刃磨训练

刃磨要求：两条主切削刃等长，顶角 2ψ 应符合所钻材料的要求并对称于轴线，后角 α 与横刃斜角 ψ 应符合要求。

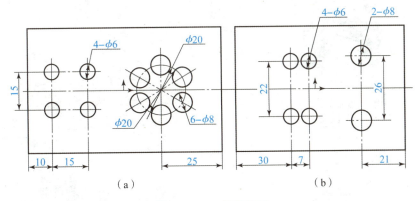

(a)　　　　　　　　(b)

图 5－3－1　钻孔练习

知识链接

各种零件上的孔加工，除去一部分由车、镗、铣等机床完成外，很大一部分是由钳工利用各种钻床和钻孔工具完成的。钳工加工孔的方法一般是指钻孔、扩孔和铰孔。

知识模块一　钻孔加工设备

1. 钻床

常用的钻床有台式钻床、立式钻床和摇臂钻床三种，手电钻也是常用的钻孔工具。

（1）台式钻床：如图 5－3－2 所示，台式钻床简称台钻，是一种放在工作台上使用的小型钻床。台钻重量轻、移动方便、转速高（最低转速在 400 r/min 以上），适于加工小型零件上的小孔（直径≤φ13 mm），其主轴进给是手动的。

（2）立式钻床：如图 5－3－3 所示，立式钻床简称立钻，其规格用最大钻孔直径表示。常用的立钻规格有 25 mm、35 mm、40 mm 和 50 mm 等几种。与台钻相比，立钻刚性好、功率大，因而允许采用较高的切削用量，生产效率较高，加工精度也较高。立钻主轴的转速和走刀量变化范围大，而且可以自动走刀，因此可适应不同的刀具进行钻孔、扩孔、锪孔、铰孔、攻螺纹等多种加工。立钻适用于单件、小批量生产中的中、小型零件的加工。

（3）摇臂钻床：如图 5－3－4 所示，这类钻床机构完善，它有一个能绕立柱旋转的摇臂，摇臂带动主轴箱可沿立柱垂直移动，同时主轴箱还能在摇臂上做横向移动。由于结构上的这些特点，操作时能很方便地调整刀具位置以对准被加工孔的中心，而无须移动工件来进行加工。此外，摇臂钻床的主轴转速范围和进给量范围很大，因此适用于笨重、大工件及多孔工件的加工。

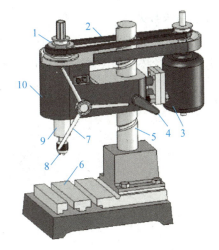

图 5－3－2　台式钻床
1—塔轮；2—V 带；3—电动机；
4—锁紧手柄；5—立柱；6—工作台；
7—进给手柄；8—钻夹头；
9—主轴；10—头架

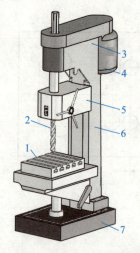

图 5-3-3 立式钻床

1—工作台；2—主轴；3—主轴变速箱；
4—电动机；5—进给箱；6—立柱；7—机座

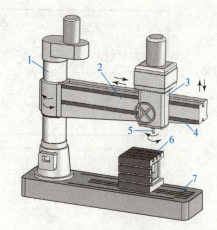

图 5-3-4 摇臂钻床

1—立柱；2—摇臂；3—主轴箱；4—摇臂导轨；
5—主轴；6—工作台；7—机座

（4）手电钻。如图 5-3-5 所示，手电钻主要用于钻直径 ϕ12 mm 以下的孔，常用于不便使用钻床钻孔的场合。手电钻的电源有 220 V 和 380 V 两种。由于手电钻携带方便、操作简单、使用灵活，所以应用比较广泛。

2. 钻头与夹具

麻花钻是钻孔用的主要刀具，用高速钢制造，其工作部分经热处理淬硬至 62~65 HRC。钻头由柄部、颈部及工作部分组成，如图 5-3-6 所示。

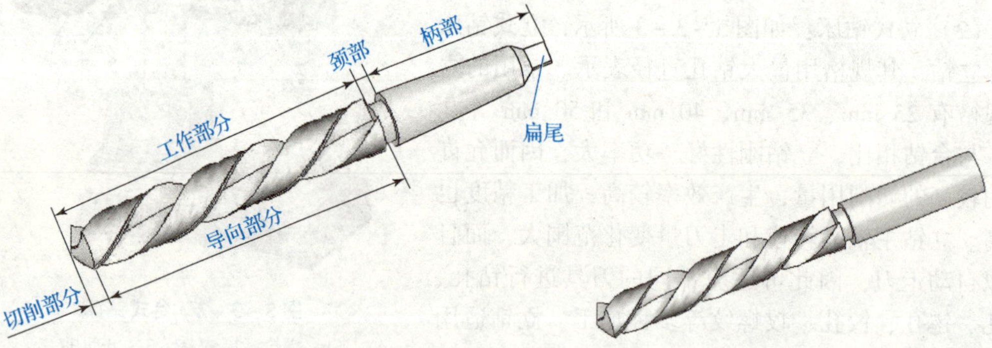

图 5-3-5 手电钻

(a)   (b)

图 5-3-6 麻花钻头的构造

(a) 锥柄；(b) 直柄

（1）柄部：柄部是钻头的夹持部分，起传递动力的作用。锥柄按形状分为直柄和锥柄两种。直柄传递扭矩力较小，一般用于直径小于 12 mm 的钻头；锥柄可传递较大转矩，用于直径大于 12 mm 的钻头。锥柄顶部是扁尾，起传递转矩的作用。

（2）颈部：颈部在制造钻头时起砂轮磨削退刀作用。钻头直径、材料、厂标一般刻在颈部。

（3）工作部分：工作部分包括导向部分与切削部分。

导向部分有两条狭长的、螺旋形的、高出齿背 0.5~1 mm 的棱边（刃带），其直径前大后小，略有倒锥度，这样可以减少钻头与孔壁间的摩擦。两条对称的螺旋槽可用来排除切屑并输送切削液，同时整个导向部分也是切削部分的后备部分。切削部分（见图 5-3-7）有三条切削刃（刀刃）：前刀面和后刀面相交形成两条主切削刃，担负主要切削作用；两后刀面相交形成的两条棱刃（副切削刃），起修光孔壁的作用；修磨横刃是为了减小钻削轴向力和挤刮现象，并提高钻头的定心能力和切削稳定性。

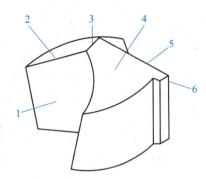

图 5-3-7　麻花钻的切削部分

1—前刀面；2—主切削刃；3—横刃；4—后刀面；5—主切削刃；6—棱边（副切削刃）

切削部分的几何角度主要有前角 γ、后角 α、顶角 2ψ、螺旋角 ω 和横刃斜角 ψ，其中顶角 2ψ 是两个主切削刃之间的夹角，一般取 $120°\pm 2°$。

夹具主要包括钻头夹具和工件夹具两种。

1）钻头夹具

常用的钻头夹具有钻夹头和钻套，如图 5-3-8 所示。

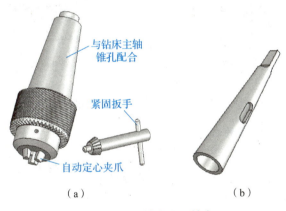

图 5-3-8　钻夹头及钻套

(a) 钻夹头；(b) 钻套

（1）钻夹头。钻夹头适用于装夹直柄钻头，其柄部是圆锥面，可以与钻床主轴内锥孔配合安装，而在其头部的三个夹爪有同时张开或合拢的功能，这使钻头的装夹与拆卸都很方便。

（2）钻套。钻套又称过渡套筒，用于装夹锥柄钻头。由于锥柄钻头柄部的锥度与钻床主轴内锥孔的锥度不一致，为使其配合安装，故把钻套作为锥体过渡件。锥套的一端为锥孔，可内接钻头锥柄，其另一端的外锥面接钻床主轴的内锥孔。钻套依其内外锥锥度的不同分为 5 个型号（1~5）。例如，2 号钻套其内锥孔为 2 号莫氏锥度，外锥面为 3 号莫氏锥度，使用时可根据钻头锥柄和钻床主轴内锥孔的锥度来选用。

2）工件夹具

加工工件时应根据钻孔直径和工件形状来合理使用工件夹具。装夹工件要牢固可靠，但又不能将工件夹得过紧而损伤工件或使工件变形影响钻孔质量。常用的夹具有手虎钳、机床用平口虎钳、V形架和压板等。

对于薄壁工件和小工件，常用手虎钳夹持，如图5-3-9（a）所示；机床用平口虎钳用于中小型平整工件的夹持，如图5-3-9（b）所示；对于轴或套筒类工件，可用V形架夹持（见图5-3-9（c）），并和压板配合使用；对不适用于虎钳夹紧的工件或要钻大直径孔的工件，可用压板、螺栓直接固定在钻床工作台上，如图5-3-9（d）所示。在成批和大量生产中广泛应用钻模夹具，这种方法可提高生产率。例如，应用钻模钻孔时，可免去划线工作，提高生产效率，钻孔精度可提高一级，表面粗糙度也有所减小。

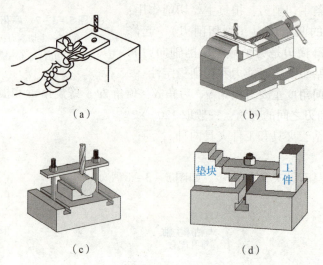

图5-3-9 工件夹持方法

(a) 手虎钳夹持；(b) 机床用平口虎钳夹持；(c) V形架夹持；(d) 压板螺栓夹持

3. 扩孔、锪孔、铰孔使用的刀具

1）扩孔钻

一般用麻花钻作扩孔钻。在扩孔精度要求较高或生产批量较大时，还采用专用扩孔钻扩孔。扩孔钻和麻花钻相似，所不同的是它有3~4条切削刃，但无横刃，其顶端是平的，螺旋槽较浅，故钻芯粗实、刚性好、不易变形、导向性能好。扩孔钻切削平稳，可提高扩孔后孔的加工质量。图5-3-10所示为扩孔钻。

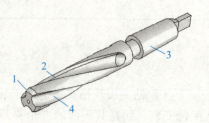

图5-3-10 扩孔钻

1—主切削刃；2—棱带；3—锥柄部；4—螺旋槽

2）铰刀及铰杠

铰刀是多刃切削刀具，有6~12个切削刃，铰孔时其导向性好。由于刀齿的齿槽很浅，铰刀的横截面大，因此铰刀的刚性好。铰刀按使用方法分为手用和机用两种，按所铰孔的形状分为圆柱形和圆锥形两种，如图5-3-11所示。

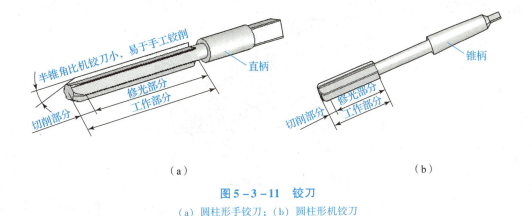

图 5-3-11 铰刀

(a) 圆柱形手铰刀;(b) 圆柱形机铰刀

3) 锪钻

常用锪钻种类有柱形锪钻(锪柱孔)、锥形锪钻(锪锥孔)和端面锪钻(锪端面)三种,如图 5-3-12 所示。

图 5-3-12 锪钻

(a) 柱形锪钻;(b) 锥形锪钻;(c) 端面锪钻

知识模块二 钻孔与扩孔、锪孔、铰孔操作

1. 钻孔操作

1) 切削用量的选择

钻孔切削用量是钻头的切削速度、进给量和切削深度的总称。切削用量越大,单位时间内切除金属越多,生产效率越高。由于切削用量受到钻床功率、钻头强度、钻头耐用度、工件精度等许多因素的限制不能任意提高,因此,合理选择切削用量就显得十分重要,它将直接关系到钻孔生产率、钻孔质量和钻头的寿命。通过分析可知:切削速度和进给量对钻孔生产率的影响是相同的;切削速度对钻头耐用度的影响比进给量大;进给量对钻孔粗糙度的影响比切削速度大。综上可知,钻孔时选择切削用量的基本原则是:在允许范围内,尽量先选较大的进给量,当进给量受到孔表面粗糙度和钻头刚度的限制时,再考虑较大的切削速度。在钻孔实践中人们已积累了大量的有关选择切削用量的经验,并经过科学总结制成了切削用量表,在钻孔时可参考使用。

2) 操作方法

操作方法正确与否,将直接影响钻孔的质量和操作安全。按划线位置钻孔:工件上的孔径圆和检查圆均需打上样冲眼作为加工界线,中心眼应打大一些。钻孔时先用钻头在孔的中心锪一小窝(约占孔径的1/4左右),检查小窝与所划圆是否同心。如稍偏离,可用样冲将中心冲大校正或移动工件校正;若偏离较多,可用窄錾在偏斜相反方向凿几条槽再钻,便可逐渐将偏斜部分校正过来,如图 5-3-13 所示。

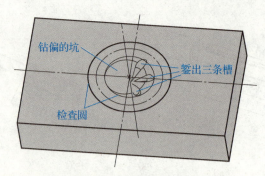

图 5-3-13 钻偏时的纠正方法

（1）钻通孔。在孔将被钻透时，进给量要减小，可将自动进给变为手动进给，以避免钻头在钻穿的瞬间抖动，出现"啃刀"现象，影响加工质量，损坏钻头，甚至发生事故。

（2）钻盲孔（不通孔）。钻盲孔时，要注意掌握钻孔深度。

控制钻孔深度的方法有：调整好钻床上深度标尺挡块、安置控制长度量具或用粉笔作标记。

（3）钻深孔。当孔深超过孔径 3 倍时，即为深孔。钻深孔时要经常退出钻头排屑和冷却，否则容易造成切屑堵塞或使钻头切削部分过热导致钻头磨损甚至折断，影响孔的加工质量。

（4）钻大孔。直径（D）超过 30 mm 的孔应分两次钻，即第一次用 $(0.5 \sim 0.7)D$ 的钻头先钻，然后再用所需直径的钻头将孔扩大到所要求的直径。分两次钻削，既有利于钻头的使用（负荷分担），也有利于提高钻孔质量。

（5）钻削时的冷却润滑。钻削钢件时，为降低粗糙度，一般使用机油作切削液，但为提高生产效率，则更多地使用乳化液；钻削铝件时，多用乳化液、煤油；钻削铸铁件则用煤油。

钻孔质量问题及原因

由于钻头刃磨得不好、切削用量选择不当、切削液使用不当、工件装夹不善等，会使钻出的孔径偏大、孔壁粗糙、孔的轴线有偏移或歪斜，甚至使钻头折断，表 5-3-1 中列出了钻孔时可能出现的质量问题及产生的原因。

表 5-3-1 钻孔时可能出现的质量问题及产生的原因

问题类型	产生原因
孔径偏大	1. 钻头两主切削刃长度不等，顶角不对称； 2. 钻头摆动
孔壁粗糙	1. 钻头不锋利； 2. 后角太大； 3. 进给量太大； 4. 切削液选择不当，或切削液供给不足

续表

问题类型	产生原因
孔偏移	1. 工件划线不正确； 2. 工件安装不当或夹紧不牢固； 3. 钻头横刃太长，对不准样冲眼； 4. 开始钻孔时，孔钻偏而没有找正
孔歪斜	1. 钻头与工件表面不垂直，钻床主轴与台面不垂直； 2. 横刃太长，轴向力太大，钻头变形； 3. 钻头弯曲； 4. 进给量过大，致使小直径钻头弯曲
钻头工作部分折断	1. 钻头磨钝后仍继续钻孔； 2. 钻头螺旋槽被切屑堵塞，没有及时排屑； 3. 孔快钻通时，没有减少进给量； 4. 在钻黄铜一类的软金属时，钻头后角太大，前角又没修磨，钻头自动旋进
切削刃迅速磨损或碎裂	1. 切削速度太高，切削液选用不当和切削液供给不足； 2. 没有按工件材料刃磨钻头角度（如后角过大）； 3. 工件材料内部硬度不均匀，有砂眼； 4. 进给量太大
工件装夹表面轧毛或损坏	1. 在用作夹持的工件已加工表面上没有衬垫铜皮或铝皮； 2. 夹紧力太大

2. 扩孔、铰孔和锪孔

1）扩孔

扩孔用以扩大已加工出的孔（铸出、锻出或钻出的孔），如图5-3-14所示，它可以校正孔的轴线偏差，并使其获得较正确的几何形状和较小的表面粗糙度，其加工精度一般为IT10～IT9级，表面粗糙度$Ra=6.3\sim3.2~\mu m$。扩孔可作为要求不高的孔的最终加工，也可作为精加工（如铰孔）前的预加工，扩孔加工余量为0.5～4 mm。

2）铰孔

铰孔是用铰刀从工件壁上切除微量金属层，以提高其尺寸精度和表面质量的加工方法。铰孔的加工精度可高达IT7～IT6级，铰孔的表面粗糙度可达$Ra=0.8\sim0.4~\mu m$。

铰孔因余量很小，而且切削刃的前角$\gamma=0°$，所以铰削过程实际上是修刮过程。特别是手工铰孔时，由于切削速度很低，不会受到切削热和振动的影响，故铰孔是对孔进行精加工的一种方法。铰孔时铰刀不能倒转，否则切屑会卡在孔壁和切削刃之间，从而使孔壁划伤或切削刃崩裂。铰削时如采用切削液，孔壁表面粗糙度将更小，如图5-3-15所示。

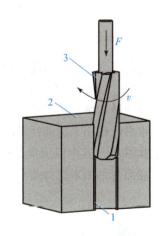

图5-3-14 扩孔
1—扩孔余量；2—工作；3—扩孔钻

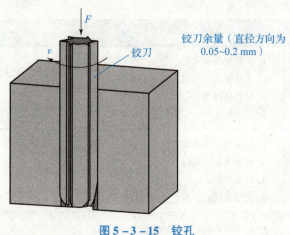

图 5 – 3 – 15 铰孔

钳工常遇到的锥销孔铰削，一般采用相应孔径的圆锥手用铰刀进行。

3）锪孔

锪孔是用锪钻对工件上的已有孔进行孔口形面的加工，其目的是保证孔端面与孔中心线的垂直度，以便使与孔连接的零件位置正确、连接可靠。常用的锪孔工具有柱形锪钻（锪柱孔）、锥形锪钻（锪锥孔）和端面锪钻（锪端面）三种，如图 5 – 3 – 16 所示。

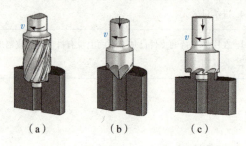

图 5 – 3 – 16 锪孔

(a) 锪柱孔；(b) 锪锥孔；(c) 锪端面

圆柱形埋头锪钻的端刃起切削作用，其周刃作为副切削刃起修光作用，如图 5 – 3 – 16（a）所示。为保证原有孔与埋头孔同心，锪钻前端带有导柱与已有孔配合使用起定心作用。导柱和锪钻本体可制成整体也可分开制造，然后装配成一体。

锥形锪钻用来锪圆锥形沉头孔，如图 5 – 3 – 16（b）所示。锪钻顶角有 60°、75°、90° 和 120° 四种，其中以顶角为 90°的锪钻应用最为广泛。

端面锪钻用来锪与孔垂直的孔口端面，如图 5 – 3 – 16（c）所示。

任务实施

1. 完成图纸所示孔加工操作

完成如图 5 – 3 – 17（a）和图 5 – 3 – 17（b）所示孔加工操作。

钻孔时，选择转速和进给量的方法是：用小钻头钻孔时，转速可快些，进给量要小些；用大钻头钻孔时，转速要慢些，进给量可适当大些；钻硬材料时，转速要慢些，进给量要小

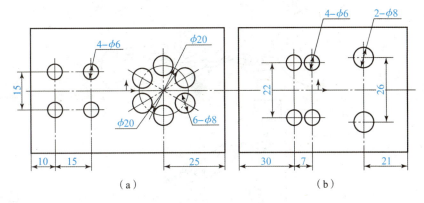

图 5-3-17 钻孔练习

些;钻软材料时,转速要快些,进给量要大些;用小钻头钻硬材料时可以适当地减慢速度。

钻孔时手进给的压力是根据钻头的工作情况,以目测和感觉的方式进行控制的,在实习中应注意掌握。

钻孔操作时应注意的事项如下:

(1) 操作者衣袖要扎紧,严禁戴手套,女同学必须戴工作帽。

(2) 工件夹紧必须牢固。孔将钻穿时要尽量减小进给力。

(3) 先停车后变速。用钻夹头装夹钻头时要用钻夹头紧固扳手,不要用扁铁和手锤敲击,以免损坏夹头。

(4) 不准用手拉或嘴吹钻屑,以防铁屑伤手和伤眼。

(5) 钻通孔时,工件底面应放垫块,或将钻头对准工作台的T形槽。

(6) 使用电钻时应注意用电安全。

手工铰孔时,两手用力要均匀、平稳,不得有侧向压力,避免孔口成喇叭形或将孔径扩大。铰刀退出时不能反转,防止刃口磨损及切屑嵌入刀具与孔壁之间,而将孔壁划伤。

2. 麻花钻刃磨训练

1) 刃磨要求

钻头在使用过程中要经常刃磨,以保持锋利。刃磨的一般要求是:两条主切削刃等长,顶角 2ψ 应符合所钻材料的要求并对称于轴线,后角 α 与横刃斜角 ψ 应符合要求。

2) 刃磨方法

如图 5-3-18 所示,右手握住钻头前部并靠在砂轮架上作为支点,将主切削刃摆平(稍高于砂轮中心水平面),然后平行地接触砂轮母线,同时使钻头轴线与砂轮母线在水平面内成半顶角 $\psi(\psi=59°)$;左手握住钻尾,在磨削时上下摆动,其摆动的角度约等于后角 α。一条主切削刃磨好后,将钻头转过 180°,按上述方法再磨另一条主切削刃。钻头刃磨后的角度一般凭经验目测,也可用样板检查。

3) 钻头刃磨后的检查

当麻花钻磨好后,通常采用目测法检查。其方法是把钻头垂直竖在与眼等高的位置上,在明亮的背景下用肉眼观察两刃的长短、高低以及它的后角等。但由于视差关系,往往会感到左刃高、右刃低,此时就要把钻头转过180°,再进行观察。这样反复观察对比,最后觉得两刃基本对称即可使用。如果发现两刃有偏差,则必须继续进行修磨。

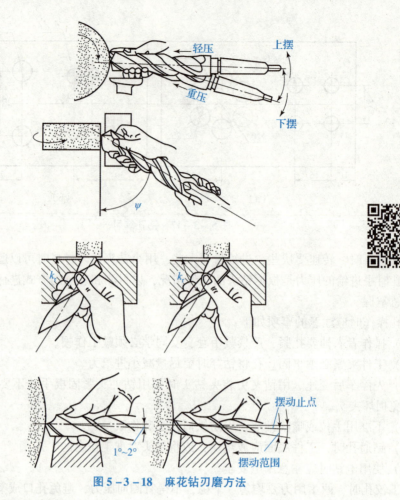

图 5-3-18 麻花钻刃磨方法

4) 钻头刃磨时的注意事项

(1) 刃磨钻头时,钻尾向上摆动,不得高出水平线,以防磨出负后角;钻尾向下摆动亦不能太多,以防磨掉另一条主刀刃。

(2) 随时检查两主切削刃的刃长及与钻头轴心线的夹角是否对称。

(3) 刃磨时应随时冷却,以防钻头刃口发热退火、降低硬度。

任务评价

考核评价

评价项目	评价内容	分值/分	自评 20%	互评 20%	师评 60%	合计
职业素养 40分	爱岗敬业,安全意识,责任意识,服从意识	10				
	积极参加任务活动,按时完成工作任务	10				
	团队合作,交流沟通能力,集体主义精神	10				

续表

评价项目	评价内容	分值/分	自评 20%	互评 20%	师评 60%	合计
职业素养 40 分	劳动纪律，职业道德	5				
	现场 6S 标准，行为规范	5				
专业能力 60 分	专业资料检索能力	10				
	制订计划和执行能力	10				
	操作符合规范，精益求精	15				
	工作效率，分工协作	10				
	任务验收质量，质量意识	15				
合计		100				
创新能力加分 20 分	创新性思维和行动	20				
总计		120				
教师签名：				学生签名：		

项目四　攻丝和套丝

任务引入

根据图 5-4-1 所示要求计算底孔直径，在钢件、铸件上钻底孔并攻螺纹。

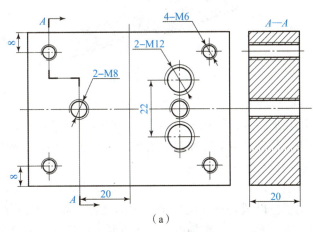

图 5-4-1　攻丝套丝
(a) 底板内螺纹

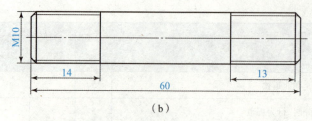

(b)

图 5-4-1 攻丝套丝（续）

(b) 螺杆外螺纹

 知识链接

攻丝是用丝锥在工件的光孔内加工出内螺纹的方法，套丝是用板牙在工件光轴上加工出外螺纹的方法。

知识模块一　攻丝和套丝工具

1. 丝锥和铰杠

丝锥是加工内螺纹的工具。手用丝锥是用合金工具钢 9SiCr 或滚动轴承钢 GCr9 经滚牙（或切牙）、淬火回火制成的，机用丝锥则都用高速钢制造。丝锥的结构如图 5-4-2 所示。

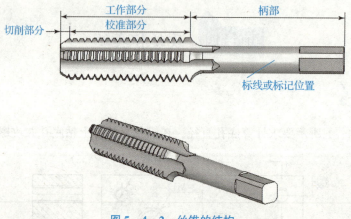

图 5-4-2　丝锥的结构

丝锥由工作部分和柄部组成，工作部分则由切削部分和校准部分组成。工作部分有 3~4 条轴向容屑槽，可容纳切屑，并形成切削刃和前角。切削部分是圆锥形，切削刃分布在圆锥表面，起主要切削作用。校准部分具有完整的齿形，可校正已切出的螺纹，并起导向作用。柄部末端有方头，以便用铰杠装夹和旋转。

每种型号的丝锥一般由两支或三支组成一套，分别称为头锥、二锥和三锥。成套丝锥分次切削，依次分担切削量，以减轻每支丝锥单齿切削负荷。M6~M24 的丝锥两支一套，小于 M6 和大于 M24 的三支一套。小丝锥强度差，易折断，将切削余量分配在三个等径的丝锥上。大丝锥切削的金属量多，应逐渐切除，切除量分配在三个不等径的丝锥上。图 5-4-3 表示成套丝锥的切削用量分布。

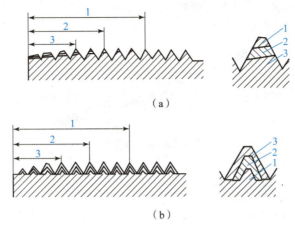

图 5-4-3 成套丝锥的切削用量分布
(a) 单支和等径成组丝锥; (b) 不等径成组丝锥
1—初锥或第一粗锥（头攻）；2—中锥或第二粗锥（二攻）；3—底锥或精锥（三攻）

铰杠是用来夹持丝锥和转动丝锥的手用工具。图 5-4-4 所示为丁字铰杠。丁字铰杠主要用于攻工件凸台旁边的螺纹或机体内部的螺纹。各类铰杠又有固定式和活动式两种。

图 5-4-4 丁字铰杠
(a) 活动式丁字铰杠；(b) 固定式丁字铰杠

2. 板牙和板牙架

板牙是加工外螺纹的工具，是用合金工具钢 9SiCr、9Mn2V 或高速钢并经淬火回火制成的。板牙的构造如图 5-4-5 所示，由切削部分、校准部分和排屑孔组成。它本身就像一个圆螺母，只是在它上面钻有 3~5 个排屑孔（即容屑槽），并形成切削刃。

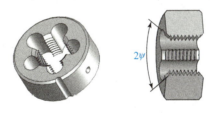

图 5-4-5 板牙的构造

切削部分是板牙两端带有切削锥角 2ψ 的部分，经铲、磨起着主要的切削作用。板牙的中间是校准部分，也是套丝的导向部分，起修正和导向作用。板牙的外圆有一条 V 形槽和四个 90°的顶尖坑，其中两个顶尖坑供螺钉紧固板牙用，另外两个和介于其间的 V 形槽是调整板牙工作尺寸用的，当板牙因磨损而尺寸扩大后，可用砂轮边沿 V 形槽切开，用螺钉顶

第五单元 钳工操作

紧 V 形槽旁的尖坑，以缩小板牙的工作尺寸。

板牙架是用来夹持板牙和传递扭矩的工具，如图 5-4-6 所示。

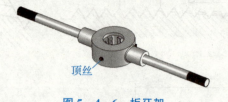

图 5-4-6 板牙架

知识模块二 攻丝和套丝操作

1. 攻丝前螺纹底孔的确定

攻丝时，丝锥主要用于切削金属，但也伴随有严重的挤压作用，因此会产生金属凸起并挤压牙尖，使攻螺纹后的螺纹孔内径小于原底孔直径。因此，攻螺纹的底孔直径应稍大于螺纹内径，否则攻螺纹时因挤压作用会使螺纹牙顶与丝锥牙底之间没有足够的容屑空间而将丝锥箍住，甚至折断，此现象在攻塑性材料时更为严重。但螺纹底孔过大又会使螺纹牙型高度不够，降低强度。底孔直径的大小要根据工件的塑性高低及钻孔扩张量来考虑。

（1）加工钢和塑性较好的材料，在中等扩张量的条件下，钻头直径可按下式选取：

$$D = d - P$$

式中：D——攻螺纹前，钻螺纹底孔用钻头直径，mm；

d——螺纹直径，mm；

P——螺距，mm，M8，$P = 1.25$ mm；M10，$P = 1.5$ mm。

（2）加工铸铁和塑性较差的材料，在较小扩张量条件下，钻头直径可按下式选取：

$$D = d - (1.05 \sim 1.1)P$$

2. 攻丝操作

将头锥垂直地放入已倒好角的工件孔内，先旋转 1~2 圈，用目测或 90°角尺在相互垂直的两个方向上检查，如图 5-4-7 所示，然后用铰杠轻压旋入。当丝锥的切削部分已经切入工件后，可只转动而不加压。每转一圈应反转 1/4 圈，以便切屑断落，如图 5-4-8 所示。攻完头锥后继续攻二锥、三锥。攻二锥、三锥时先把丝锥放入孔内，旋入几扣后再用铰杠转动，旋转铰杠时无须加压。

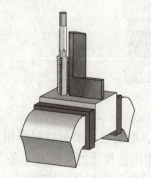

图 5-4-7 用 90°角尺检查丝锥的位置

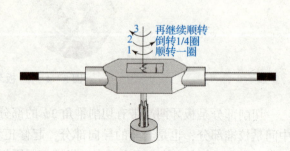

图 5-4-8 攻螺纹操作

盲孔（不通孔）攻丝时，由于丝锥切削部分不能切出完整的螺纹，所以光孔深度（h）至少要等于螺纹长度（L）与丝锥切削部分长度之和，丝锥切削部分长度约等于内螺纹大径的0.7倍，即

$$h \approx L + 0.7D$$

同时要注意丝锥顶端快碰到底孔时更应及时清除积屑。

攻普通碳钢工件时，常加注 N46 机械润滑油；攻不锈钢工件时可用极压润滑油润滑，以减少刀具磨损，改善工件加工质量。

攻铸铁工件时，采用手攻可不必加注润滑油，采用机攻应加注煤油，以清洗切屑。

3. 套丝前圆杆直径的确定

套丝前应检查圆杆直径，太大则难以套入，太小则套出的螺纹不完整。圆杆直径可用下面的经验公式计算：

$$d' \approx d - 0.13P$$

式中：d'——圆杆直径，mm；

d——外螺纹大径，即螺栓公称直径，mm；

P——螺纹螺矩，mm。

圆杆端部应做成 $2\psi \leqslant 60°$ 的锥台，以便于板牙定心切入。

4. 套丝操作

套丝时板牙端面与圆杆应严格地保持垂直。工件伸出钳口的长度在不影响螺纹要求长度的前提下，应尽量短些。套丝过程与攻丝相似，如图 5-4-9 所示。

图 5-4-9 圆杆倒角和套螺纹

在切削过程中如手感较紧，应及时退出，清理切屑后再进行，并加机油润滑。

任务实施

起攻、起套要从前后、左右两个方向观察与检查，及时进行垂直度的找正，这是保证攻螺纹、套螺纹质量的重要操作步骤。特别是套螺纹时，由于板牙切削部分圆锥角较大，起套的导向性较差，容易产生板牙端面与圆杆轴心线不垂直的情况，造成烂牙（乱扣），甚至不能继续切削。起攻、起套操作正确，两手用力均匀及掌握好最大用力限度是攻螺纹、套螺纹的基本功之一，必须掌握。

攻螺纹及套螺纹的注意事项如下：

（1）攻螺纹（套螺纹）已经感到很费力时，不可强行转动，应将丝锥（板牙）倒退

出，清理切屑后再攻（套）。

(2) 攻制不通螺孔时应注意丝锥是否已经接触到孔底，此时如继续硬攻，则会折断丝锥。

(3) 使用成套丝锥，要按头锥、二锥、三锥依次取用。

任务评价

考核评价

评价项目	评价内容	分值/分	自评20%	互评20%	师评60%	合计
职业素养 40 分	爱岗敬业，安全意识，责任意识，服从意识	10				
	积极参加任务活动，按时完成工作任务	10				
	团队合作，交流沟通能力，集体主义精神	10				
	劳动纪律，职业道德	5				
	现场 6S 标准，行为规范	5				
专业能力 60 分	专业资料检索能力	10				
	制订计划和执行能力	10				
	操作符合规范，精益求精	15				
	工作效率，分工协作	10				
	任务验收质量，质量意识	15				
合计		100				
创新能力 加分 20 分	创新性思维和行动	20				
总计		120				
教师签名：					学生签名：	

项目五　刮削与研磨

任务引入

按图 5-5-1 所示在平板上进行刮削和精度检验［刮点为 10～12 点/(25 m×25 mm)］。

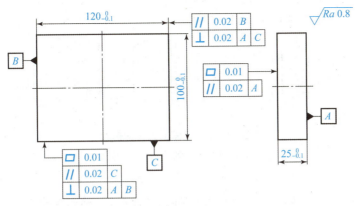

图 5-5-1 刮削练习

知识链接

用刮刀在工件已加工表面上刮去一层很薄金属的操作叫刮削。刮削时刮刀对工件既有切削作用，又有压光作用。经刮削的表面可留下微浅刀痕，形成存油空隙，减少摩擦阻力，从而改善表面质量，降低表面粗糙度，提高工件的耐磨性，还能使工件表面美观。刮削是一种精加工方法，常用于加工零件上互相配合的重要滑动表面，如机床导轨、滑动轴承等，以使其均匀接触。在机械制造、工具、量具制造和修理工作中刮削占有重要地位，得到了广泛的应用。刮削的缺点是生产效率低，劳动强度大。

知识模块一　刮削用工具

1. 刮刀

刮刀一般用碳素工具钢 T10A~T12A 或轴承钢锻成，也有的刮刀头部焊上硬质合金用以刮削硬金属。刮刀分为平面刮刀和曲面刮刀两类。

1）平面刮刀

平面刮刀用于刮削平面，有普通刮刀（见图 5-5-2（a））和活头刮刀（见图 5-5-2（b））两种。

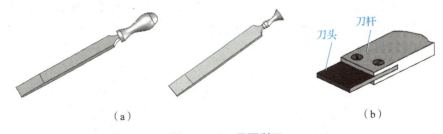

图 5-5-2　平面刮刀
(a) 普通刮刀；(b) 活头刮刀

活头刮刀除机械夹固外，还可用焊接方法将刀头焊在刀杆上。

平面刮刀按所刮表面精度又可分为粗刮刀、细刮刀和精刮刀三种，其头部形状（刮削刃的角度）如图 5-5-3 所示。

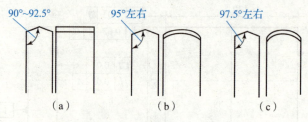

图 5-5-3 平面刮刀头部形状

(a) 粗刮刀；(b) 细刮刀；(c) 精刮刀

2) 曲面刮刀

曲面刮刀用来刮削内弧面（主要是滑动轴承的轴瓦），其式样很多，如图 5-5-4 所示，其中以三角刮刀最为常见。

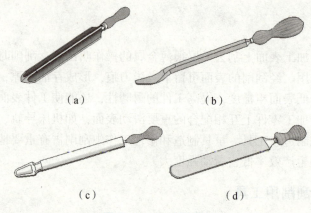

图 5-5-4 曲面刮刀

(a) 三角刮刀；(b) 匙形刮刀；(c) 蛇头刮刀；(d) 圆头刮刀

2. 校准工具

校准工具有两个作用：一是用来与刮削表面磨合，以接触点的多少和分布的疏密程度来显示刮削表面的平整程度，提供刮削的依据；二是用来检验刮削表面的精度。

刮削平面的校准工具有：校准平板——检验和磨合宽平面用的工具；桥式直尺、工字形直尺——检验和磨合长而窄平面用的工具；角度直尺——用来检验和磨合燕尾形或 V 形面的工具。几种工具的结构如图 5-5-5 所示。

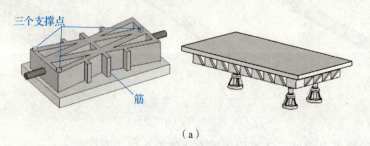

图 5-5-5 平面刮削用校准工具

(a) 校准平板

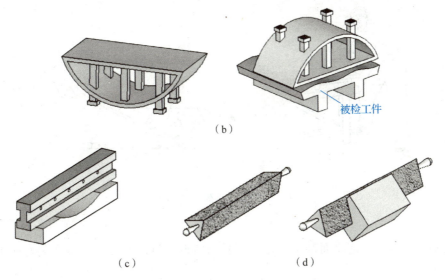

图 5-5-5 平面刮削用校准工具（续）
(b) 桥式直尺；(c) 工字形直尺；(d) 角度直尺

刮削内圆弧面时，经常采用与之相配合的轴作为校准工具，如无现成轴时，可自制一根标准心轴作为校准工具。

3. 显示剂

显示剂是为了显示被刮削表面与标准表面间贴合程度而涂抹的一种辅助材料，显示剂应具有色泽鲜明、颗粒极细、扩散容易、对工件没有磨损及无腐蚀性等特点，且价廉易得。目前常用的显示剂及用途如下。

(1) 红丹粉。红丹粉用氧化铁或氧化铝加机油调成，前者呈紫红色，后者呈橘黄色，多用于铸铁和钢的刮削。

(2) 蓝油。蓝油用普鲁士蓝加蓖麻油调成，多用于铜和铝的刮削。

知识模块二　刮削操作

1. 刮削平面

平面刮削的方式有挺刮式和手刮式两种。

1) 挺刮式

将刮刀柄放在小腹右下侧，在距刀刃 80~100 mm 处双手握住刀身，用腿部和臂部的力量使刮刀向前挤刮。当刮刀开始向前挤时，双手加压力，在推挤中的瞬间，右手引导刮刀方向，左手控制刮削，到需要长度时将刮刀提起，如图 5-5-6（a）所示。

2) 手刮式

右手握刀柄，左手握在距刮刀头部 50 mm 处，刮刀与刮削平面成 25°~30°角。刮削时右臂向前推，左手向下压并引导刮刀方向，双手动作与挺刮式相似，如图 5-5-6（b）所示。

2. 刮削曲面

对于要求较高的某些滑动轴承的轴瓦，通过刮削可以得到良好的配合。刮削轴瓦时用三角刮刀，而研点的方法是在轴上涂上显示剂（常用蓝油），然后与轴瓦配研。曲面刮削的原

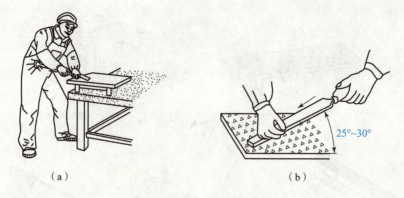

图5-5-6 平面刮削方式
(a) 挺刮式；(b) 手刮式

理和平面刮削一样，只是曲面刮削使用的刀具与掌握刀具的方法和平面刮削有所不同，如图5-5-7所示。

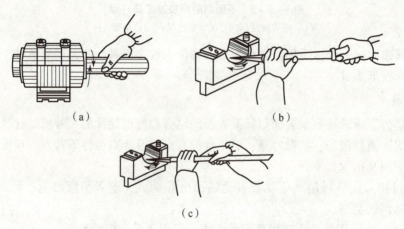

图5-5-7 内曲面的显示方法与刮削姿势
(a) 显示方法；(b) 短刀柄刮削姿势；(c) 长刀柄刮削姿势

3. 刮削步骤

1) 粗刮

若工件表面比较粗糙、加工痕迹较深或表面严重生锈、不平或扭曲，刮削余量在 0.05 mm 以上，则应先粗刮。粗刮的特点是采用长刮刀，行程较长（10~15 mm），刀痕较宽（10 mm），刮刀痕迹顺向，成片刮削，刀痕不重复。机械加工的刀痕刮除后，即可研点，并按显出的高点刮削。当工件表面研点每 25 m×25 mm 面积上为 4~6 点并留有细刮加工余量时，可开始细刮。

2) 细刮

细刮就是将粗刮后的高点刮去，其特点是采用短刮法（刀痕宽约 6 mm，长 5~10 mm），研点分散快。细刮时要朝着一定方向刮，刮完一遍后刮第二遍时要成 45°或 60°方向交叉刮出网纹。当平均研点每 25 m×25 mm 面积上为 10~14 点时，即可结束细刮。

3) 精刮

在细刮的基础上进行精刮，采用小刮刀或带圆弧的精刮刀，刀痕宽约 4 mm，平均研点每 25 m×25 mm 上应为 20~25 点，常用于检验工具、精密导轨面和精密工具接触面的刮削。

4）刮花

刮花的作用一是美观，二是有积存润滑油的功能。一般常见的花纹有斜花纹、燕形花纹和鱼鳞花纹等。另外，还可通过观察原花纹的完整和消失的情况来判断平面工作后的磨损程度。

4. 刮削质量的检验

刮削质量要根据刮削研点的多少、高低误差、分布情况及粗糙度来确定。

（1）刮削研点的检查，如图 5-5-8（a）所示。用边长为 25 mm 的方框来检查，刮削精度以方框内的研点数目来表示。

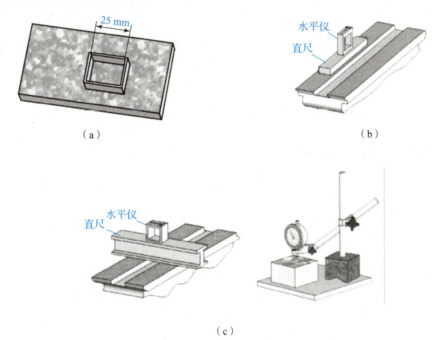

图 5-5-8 刮削质量的检验
(a) 用方框检查研点；(b) 用水平仪检查刮削精度；(c) 用百分表检验平面

（2）刮削面平面度、直线度的检查，如图 5-5-8（b）所示。机床导轨等较长的工件及大平面工件的平面度和直线度可用水平仪进行检查。

（3）研点高低的误差检查，如图 5-5-8（c）所示。用百分表在平板上检查时，小工件可以采用固定百分表、移动工件的方式来检查，大工件则采用固定工件、移动百分表的方式来检查。

刮削质量问题及产生原因分析

刮削中常见的质量问题有深凹痕、振痕、丝纹和表面形状不精确等，其产生的原因如表 5-5-1 所示。

表 5 – 5 – 1　刮削中常见质量问题及产生的原因

常见质量问题	产生原因
深凹痕（刮削表面有很深的凹坑）	1. 刮削时，刮刀倾斜； 2. 用力太大； 3. 刃口弧形刃磨得过小
振痕（刮削表面有一种连续性的波浪纹）	1. 刮削方向单一； 2. 表面阻力不均匀； 3. 推刮行程太长引起刀杆颤动
丝纹（刮削表面有粗糙纹路）	1. 刃口不锋利； 2. 刃口部分较粗糙
尺寸和形状精度达不到要求	1. 显示点子时推磨压力不均匀，校准工具悬空伸出工件太多； 2. 校准工具偏小，与所刮平面相差太大，致使所显点子不真实，造成错刮； 3. 检验工具本身不正确； 4. 工件放置不稳当

知识模块三　研具与研磨剂

研磨工艺的基本原理是游离的磨料通过辅料与研磨工具（以下简称研具）物理和化学的综合作用，对工件表面进行光整加工。在研磨加工中，研具是保证研磨质量和研磨效率的重要因素。因此对研具材料、硬度及研具的精度、表面粗糙度等都有较高的要求。

1. 研具材料

研具材料应具备组织结构细致均匀的特点，有很高的稳定性和耐磨性及抗擦伤能力；有很好的嵌存磨料的性能；工作面的硬度一般应比工件表面的硬度稍低。

1）铸铁

铸铁研具不仅适用于加工多种材料的工件，而且适用于湿研和干研，其硬度应在 HB110～190，并在同一工作面上硬度基本一致，且应无砂眼等影响精确度的外观缺陷。

用于精研的普通灰铸铁材料，其化学成分为：碳 2.7%～3.0%，硅 1.3%～1.8%，锰 0.6%～0.9%，磷 0.65%～0.70%，硫小于 0.10%。

用于粗研的铸铁材料，其化学成分为：碳 3.5%～3.7%，硅 1.5%～2.2%，锰 0.4%～0.7%，磷 0.1%～0.15%，锑 0.45%～0.55%。

用于研磨的铸铁材料除了普通灰铸铁外，还有球墨铸铁和高磷低合金铸铁。近年来出现的一种新型铸铁研具，采用了高 Si/C 比值铸铁，即高强度、低应力铸铁，并在高强度、低应力铸铁研具工作表面上运用电阻接触淬火技术或 400 W 的 CO_2 激光器淬硬灰口铸铁技术，产生了一种高硬度、高强度、低应力的铸铁研具。其抗擦伤能力、耐磨性和降低被研磨表面粗糙度的性能都有很大的提高。

2）其他材料

低碳钢、铜、巴氏合金、铅和玻璃经常用来制作精研淬硬钢时的研具。

2. 研具的类型

研具的类型很多，按其适用范围可分为通用研具和专用研具两类。通用研具适用于一般工件、计量器具、刃具等的研磨。常用的通用研具有研磨平板、研磨盘等。专用研具是专门用来研磨某种工件、计量器具、刃具等的研具，如螺纹研具、圆锥孔研具、圆柱孔研具、千分尺研磨器和卡尺研磨器等。

3. 研磨剂

研磨剂中磨料和辅料的种类主要是根据研磨加工的材料、硬度和研磨方法确定的。

1）磨料

磨料在研磨中主要起切削作用。研磨加工的效率、精度和表面粗糙度与磨料有密切关系。常用的磨料有以下 4 个系列。

（1）金刚石磨料。金刚石磨料是目前硬度最高的磨料，分人造金刚石和天然金刚石两种。金刚石磨料的切削能力强，实用效果好，可用于研磨淬硬钢，适用于研磨硬质合金、硬铬、宝石、陶瓷等超硬材料。随着人造金刚石制造成本的不断下降，金刚石磨料的应用越来越广泛。

（2）碳化物磨料。碳化物磨料的硬度低于金刚石磨料。在超硬材料的研磨加工中，其研磨效率和质量低于金刚石磨料，可用于研磨硬质合金、陶瓷与硬铬等超硬材料，适用于研磨硬度较高的淬硬钢。

（3）氧化铝磨料。氧化铝磨料的硬度低于碳化物磨料，适用于研磨淬硬钢、未淬硬钢和铸铁等材料。

（4）软质化学磨料。软质化学磨料质地较软，可以改善被加工表面的表面粗糙度，提高效率，用于精研或抛光。这类磨料有氧化铬、氧化铁和氧化镁等。

2）辅料

磨料不能单独用于研磨，而必须和某些辅料配合制成各种研磨剂来使用。辅料中，常用的液态辅料有煤油、汽油、电容器油、甘油等，用来调和磨料，起到冷却润滑作用。另一类是固态辅料，常用的有硬脂。硬脂可起到使被研磨表面金属发生氧化反应及增强研磨中悬浮工件的作用，如图 5 - 5 - 9 所示。硬脂可使工件与研具在研磨时不直接接触，只利用露出研具表面和硬脂上面的磨料进行磨削，从而降低表面粗糙度。

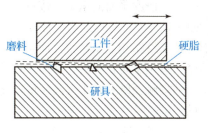

图 5 - 5 - 9　硬脂在研磨中的悬浮作用

在研磨工作中，为了使用方便，常将硬脂酸、蜂蜡、无水碳酸钠配制成硬脂。硬脂的配比为：硬脂酸 48 g，蜂蜡 8 g，无水碳酸钠 0.1 g，甘油 12 滴（用 100 mL 滴瓶的滴管）。制作时，把硬脂酸和蜂蜡放入容器内加热至熔化，再加上无水碳酸钠和甘油，连续搅拌 1 ~ 2 min，停止加热，然后继续搅拌至即将凝固，立刻倒入定形器中，冷却后即可使用。加热时，时间要掌握好，时间过长，硬脂容易板结，涂在研磨平板等上面时打滑，不易涂划；时间过短，硬脂结构松散，涂划时容易掉渣。

3）研磨剂的配制

研磨剂是选用磨料和辅料，并按一定比例配制而成的，一般配制成研磨液和研磨膏。为了提高研磨效率和保证被研磨表面不出现明显的划痕，往往采取湿研的方式。湿研时，可将研磨液或研磨膏涂在研具上进行。

研磨液常用微粉、硬脂、煤油和航空汽油等配制而成。研磨液的配比为：白刚玉 15 g，硬脂 8 g，煤油 35 mL，航空汽油 200 mL。

研磨膏有普通研磨膏和人造金刚石研磨膏两种。普通研磨膏常用微粉、硬脂、氧化铬、煤油和电容器油等配制而成。普通研磨膏的配比为：白刚玉40%，硬脂25%，氧化铬20%，煤油5%，电容器油10%。制作时，将硬脂放入容器内，熔化后加入微粉、氧化铬，连续搅拌，以使其均匀。在温度升至130～150 ℃时，保持15～20 min，其目的是蒸发水分，同时清除液面上的细微杂质，然后使温度下降至70 ℃时注入煤油、电容器油。仔细搅拌后，重新加温，保持在120～130 ℃，约 10 min。再次冷却到45～50 ℃时，注入定形器，完全冷却后即可使用。

知识模块四　平面的研磨方法

1. 研磨运动轨迹

1）研磨运动

研磨时，研具与工件之间所做的相对运动称为研磨运动，其目的是实现磨料的切削运动。它的运动状况将直接影响研磨质量和研磨效率及研具的耐用度。因此，研磨运动既要使工件均匀地接触研具的全部表面，又要使工件受到均匀研磨，即被研磨的工件表面上每一点所走的路程相等，且能不断有规律地改变运动方向，避免过早出现重复。

2）研磨运动轨迹

工件（或研具）上的某一点在研具（或工件）表面上所运动的路线，称为研磨运动轨迹。研磨运动轨迹要紧密、排列整齐、互相交错，一般应避免重叠或同方向平行，要均匀地遍布整个研磨表面。

手工研磨平面的运动轨迹形式，常用的有螺旋线式（见图 5－5－10）和"8"字形式（见图 5－5－11）以及直线往复式。直线往复式研磨运动轨迹比较简单，但不能使工件表面上的加工纹路相互交错，因而难以使工件表面获得较好的表面粗糙度，但可获得较高的几何精度，适用于阶台和狭长平面工件的研磨。螺旋线式研磨运动轨迹能使研具和工件表面保持均匀的接触，既有利于提高研磨质量，又可使研具保持均匀的磨损，适用于平板及小平面工件的研磨。

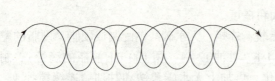
图 5－5－10　螺旋线式研磨轨迹

图 5－5－11　"8"字形式研磨运动轨迹

2. 研磨速度

研磨速度应根据不同的研磨工艺要求，合理地进行选取。例如研磨狭长的大尺寸平面工件时，应选取低速研磨；而研磨小尺寸或低精度工件时，则需选取中速或高速研磨。一般研磨速度可取 10～150 m/min，精研为 30 m/min 以下；一般手工粗研往复 40～60 次/min，精研往复 20～40 次/min。

3. 研磨压力

研磨压力，在一定范围内与研磨效率成正比。但研磨压力过大，摩擦加剧，将产生较高的温度，从而使工件和研具因受热而变形，直接影响研磨质量和研磨效率及研具的耐用度，一般研磨压力可取 0.01～0.5 MPa，手工粗研为 0.1～0.2 MPa，手工精研为 0.01～0.05 MPa。对于机械研磨，在机床开始启动时，可调小些；在研磨进行中，可调到某一定值；在研磨终了，可再减小一些，以提高研磨质量。

在一定范围内，工件表面粗糙度随研磨压力增加而降低。研磨压力在 0.04～0.2 MPa 范围内时，改善表面粗糙度的效果显著。

4. 研磨时间

对于粗研，研磨时间可根据磨料的切削性能来确定，以获得较高的研磨效率；对于精研，研磨时间为 1～3 min。一般来讲，研磨时间越短，则研磨质量越高。当研磨时间超过 3 min 时，对研磨质量的提高没有显著效果。

5. 研磨余量的确定

研磨属于表面光整加工方法之一。工件研磨前的预加工直接影响研磨质量和研磨效率。预加工精度低时，研磨消耗工时多，研具磨损快，达不到工艺效果，故大部分工件（尤其是淬硬钢件）在研磨前都经过精磨，其研磨余量视具体情况确定。

当生产批量大、研磨效率高时，研磨余量可选 0.04～0.07 mm；当小批、单件生产，而且研磨效率低时，研磨余量为 0.003～0.03 mm。例如，经过精磨的工件轴径，手工研磨的余量为 0.003～0.008 mm，机械研磨的余量为 0.008～0.015 mm；再如，经过精磨的工件孔径，手工研磨的余量为 0.005～0.01 mm。另外，经过精磨的工件平面，手工研磨的余量每面为 0.003～0.005 mm，机械研磨的余量每面为 0.005～0.01 mm。

6. 手工研磨工件的平面

手工研磨精度要求较高的平面时，对研具形式（见图 5-5-12）和研磨剂的选择以及操作技术有更高的要求。一般先用 W20～W18 的研磨剂涂敷于开槽式研具上进行粗研，以研去预加工痕迹，达到粗研所要求的加工精度；然后用 W3.5～W5 的干研通过研具进行细研，以进一步提高几何形状精度和改善表面粗糙度，为最终精研做好准备；最后用 W1～W1.5 的干研通过研具进行精研，使表面粗糙度达到 Ra 0.05～0.012 μm 及 IT5 以内的尺寸精度和相应的几何形状精度。

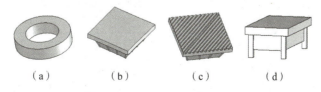

图 5-5-12 平面研磨用研具
(a) 圆盘研具；(b) 方形研具；(c) 开槽方形研具；(d) 长方形研具

研磨中要用手工来控制研磨运动的方向、压力及速度等。此外，由于手的前部易施力稍大，所以手指作用在工件上的位置和各手指所施压力的大小，对保证尺寸精度和几何形状精度非常重要。研磨中，要不断调转 90°或 180°，防止因用力不均匀而产生的质量缺陷。在研磨中还应注意工件的热变形及注意研磨整个表面。

任务实施

操作要点如下。

(1) 工件安放的高度要适当，一般应低于腰部。

(2) 刮削姿势要正确，力量发挥要好，刀迹控制要正确，刮点应准确合理，不产生明显的振痕和起刀、落刀痕迹。

(3) 用力要均匀，刮刀的角度、位置要准确。刮削方向要经常调换，应成网纹形进行，避免产生振痕。

(4) 涂抹显示剂要薄而均匀，如果厚薄不匀会影响工件表面显示研点的正确性。

(5) 推磨研具时，推磨力量要均匀。工件悬空部分不应超过研具本身长度的1/4，以防失去重心而掉落伤人。

任务评价

考核评价

评价项目	评价内容	分值/分	自评 20%	互评 20%	师评 60%	合计
职业素养 40分	爱岗敬业，安全意识，责任意识，服从意识	10				
	积极参加任务活动，按时完成工作任务	10				
	团队合作，交流沟通能力，集体主义精神	10				
	劳动纪律，职业道德	5				
	现场6S标准，行为规范	5				
专业能力 60分	专业资料检索能力	5				
	制订计划和执行能力	5				
	操作符合规范，精益求精	15				
	工作效率，分工协作	10				
	任务验收质量，质量意识	15				
	刮点为 10~12 点/25 m×25 mm	10				
合计		100				
创新能力 加分20分	创新性思维和行动	20				
总计		120				

教师签名： 　　　　　　　　　　　　　　　　　学生签名：

项目六 校正与弯曲

任务引入

完成如图 5-6-1 所示的薄板弯曲件。

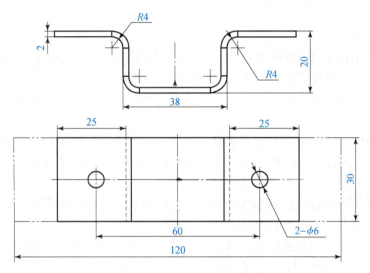

图 5-6-1 薄板弯曲件

知识链接

制造机器所用的原材料（如板料、型材等）常常有不直、不平、翘曲等缺陷，有的机械零件在经过加工、热处理或使用之后会产生变形，消除这些原材料和零件的弯曲、翘曲和变形等缺陷的操作称为校正。

按校正时产生校正力的方法，可分为手工校正、机械校正、火焰校正与高频热点校正等，其中手工校正是由钳工用手锤在平台、铁砧或台虎钳上进行的，它通过扭转、弯曲、延展和伸张等方法使工件恢复原状。

知识模块一 手工校正工具

1. 平板和铁砧

平板用来校正较大面积板料或作工件的基准面，铁砧用作敲打条料或角钢时的砧座。

2. 软硬手锤

校正一般材料通常使用钳工用的手锤和方头手锤。校正已加工过的表面、薄板件或有色金属制件，应使用铜锤、木锤和橡皮锤等软的手锤。

3. 抽条和拍板

抽条是用条状薄板料弯成的简易手工工具，用于敲打较大面积的薄板料。拍板是用坚实的木材制成的专用工具,用于敲打板料。

4. 螺旋压力机

螺旋压力机适用于校正较长的轴类零件和棒料。

5. 检验工具

检验工具有平板、角尺、直尺和百分表等。

知识模块二 校正的基本方法

1. 校正的方法

按校正时产生校正力的方法可分为手工校正、机械校正、火焰校正和高频热点校正等。根据变形的类型常采用扭转法、弯曲法、延展法和伸张法等。

(1) 扭转法是用来校正条料扭曲变形的方法。小型条料常夹持在台虎钳上,用扳手将其扭转恢复到原状。

(2) 弯曲法是用来校正各种棒料和条料弯曲变形的方法。直径小的棒料和厚度薄的条料,当直线度要求不高时,可夹在台虎钳上用扳手校正;直径大的棒料和厚的条料,则常在压力机上校正。

(3) 延展法是用来校正各种翘曲的型钢和板料的方法。通过用锤子敲击材料适当部位,使其局部延长和展开,达到校正的目的。

(4) 伸张法是用来校正各种细长线材的方法。校正时将线材一头固定,然后从固定处开始,将弯曲线绕圆木棒一圈,紧捏圆木棒向后拉,线材就可以伸长而校直。

2. 板材的手工校正方法

金属板材有薄板(厚度小于 4 mm)和厚板(厚度大于 4 mm)之分。薄板中又有一般薄板与铜箔、铝箔等薄而软的材料的区别,所以校正方法也有所不同。

1) 薄板料的校正

薄板的变形主要有中间凸起、边缘呈波浪形以及翘曲等,如图 5-6-2 所示。

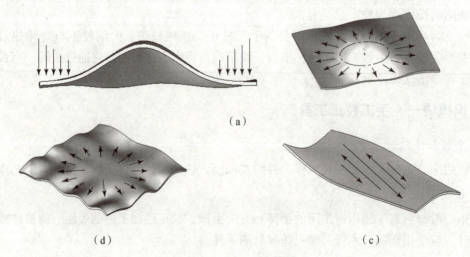

图 5-6-2 薄板的校平
(a) 中间凸起;(b) 边缘呈波浪状;(c) 对角翘

薄板凸起是由于材料变形后中间变薄、金属纤维伸长而引起的。校正时，不能直接锤击凸起部位，否则不但不能校平，反而会增加翘曲度，即应该锤击板料的边缘，使边缘的材料适当地延展、变薄，这样凸起部分就会逐渐消除。锤击时，由里向外逐渐由轻到重、由稀到密，直至边缘的材料与中间凸起部分的材料一致时，材料就校平了，如图 5-6-2（a）所示。

如果薄板表面有相邻几处凸起，则应先锤击凸起的交界处，使所有分散的凸起部分聚集为一个总的凸起，然后再用延展法使总的凸起部分逐渐变平直。

如果薄板四周呈波纹状，则是由于材料四周变薄、金属材料伸长而引起的，这时锤击点应从中间向四周逐渐由重到轻、由密到稀，力量由大到小，反复锤打，使薄板达到平整，如图 5-6-2（b）所示。

如果薄板发生对角翘曲变形，则是因为对角线处材料变薄、金属纤维伸长所致。因此，校正时锤击点应沿另外没有翘曲的对角线锤击，使其延展而校平，如图 5-6-2（c）所示。

如果薄板发生微小扭曲，可用抽条按从左到右的顺序抽打平面，如图 5-6-3 所示，因抽条与板料接触面积较大、受力均匀，故容易达到平整。

如果是铜箔、铝箔等薄而软的箔片变形，可用平整的木块，在平板上推压材料的表面，使其达到平整，也可用木槌或橡皮锤校正。

用氧气割下板料时，边缘在气割过程中冷却较快，收缩严重，造成切割下的板料不平。这种情况下也应锤击边缘气割处，使其得到适量的延展。锤击点在边缘处应重而密，第二、三圈应轻而稀，逐渐达到平整。

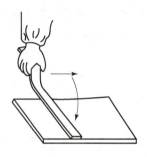

图 5-6-3 抽打平面

2）厚板校正

由于厚板刚性较好，故可用锤直接击打凸起部位，使其压缩变形而达到校正的目的。

知识模块三 弯曲前毛坯尺寸计算

将原来平直的板材或型材弯曲成所要求的曲线形状或角度的操作叫作弯曲。图 5-6-4（a）所示为弯曲前的钢板，图 5-6-4（b）所示为弯曲后的情况。弯曲后的钢板，它的外层材料伸长（见图 5-6-4 中 e—e 和 d—d），内层材料缩短（见图 5-6-4 中 a—a 和 b—b），而中间一层材料（见图 5-6-4 中 c—c）弯曲后的长度不变，即中间这一层称为中性层。材料弯曲部分的断面虽然发生了拉伸和压缩，但其断面面积保持不变。

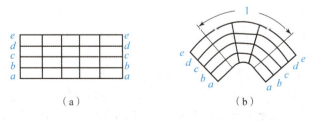

图 5-6-4 钢板弯曲前后的情况
(a) 弯曲前；(b) 弯曲后

经过弯曲的工件越靠近材料的表面，金属变形越严重，也就越容易出现拉裂或压裂现象。弯曲半径越小，外层材料变形越大。为了防止弯曲件拉裂，必须限制工件的弯曲半径，使它大于导致材料开裂的临界弯曲半径——最小弯曲半径。实验证明，当弯曲半径大于 2 倍材料厚度时，一般就不会被弯裂。如果工件的弯曲半径比较小，则应该分两次或多次弯曲，中间进行退火。

材料弯曲变形是塑性变形，但是不可避免地有弹性变形存在。工件弯曲后，由于弹性变形的恢复，使得弯曲角度和弯曲半径发生变化，这种现象称为"回弹"。利用胎具、模具成批弯制工件时，要多弯过一些，以抵消工件的回弹。

当计算弯形前的毛坯长度时，分为直边部分与弯曲部分，以中性层的长度之和求得，如图 5-6-5 所示。

$$L = a + b + 2\pi\alpha/360(R + \lambda t)$$

式中：L——制件展开长度，mm；

a，b——制件直边长度，mm；

R——制件弯曲半径，mm；

α——工具要求的角度，(°)；

λ——层位移系数，如表 5-6-1 所示。

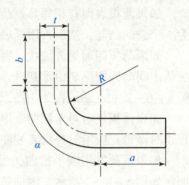

图 5-6-5 中性层长度之和

表 5-6-1 层位移系数

	R/t	0.5 以下	0.5~1.5	1.5~3.0	3.0~5.0	5.0 以上
V 形弯曲	λ	0.2	0.3	0.33	0.4	0.5
U 形弯曲	R/t	0.5 以下	0.5~1.5	1.5~3.0	3.0~5.0	5.0 以上
	λ	0.25~0.3	0.33	0.4	0.4	0.5

知识模块四 弯形的方法

将坯料弯成所需形状的加工方法称为弯形，弯形分热弯和冷弯两种，热弯是将材料预热后进行弯曲成形，冷弯则是将材料在室温下进行弯曲成形。按加工手段不同，弯形分机械弯形和手工弯形两种，钳工主要进行手工弯形。

1. 弯制钢板

（1）弯制直角形零件。对材料厚度小于 5 mm 的直角形零件，可在台虎钳上进行弯曲成形。

将划好线的零件与软钳口平线夹紧，锤击后成形即得。弯制各种多直角零件时，可用适当尺寸的垫块作辅助工具，分步进行弯曲成形。对图 5-6-6（a）所示零件，可按图 5-6-6（b）~图 5-6-6（d）所示三个步骤进行弯曲成形。

（2）弯制圆弧形零件。弯制如图 5-6-7（a）所示半圆形抱箍时，先在坯料弯曲处划好线，按划线将工件夹在台虎钳两角铁衬垫之间，用方头锤子的窄头，经过图 5-6-7（b）~图 5-6-7（d）所示三步锤击初步成形，然后用如图 5-6-7（e）所示半圆形模修整圆弧，使其符合要求。

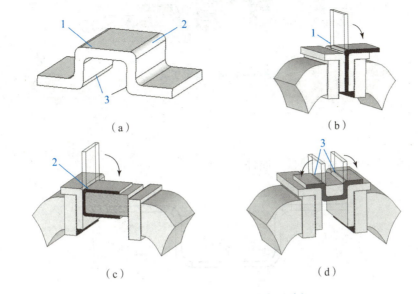

图 5-6-6 多直角形零件弯形过程
1—夹持板料的部分；2—弯制零件的凸起部分；3—弯制零件的边缘部分

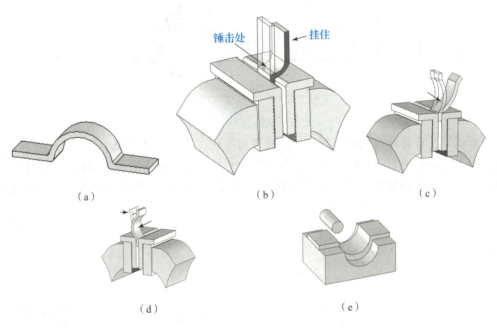

图 5-6-7 圆弧形零件的弯形过程

2. 弯制管件

直径大于 12 mm 的管子一般采用热弯，直径小于 12 mm 的管子则采用冷弯。弯曲前必须向管内灌满干黄沙，并用轴向带小孔的木塞堵住管口，以防止弯曲部位发生凹瘪缺陷。焊管弯曲时，应注意将焊缝放在中性层位置，防止弯形开裂。手工弯管通常在专用工具上进行，如图 5-6-8 所示。

第五单元　钳工操作　211

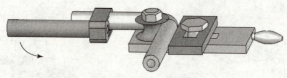

图 5-6-8 弯管工具

任务实施

完成如图 5-6-9 所示的薄板弯曲件。

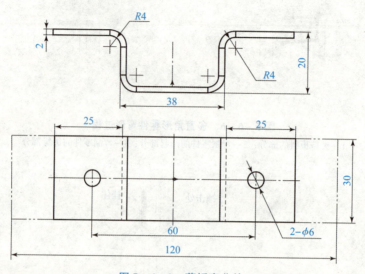

图 5-6-9 薄板弯曲件

分析图纸，计算弯曲前展开面积并完成下料工作。本制件厚度较小，整体尺寸不大，可在台虎钳上弯曲成形。将划好线的零件与软钳口平线夹紧，锤击后成形即得。弯曲多直角位置时，用与弯曲圆角相适应尺寸的垫块作辅助工具，分步进行弯曲，按图 5-6-6（b）~图 5-6-6（d）所示三个步骤进行弯曲成形。

任务评价

考核评价

评价项目	评价内容	分值/分	自评 20%	互评 20%	师评 60%	合计
职业素养 40 分	爱岗敬业，安全意识，责任意识，服从意识	10				
	积极参加任务活动，按时完成工作任务	10				
	团队合作，交流沟通能力，集体主义精神	10				
	劳动纪律，职业道德	5				
	现场 6S 标准，行为规范	5				

续表

评价项目	评价内容	分值/分	自评20%	互评20%	师评60%	合计
专业能力 60分	专业资料检索能力	10				
	制订计划和执行能力	10				
	操作符合规范，精益求精	15				
	工作效率，分工协作	10				
	任务验收质量，质量意识	15				
	合计	100				
创新能力 加分20分	创新性思维和行动	20				
	总计	120				

教师签名：　　　　　　　　　　　　　　　　　　学生签名：

钳工操作安全规范

1. 钻床安全操作规程

（1）工作前，对所用钻床和工、夹、量具进行全面检查，确认无误后方可操作。

（2）工件装夹必须牢固可靠。钻小孔时，应用工具夹持，不准用手拿。工作中严禁戴手套。

（3）使用自动走刀时，要选好进给速度，调整好限位块。手动进刀时，一般按照逐渐增压和逐渐减压的原则进行，以免增压过猛造成事故。

（4）钻头上绕有长铁屑时，要停车清除。禁止用风吹、手拉，要用刷子或铁钩清除。

（5）精铰深孔，拔取测量用具时不可用力过猛，以免手撞在刀具上。

（6）不准在旋转的刀具下翻转、卡压或测量工件；手不准触摸旋转的刀具。

（7）摇臂钻的横臂回转范围内不准有障碍物。工作前，横臂必须夹紧。

（8）横臂和工作台上不准有浮放物件。

（9）工作结束后，将横臂降到最低位置，主轴箱靠近立柱，并且都要夹紧。

2. 钳工常用工具安全操作规程

1）钳工台

（1）钳工台一般必须紧靠墙壁，人站在一面工作，对面不准站人。如大型钳工台对面有人工作，钳工台上必须设置密度适当的安全网。钳工台必须安装牢固，不得作铁砧用。

(2) 钳工台上使用的照明电压不得超过 36 V。

(3) 钳工台上的杂物要及时清理，工具和工件要放在指定地方。

2) 锤子

(1) 锤柄必须用硬质木料做成，大小、长短要适宜，锤柄应有适当的斜度，锤头上必须加铁楔，以免工作时甩掉锤头。

(2) 两人击锤，站立的位置要错开方向。扶钳、打锤要稳，落锤要准，动作要协调，以免击伤对方。

(3) 使用前，应检查锤柄与锤头是否松动，是否有裂纹，锤头上是否有卷边或毛刺。如有缺陷，则必须修好后方能使用。

(4) 手上、锤柄上、锤头上有油污时，必须擦净后才能进行操作。

(5) 锤头热处理要适当，不能直接打硬钢及淬火的零件，以免崩裂伤人。抡大锤时，对面和后面不准站人，要注意周围的安全。

3) 錾子

(1) 不要用高速钢做扁铲和冲子，以免崩裂伤人。

(2) 柄上、顶端切勿沾油，以免打滑；不准对着人铲工件，以防铁屑崩出伤人。

(3) 顶部如有卷边时，要及时修磨，消除隐患；有裂纹时，不准使用。

(4) 工作时，视线应集中在工件上，不要向四周观望或与他人闲谈。

(5) 不得铲、冲淬火材料。

(6) 錾子不得短于 150 mm；刃部淬火要适当，不能过硬；使用时要保持适当的角度；不准用废钻头代替錾子。

4) 锉刀、刮刀

(1) 木柄须装有金属箍，禁止使用没有上手柄或手柄松动的锉刀和刮刀。

(2) 锉刀、刮刀杆不准淬火，使用前要仔细检查有无裂纹，以防折断发生事故。

(3) 推锉要平，压力与速度要适当，回拖要轻，以防发生事故。

(4) 锉刀、刮刀不能当手锤、撬棒或冲子使用，以防折断。

(5) 工件或刀具上有油污时，要及时擦净，以防打滑。

(6) 使用三角刮刀时，应握住木柄进行工作。工作完毕后应把刮刀装入套内，并妥善保管。

(7) 使用半圆刮刀时，刮削方向禁止站人，以防止刀滑出伤人。

(8) 清除铁屑时应用专用工具，不准用嘴吹或用手擦。

5) 手锯

(1) 工件必须夹紧，不准松动，以防锯条折断伤人。

(2) 锯要靠近钳口，方向要正确，压力与速度要适宜。

(3) 安装锯条时松紧程度要适当，方向要正确，不准歪斜。

(4) 工件将要锯断时要轻轻用力，以防压断锯条或者工件落下伤人。

6) 电钻及一般电动工具

(1) 使用的电钻必须装设额定漏电电流不大于 15 mA、动作时间不大于 0.1 s 的自保式触电保安器。

(2) 使用电钻时要找电工接线，严禁私自乱接。

(3) 电钻外壳必须有接地线或者接中性线保护。

(4) 电钻导线要保护好，严禁乱拖，以防轧坏、割破，更不准把电线拖到油水中，以防油水腐蚀电线。

(5) 使用时一定要戴胶皮手套、穿胶鞋，在潮湿的地方工作时必须站在橡皮垫或干燥的木板上工作，以防触电。

(6) 使用当中如发现电钻漏电、振动、高热或有异声时，应立即停止工作，找电工检查修理。

(7) 电钻未完全停止转动时不能卸、换钻头。

(8) 停电、休息或离开工作地时，应立即切断电源。

(9) 用力压电钻时必须使电钻垂直于工件表面，固定端要特别牢固。

(10) 胶皮手套等绝缘用品不许随便乱放，工作完毕时后应将电钻及绝缘用品一并放到指定地方。

7) 风动砂轮

(1) 工作前必须穿戴好防护用品。

(2) 启动前，首先检查砂轮及其防护装置是否完好正常、风管连接处是否牢固，最好先启动一下，马上关上，待确定转子没有问题后再使用。

(3) 使用砂轮打磨工件时，应待空转正常后由轻而重拿稳拿妥、均匀使力，但压力不能过大或猛力磕碰，以免砂轮破裂伤人。

(4) 打磨工件时砂轮转动两侧方向不准站人，以免迸溅伤人。

(5) 工作完毕后关掉阀门，把砂轮机摆放到干燥安全的地方，以免砂轮受潮，再用时破裂伤人。

(6) 禁止随便开动砂轮或用其他物件敲打砂轮。换砂轮时，要检查砂轮有无裂纹，要垫平夹牢，不准用不合格的砂轮。砂轮完全停转后才能用刷子清理。

(7) 风动砂轮机要由专人负责保管，定期检修。

3. 设备维修安全技术规程

(1) 机械设备运转时不能用手接触运动部件或进行调整，必须在停车后才能进行检查。

(2) 任何设备在操作、维修或调整前都应先看懂说明书，不熟悉的设备不得随便开动。

(3) 维修拆卸设备及拆卸和清洗电动机、电器时必须先切除电源，严禁带电作业。

(4) 拆修高压容器时必须先打开所有放泄阀，放掉余下的高压气、液体。

(5) 修理天车或进行高空作业时必须先扎好安全带。

(6) 新安装或修理好的设备试车时危险部位要加安全罩，必要时要加防护网或防护栏杆。

 思考与练习

一、思考题

1. 麻花钻各组成部分的名称及作用？钻头有哪几个主要角度？标准顶角是多少度？
2. 钻孔时，选择转速、进给量的原则是什么？
3. 钻孔、扩孔与铰孔各有什么区别？
4. 什么是划线基准？如何选择划线基准？
5. 锯齿的前角、楔角、后角约为多少度？锯条反装后，这些角度有何变化？对锯削有何影响？
6. 锉刀的种类有哪些？钳工锉刀如何分类？
7. 怎样正确采用顺向锉法、交叉锉法和推锉法？
8. 如何根据材料硬、软程度选择錾子的楔角？
9. 錾削中的安全注意事项有哪些？
10. 攻螺纹、套螺纹操作中要注意什么问题？
11. 刮削有什么特点和用途？刮削后表面精度怎样检查？

二、练习题

1. 有哪几种起锯方式？起锯时应注意哪些问题？
2. 锉平工件的操作要领是什么？
3. 攻螺纹前的底孔直径如何计算？
4. 套螺纹前的圆杆直径怎样确定？

第六单元 焊工基本操作

项目学习要点：
　　了解焊接成形方法的特点、分类及应用；了解手工电弧焊和气焊所用设备、工具的结构、工作原理及使用方法；掌握常用焊接接头形式和坡口形式及施焊方法；了解其他常用焊接方法（埋弧自动焊、气体保护焊、电阻焊、钎焊等）的特点和应用等。

项目技能目标：
　　通过本单元的学习，读者应该掌握手工电弧焊的基本操作方法；熟悉气焊的基本操作方法；能正确选择焊接电流及调整火焰，独立完成手工电弧焊和气焊的平焊操作。

项目一　手工电弧焊

任务引入

1. 中厚板的板 – 板对接焊接

完成如图 6 – 1 – 1 所示中厚板的板 – 板对接焊接，材料牌号：Q235；试件尺寸：300 mm × 200 mm × 14 mm；坡口尺寸：60°V 形坡口；焊接位置：平焊；焊接要求：单面焊双面成形；焊接材料：E4315；焊机：ZX7 – 400。

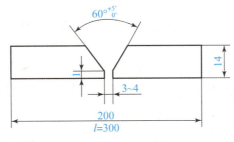

图 6 – 1 – 1　试件及坡口尺寸

2. 骑座式管板角接手弧焊

完成如图 6 – 1 – 2 所示骑座式管板件焊接操作，试件材料牌号：20 钢；焊接位置：垂直俯位；焊接要求：单面焊双面成形；焊接材料：E5015（E4315）；焊机：ZX5 – 400 或 ZX7 – 400。

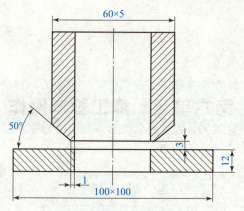

图 6-1-2 骑座式管板试件及坡口尺寸

知识链接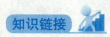

焊接是利用加热或加压（或加热和加压）方式，借助于金属原子的结合与扩散，使分离的两部分金属牢固、永久地结合起来的工艺。焊接方法可以拼小成大，还可以与铸、锻、冲压结合成复合工艺生产大型复杂件，主要用于制造金属构件，如锅炉、压力容器、管道、车辆、船舶、桥梁、飞机、火箭、起重机、海洋设备、冶金设备等。

焊接的方法及种类很多，按照焊接过程的特点可分为以下三大类：

（1）熔化焊：它是利用局部加热的方法，将工件的焊接处加热到熔化态，形成熔池，然后冷却结晶，形成焊缝。熔化焊是应用最广泛的焊接方法，如气焊（气体火焰为热源）、电弧焊（电弧为热源）、电渣焊（熔渣电阻热为热源）、激光焊（激光束为热源）、电子束焊（电子束为热源）、等离子弧焊（压缩电弧为热源）等。

（2）压力焊：在焊接过程中需要对焊件施加压力（加热或不加热）的一类焊接方法，如电阻焊、摩擦焊、扩散焊以及爆炸焊等。

（3）钎焊：利用熔点比母材低的填充金属熔化后，填充接头间隙并与固态的母材相互扩散，实现连接的焊接方法，如软钎焊和硬钎焊。

知识模块一　电弧焊焊接设备与焊接材料

利用电弧作为热源，用手工操纵焊条进行焊接的方法称为手工电弧焊（也称焊条电弧焊）。由于手工电弧焊设备简单，维修容易，焊钳小，使用灵活，可以在室内、室外、高空和各种方位进行焊接，因此，它是焊接生产中应用最广泛的方法。

电弧焊机是焊接电弧的电源，可分为交流弧焊机和直流弧焊机两类。

1. 交流弧焊机

交流弧焊机简称弧焊变压器，如图 6-1-3 所示，实际上是一种特殊降压变压器，为了适应焊接电弧的特殊需要，电焊机应具有降压特性，这样才能使焊接过程稳定。它在未起弧时的空载电压为 50～90 V，起弧后自动降到 16～35 V，以满足电弧正常燃烧的需要。它能自动限制短路电流，不怕起弧时焊条与工件的接触短路，还能供给几十安到几百安焊接时所需的电流，并且这个焊接电流还可根据焊件的厚薄和焊条直径的大小来调节其数值。电流调节分初调和细调两级，初调用改变输出线头的接法来大范围调节，细调用摇动调节手柄改变电焊机内可动铁芯或可动线圈的位置来小范围调节。交流弧焊机结构简单、价格便宜、噪声小、使用可靠、维修方便；但电弧稳定性较差，有些种类的焊条使用受到限制。在我国，交流弧焊机使用非常广泛。

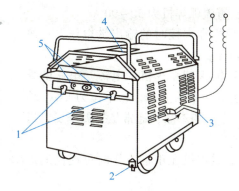

图 6-1-3　交流弧焊机

1—焊接电源两极（接工件和焊条）；2—接地螺钉；3—调节手柄（细调电流）；
4—电流指示盘；5—线圈抽头（粗调电流）

2. 直流弧焊机

直流弧焊机常用的有旋转式（发电机式）和整流式两类。

旋转式直流弧焊机又称弧焊发电机，如图 6-1-4 所示。它由一台三相感应电动机和一台直流弧焊发电机组成，能获得稳定的直流焊接电流，引弧容易、电弧稳定、焊接质量较好，能适应各种焊条焊接；但结构复杂、耗电量大，现已不再生产。

图 6-1-4　旋转式直流弧焊机

1—外接电源；2—焊接电源两极（接工件和焊条）；3—接地螺钉；4—正极抽头（粗调电流）；
5—直流发电机；6—电流指示盘；7—调节手柄（细调电流）；8—交流电动机

整流式直流弧焊机称为弧焊整流器，如图 6-1-5 所示，用大功率硅整流原件组成整流器，将交流电变为直流焊接电流，没有旋转部分，结构较旋转式简单，电弧稳定性好，噪声很小，维修简单。

3. 电弧焊机的基本技术参数

电弧焊机的基本技术参数一般标注在焊机的铭牌上，主要参数如下：

(1) 初级电压是指弧焊机所要求的电源电压。一般交流弧焊机为 220 V 或 380 V（单相），直流弧焊机为 380 V（三相）。

(2) 空载电压是指弧焊机在未焊接时的输出端电压。一般交流弧焊机为 60~80 V，直流弧焊机为 50~90 V。

(3) 工作电压是指弧焊机在焊接时的输出端电压。一般弧焊机的工作电压为 20~40 V。

(4) 输入容量是指网路输入到弧焊机的电流与电压的乘积，它表示弧焊变压器传递电功率的能力，其单位为 kW。功率是旋转式直流弧焊机的一个主要参数，通常是指弧焊发电机的输出功率，单位是 kW。

(5) 电流调节范围是指弧焊机在正常工作时可提供的焊接电流范围。

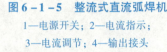

图 6-1-5 整流式直流弧焊机
1—电源开关；2—电流指示；
3—电流调节；4—输出接头

(6) 负载持续率是指电弧焊机在断续工作方式时负载工作时间与整个周期之比值的百分率。在负载持续（连续工作）的工作状态下，焊机许用电流值要小些，相反则可允许使用较大的电流。

4. 焊条

焊条是手工电弧焊用的主要焊接材料，由焊芯和药皮组成，如图 6-1-6 所示。

图 6-1-6 焊条

1）焊芯

焊芯采用焊接专用金属丝。结构钢焊条一般含碳量低，有害杂质少，含有一定的合金元素，如 H08A 等。

焊芯的作用，一是作为电极传导电流；二是其熔化后成为填充金属，与熔化的母材共同组成焊缝金属。因此，可以通过焊芯调整焊缝金属的化学成分。

2）药皮

药皮是压涂在焊芯表面上的涂料层，原材料有矿石、铁合金、有机物和化工产品等。表 6-1-1 所示为结构钢焊条药皮配方示例。

表 6-1-1 结构钢焊条药皮配方示例   %

焊条牌号	人造金红石	钛白粉	大理石	萤石	长石	菱苦土	白泥	钛铁	45硅铁	硅锰合金	纯碱	云母
J422	30	8	12.4	8.6	7	14	12					7
J507	5		45	25				13	3	7.5	1	2

药皮的主要作用有以下几点：

（1）改善焊接工艺性。如药皮中含有稳弧剂，使电弧易于引燃和保持燃烧稳定。

（2）对焊接区起保护作用。药皮中含有造渣剂、造气剂等，产生的气体和熔渣对焊缝金属起到双重保护作用。

（3）起冶金处理作用。药皮中含有脱氧剂、合金剂、稀渣剂等，使熔化金属顺利进行脱氧、脱硫、去氢等冶金化学反应，并补充被烧损的合金元素。

3）焊条的种类、型号与牌号

（1）焊条的分类。焊条按用途不同分为十大类：结构钢焊条、钼和铬钼耐热钢焊条、低温钢焊条、不锈钢焊条、堆焊焊条、铸铁焊条、镍及镍合金焊条、铜及铜合金焊条、铝及铝合金焊条及特殊用途焊条等。其中结构钢焊条分为碳钢焊条和低合金钢焊条两种。

结构钢焊条按药皮性质不同可分为酸性焊条和碱性焊条两种，酸性焊条的药皮中含有大量的酸性氧化物（SiO_2、MnO_2 等），碱性焊条药皮中含大量的碱性氧化物（如 CaO 和萤石 CaF_2）。由于碱性焊条药皮中不含有机物，药皮产生的保护气氛中氢含量极少，所以又称为低氢焊条。

（2）焊条的型号与牌号。焊条型号是国家标准中规定的焊条代号。焊接结构件生产中应用最广的碳钢焊条和低合金钢焊条的型号标准见 GB/T 5117—1995 和 GB/T 5118—1995。国家标准规定，碳钢焊条型号由字母 E 和四位数字组成，如 E4303、E5016、E5017 等，其含义如下：

①"E"表示焊条，前两位数字表示熔敷金属的最小抗拉强度，单位为 MPa。

②第三位数字表示焊条的焊接位置，"0"及"1"表示焊条适于全位置焊接（平、立、仰、横）；"2"表示只适于平焊和平角焊；"4"表示向下立焊。

③第三位和第四位数字组合时表示焊接电流种类及药皮类型，如"03"为钛钙型药皮，交流或直流正、反接；"15"为低氢钠型药皮，直流反接；"16"为低氢钾型药皮，交流或直流反接。

④焊条牌号是焊条生产行业统一的焊条代号。焊条牌号用一个大写汉语拼音字母和三个数字表示，如 J422、J507 等。拼音表示焊条的大类，如"J"表示结构钢焊条，"Z"表示铸铁焊条；前两位数字代表焊缝金属抗拉强度等级，单位为 MPa；末位数字表示焊条的药皮类型和焊接电源种类，1~5 为酸性焊条，6、7 为碱性焊条，如表 6-1-2 所示。

表 6-1-2 焊条药皮类型与电源种类

编号	1	2	3	4	5	6	7	8
药皮类型和电源种类	钛型，直流或交流	钛钙型，交、直流	钛铁型，交、直流	氧化铁型，交、直流	纤维素型，交、直流	低氢钾型，交、直流	低氢钠型，直流	石墨型，交、直流

4）酸性焊条与碱性焊条的对比

酸性焊条与碱性焊条在焊接工艺性和焊接性能方面有许多不同，使用时要注意区别，不可以随便用酸性焊条替代碱性焊条。两者对比有以下特点：

（1）从焊缝金属力学性能考虑，碱性焊条焊缝金属的力学性能好，酸性焊条焊缝金属的塑性、韧性较低，抗裂性较差。这是因为碱性焊条的药皮含有较多的合金元素，且有害元素（硫、磷、氢、氮、氧等）比酸性焊条含量少，故焊缝金属力学性能好，尤其是冲击韧度较好、抗裂性好，适于焊接承受交变冲击载荷的重要结构钢件和几何形状复杂、刚度大、易裂钢件；酸性焊条的药皮熔渣氧化性强，合金元素易烧损，焊缝中氢、硫等含量较高，故只适于普通结构钢件的焊接。

（2）从焊接工艺性考虑，酸性焊条稳弧性好，飞溅小，易脱渣，对油污、水锈的敏感性小，可采用交、直流电流，焊接工艺性好；碱性焊条稳弧性差，飞溅大，对油污、水锈敏感，焊接电源多要求直流，焊接烟雾有毒，要求现场进行通风和防护，焊接工艺性较差。

（3）从经济性考虑，碱性焊条的价格高于酸性焊条。

5）焊条的选用原则

焊条的选用是否恰当将直接影响焊接质量、劳动生产率和产品成本，通常遵循以下基本原则。

（1）等强度原则，应使焊缝金属与母材具有相同的使用性能。

焊接低、中碳钢或低合金钢的结构件，按照"等强"原则，选择强度级别相同的结构钢焊条。

（2）若无等强要求，则选择强度级别较低、焊接工艺性好的焊条。

（3）焊接特殊性能钢（不锈钢、耐热钢等）和非铁金属，按照"同成分""等强度"原则，选择与母材化学成分、强度级别相同或相近的各类焊条。在焊补灰铸铁时，应选择相适应的铸铁焊条。

知识模块二　常用焊接工具

常用的焊接工具有以下几种。

1. 电焊钳

电焊钳的功用是夹紧焊条和传导电流，应具有良好的导电性，不易发热，重量轻，夹持焊条牢固，更换方便等。常用规格有 300 A 和 500 A 两种。

使用时，应防止摔碰，经常检查焊钳与焊接电缆连接是否紧固、手把绝缘是否良好；钳口上的熔渣、飞溅等要经常清除，以减少电阻，降低发热量；严禁将焊钳浸入水中冷却，要备用焊钳轮换使用，以免烫手。

2. 焊接电缆及快速接头

焊接电缆的作用是传导焊接电流，它应柔软易弯，具有良好的导电性能与绝缘性能，在使用时应按使用的电流大小来选择，禁止拖拉、砸碰造成绝缘保护层破损。通常焊接电缆的长度不应超过 20~30 m，且中间接头不应多于两个，连接头外套应保证绝缘可靠，最好采用快速接头。

快速接头是一种快速方便地使焊接电缆与焊机相连接或接长焊接电缆的专用器具，它应具有良好的导电性能和外套绝缘性能，使用中不易松动，保证接触良好、安全可靠，禁止砸碰。

3. 面罩及护目玻璃

面罩用来保护焊工头部及颈部免受强烈弧光及金属飞溅的灼伤，分为头戴式与手持式两种，要求重量轻、使用方便，并应有一定的防撞击能力。

护目玻璃用来减弱弧光强度、吸收大部分红外线与紫外线，以保护焊工眼睛免受弧光伤害。护目镜片的颜色及深浅应按焊接电流的大小来进行选择，见表6-1-3，过深与过浅都不利于工作和保护。

面罩不得漏光，使用时应避免碰撞，禁止作承载工具使用。

表6-1-3 护目镜件规格

色　号	适用电流/A	尺寸/mm³
7~8	≤100	2×50×107
9~10	100~300	2×50×107
11~12	≥300	2×50×107

4. 焊条保温筒和干燥筒

保温筒是利用焊机二次电压来加热存和放焊条的，以达到防潮的目的；而干燥筒是利用筒内干燥剂的吸潮作用来防止使用中的焊条受潮的。虽其原理不同，但目的一致，都是为了防止现场施工时焊条受潮。

保温筒分立式、卧式和背包式三种，存放的焊条重有2.5 kg与5 kg两种，工作温度为60~300 ℃，使用时必须盖紧筒盖，且随用随取，防止摔跌。对于干燥筒，应在干燥剂变红时烘干，使之变蓝后才能承装焊条。

5. 辅助工具

焊接时常用的辅助工具有以下几种。

（1）角向磨光机：主要用来打磨坡口和焊缝接头或修磨焊接缺陷的一种电动工具。不得在强力或有冲击的场合使用，严禁提拉电缆。其型号按砂轮片的直径来编制，砂轮片直径越大，电动机功率也越大。

（2）电动磨头：它也具有角向磨光机的功能，不过磨头较小，易实现细小部位的磨削。其易产生切屑飞出伤人，使用时应加强自身及他人的防护；刀具更换时应夹紧，严禁使用已弯曲的刀具。

（3）气动刮铲和针束打渣除锈器：其功能主要是除锈、打渣，结构轻巧灵活，后坐力小，方便安全，其突出优点是大大降低了焊渣清除过程中的飞溅和劳动强度。

知识模块三　焊接工艺

1. 焊接接头与坡口形式

（1）接头形式：根据焊件厚度和工作条件的不同，需要采用不同的焊接接头形式，常用的有对接、搭接、角接和T字接几种，如图6-1-7所示。对接接头受力比较均匀，是用得最多的一种，重要的受力焊缝应尽量选用。

（2）坡口形式：手弧焊的熔深一般为2~5 mm，工件较薄时，可以采用单面焊或双面焊把工件焊透；工件较厚时，为了保证焊透，工件需要开坡口。常用的坡口形式有I形坡口、V形坡口、X形坡口和U形坡口等。图6-1-8所示为对接接头的坡口形式。为了便于施焊和防止焊穿，坡口的下部要留有2 mm的直边，称为钝边。

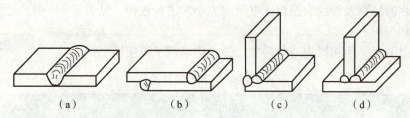

图6-1-7 焊接接头形式

(a) 对接；(b) 搭接；(c) 角接；(d) T字接

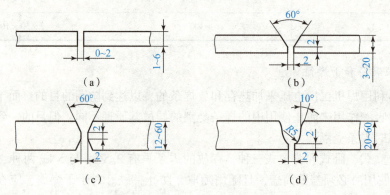

图6-1-8 对接接头的坡口形式

(a) I形坡口；(b) V形坡口；(c) X形坡口；(d) U形坡口

坡口形式一般主要根据板厚参考图6-1-8来进行选择。根据实际施焊的可能性，I形坡口、V形坡口、U形坡口采取单面焊或双面焊均可焊透，如图6-1-9所示。当然，工件一定要焊透时，在条件允许的情况下，应尽量采用双面焊，因为双面焊容易保证焊透。

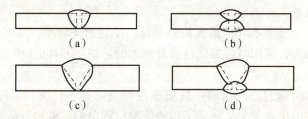

图6-1-9 单面焊和双面焊

(a) I形坡口单面焊；(b) I形坡口双面焊；(c) V形坡口单面焊；(d) V形坡口双面焊

工件较厚时，要采用多层焊才能焊满坡口，如图6-1-10(a)所示。如果坡口较宽，同一层中还可采用多道焊，如图6-1-10(b)所示。在进行多层焊时，要保证焊缝根部焊透，并且每焊完一道后必须仔细检查、清理，才能施焊下一道，以防止产生夹渣、未焊透等缺陷。焊接层数应以每层厚度小于4～5 mm的原则确定，当每层厚度为焊条直径的0.8～1.2倍时，生产率较高。

2. 焊接位置

熔焊时，焊件接缝所处的空间位置称为焊接位置，分为平焊、立焊、横焊和仰焊位置等。对接接头的各种焊接位置如图6-1-11所示。平焊操作生产率高，劳动条件好，焊接质量容易保证。因此，应尽量放在平焊的位置施焊。

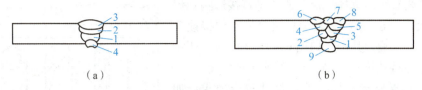

图 6-1-10 对接 V 形坡口的多层焊
(a) 多层焊；(b) 多层多道焊

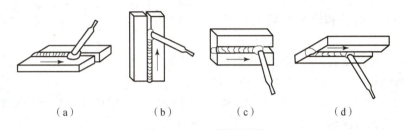

图 6-1-11 焊接位置
(a) 平焊；(b) 立焊；(c) 横焊；(d) 仰焊

3. 焊接工艺参数

焊接工艺参数是焊接时为保证焊接质量而选定的诸物理量（如焊接电流、电弧电压、焊接速度等）的总称。手工电弧焊的焊接工艺参数包括焊条直径、焊接电流、电弧电压、焊接速度和焊接层数等。焊接工艺参数选择是否合适，对焊接质量和生产率都有很大的影响。手工电弧焊焊接工艺参数的选择，一般先根据焊件厚度选择焊条直径（参考表 6-1-4）。多层焊的第一道焊缝及非水平位置施焊的焊条均应选用直径较小的焊条。

表 6-1-4 焊条直径的选择　　　　　　　　　　mm

焊件厚度	2	3	4~7	8~12	>12
焊条直径	1.6, 2.0	2.5, 3.2	3.2, 4.0	4.0, 5.0	4.0~6.0

通常应根据焊条直径选择焊接电流，一般情况下，可参考下面的经验公式进行选择：

$$I = (30 \sim 55)d$$

式中：I——焊接电流，A；

d——焊条直径，mm。

应当指出，按此公式求得的焊接电流只是一个大概数值，实际工作时还要考虑焊件厚度、接头形式、焊接位置和焊条种类等因素，通过试焊来调整和确定焊接电流的大小。非水平位置焊接时，焊接电流一般应小些（减少 10%~20%）。

手工电弧焊的电弧电压由电弧长度决定。电弧长，电弧电压高；电弧短，电弧电压低。电弧过长时，燃烧不稳定，熔深减小，容易产生焊接缺陷。因此，焊接时应力求使用短弧焊接。一般情况下，要求电弧长度不超过所选焊条直径，多为 2~4 mm。用碱性焊条进行焊接时，应比酸性焊条弧长更短些。

焊接速度是指单位时间内完成的焊缝长度。手工电弧焊时，一般不规定焊接速度，由焊工凭经验来掌握。在焊接过程中，焊接速度应均匀合适，既要保证焊透，又要避免烧穿，同时还要使焊缝外形尺寸符合要求。

焊接工艺参数的选择是否合适，将直接影响到焊缝外部形状。图6-1-12表示焊接电流和焊接速度对焊缝形状的影响。其中，如图6-1-12（a）所示焊接电流和焊接速度都合适，焊缝到母材过渡平滑，焊波均匀并呈椭圆形，焊缝外形尺寸符合要求；如图6-1-12（b）所示焊接电流太小，电弧吹力小，熔池液态金属不易流开，焊波变圆，焊缝到母材过渡突然，余高增大，熔宽和熔深均减小；如图6-1-12（c）所示焊接电流太大，焊条熔化过快，尾部发红，飞溅增多，焊波变尖，熔宽和熔深都增加，焊缝出现下塌，两侧易产生咬边，焊件较薄时有烧穿的可能；如图6-1-12（d）所示焊接速度太慢，焊波变圆，余高、熔宽和熔深均增加，若焊件较薄，则容易烧穿；如图6-1-12（e）所示焊接速度太快，焊波变尖，熔深浅，焊缝窄而低。

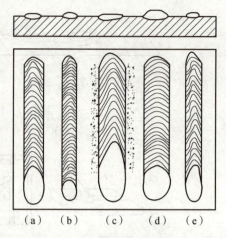

图6-1-12 电流和焊速对焊缝形状的影响

知识模块四　焊接方法与操作

手工电弧焊的操作过程包括：引燃电弧、送进焊条和沿焊缝移动焊条。手工电弧焊的焊接过程如图6-1-13所示。电弧在焊条与工件（母材）之间燃烧，电弧热使母材熔化形成熔池，焊条金属芯熔化并以熔滴形式借助重力和电弧吹力进入熔池，燃烧、熔化的药皮进入熔池成为熔渣浮在熔池表面，保护熔池不受空气侵害。药皮分解产生的气体环绕在电弧周围，隔绝空气，以保护电弧、熔滴和熔池金属。当焊条向前移动，新的母材熔化时，原熔池和熔渣凝固，形成焊缝和渣壳。

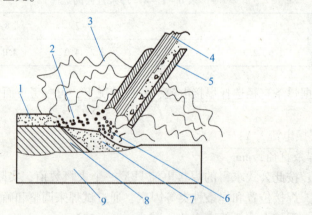

图6-1-13 手工电弧焊过程示意图

1—固态渣壳；2—液态熔渣；3—气体；4—焊条芯；5—焊条药皮；6—金属熔滴；7—熔池；8—焊缝；9—工件

1. 焊接电弧

（1）电弧的产生。电弧是在焊条（电极）和工件（电极）之间产生的强烈、稳定而持久的气体放电现象。先将焊条与工件相接触，瞬间有强大的电流流经焊条与焊件接触点，产生强烈的电阻热，并将焊条与工件表面加热到熔化，甚至蒸发、汽化。电弧引燃后，弧柱中充满了高温电离气体，放出大量的热和光。

(2) 焊接电弧的结构。电弧由阴极区、阳极区和弧柱区三部分组成，其结构如图 6-1-14 所示。阴极是电子供应区，温度约 2 400 K；阳极为电子轰击区，温度约 2 600 K；弧柱区位于阴、阳两极之间的区域。对于直流电焊机，工件接阳极、焊条接阴极称为正接，而工件接阴极、焊条接阳极称为反接。

为保证顺利引弧，焊接电源的空载电压（引弧电压）应是电弧电压的 1.8～2.25 倍，电弧稳定燃烧时所需的电弧电压（工作电压）为 29～45 V。

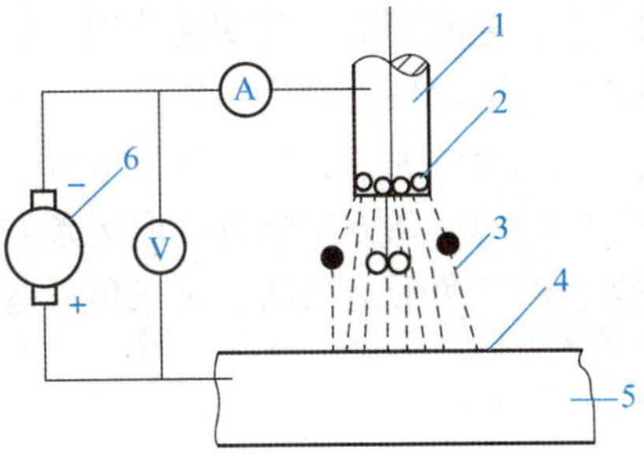

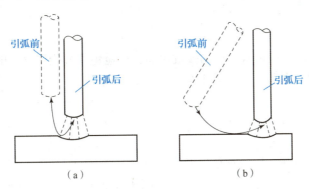

图 6-1-14　焊接电弧示意图
1—焊条；2—阴极区；3—弧柱区；
4—阳极区；5—工件；6—电焊机

2. 引弧操作

使焊条和焊件之间产生稳定电弧的过程称为引弧。引弧时，先将焊条引弧端接触焊件，形成短路，然后迅速将焊条向上提起 2～4 mm，电弧即可引燃。常用的引弧方法有敲击法和划擦法两种，如图 6-1-15 所示。

图 6-1-15　引弧方法
(a) 敲击法；(b) 划擦法

引弧操作应注意以下几点。

(1) 焊条经敲击或划擦后要迅速提起，否则易粘住焊件，产生短路。若发生粘条，可将焊条左右摇动后拉开。若拉不开，则要松开焊钳，切断电路，待焊条冷却后再做处理。

(2) 焊条不能提得过高，否则会燃而复灭。

(3) 如果焊条与焊件多次接触仍不能引弧，应将焊条在焊件上重击几下，清除端部绝缘物质（氧化铁、药皮等），以利于引弧。

3. 运条方法

当电弧引燃后，焊条要有三个基本方向的运动才能使焊缝良好成形。这三个方向的运动是：朝着熔池方向做逐渐送进运动，做横向摆动，沿着焊接方向逐渐移动，如图 6-1-16 所示。焊条朝着熔池方向做逐渐送进，主要是用来维持所要求的电弧长度。为了达到这个目的，焊条送进的速度应与焊条熔化的速度相同。焊条应以合理的焊接速度沿着焊接方向逐渐移动，同时焊条横向摆动主要是为了得

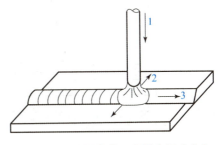

图 6-1-16　焊条的三个基本运动方向
1—焊条送进；2—焊条摆动；3—沿焊缝移动

到一定宽度的焊缝，其摆动范围与焊缝要求的宽度、焊条直径有关。摆动的范围越宽，则得到的焊缝宽度也就越大。在焊接生产实践中，焊工们根据不同的焊缝位置、不同的接头形式，以及考虑焊条直径、焊接电流、焊件厚度等各种因素，创造出许多摆动手法，即运条方法。常用的运条方法除直线形运条方法外，还有直线往复运条法、锯齿形运条法、月牙形运条法、斜三角形运条法、正三角形运条法和圆圈形运条法等，如图6-1-17所示。

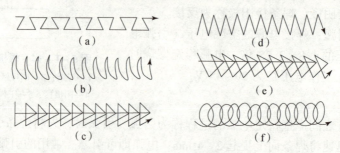

图 6-1-17 常用运条方法
(a) 直线往复；(b) 月牙形；(c) 正三角形；(d) 锯齿形；(e) 斜三角形；(f) 圆圈形

4. 焊缝的收尾

在一条焊缝焊完时，应把收尾处的弧坑填满，以避免焊缝收尾处强度减弱或造成应力集中而产生裂缝。一般收尾动作有以下几种。

（1）划圈收尾法：焊条移至焊缝终点时，做圆圈运动，直到填满弧坑再拉断电弧（见图6-1-18），此法适用于厚板收尾。

（2）反复断弧收尾法：焊条移至焊缝终点时，在弧坑处反复熄弧、引弧数次，直到填满弧坑为止（见图6-1-19）。此法一般适用于薄板和大电流焊接，但碱性焊条不宜使用此法，因为容易产生气孔。

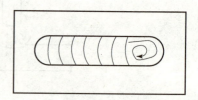

图 6-1-18 划圈收尾法

（3）回焊收尾法：焊条移至焊缝收尾处即停住，但未熄弧，此时适当改变焊条角度（见图6-1-20），焊条由位置1转到位置2，待填满弧坑后再转到位置3，然后慢慢拉断电弧，此法适用于碱性焊条。

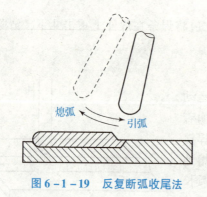

图 6-1-19 反复断弧收尾法

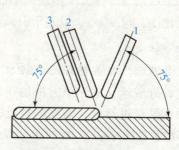

图 6-1-20 回焊收尾法

5. 焊缝的连接

手工电弧焊接时，由于受焊条长度的限制，不可能一根焊条完成一条焊缝，因而出现了焊缝前后两段的连接问题。焊缝连接接头的好坏不仅影响焊缝的外观，而且对整个焊缝的质量影响也较大。一般焊缝的连接如图6-1-21所示。其中，图6-1-21（a）所示为后焊焊缝的起头与先焊焊缝的结尾相接；图6-1-21（b）所示为后焊焊缝的起头与先焊焊缝的起头相接；图6-1-21（c）所示为后焊焊缝的结尾与先焊焊缝的结尾相接；图6-1-21（d）所示为后焊焊缝的结尾与先焊焊缝的起头相接。

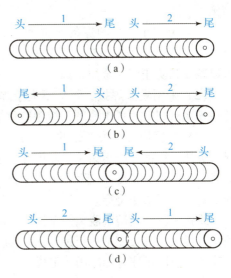

图6-1-21 焊缝的连接

6. 施焊方法

1）平焊

平焊是将对接接头在水平的位置上施焊的一种操作方法。图6-1-22所示为对接平焊的操作示意图。厚度4~6 mm的低碳钢板对接平焊的操作过程如下。

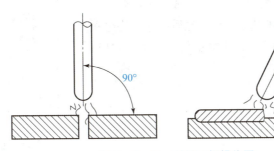

图6-1-22 对接平焊操作图

（1）坡口准备：钢板厚4~6 mm，可采用I形坡口。

（2）焊前清理：将焊件坡口表面、坡口两侧20~30 mm范围内的油污、铁锈、水分清除干净。

（3）组对：将两块钢板水平放置、对齐，留1~2 mm间隙，如图6-1-22所示。注意防止产生错边，错边的允许值应小于板厚的10%。

（4）定位焊：在钢板两端先焊上长10~15 mm的焊缝（称为定位焊缝），以固定两块钢板的相对位置。这种固定待焊焊件相对位置的焊接，称为定位焊。若钢板较长，则可每隔200~300 mm焊一小段定位焊缝。

（5）焊接：选择合适的工艺参数进行焊接，为使焊接可靠，应尽量采用双面焊。

（6）焊后清理：用钢丝刷等工具把焊渣和飞溅物等清理干净。

（7）外观检验：检查焊缝外形和尺寸是否符合要求，并检查有无其他焊接缺陷。

2）立焊

立焊是指对接接头在竖直位置上施焊的一种操作方法。图6-1-23所示为对接立焊的操作示意图。立焊有由下向上施焊和由上向下施焊两种方法，一般生产中常用由下向上施焊的立焊法。

立焊时由于熔化金属受重力的作用容易下淌，使焊缝成形产生困难，为此可采取以下措施。

(1) 采用小直径的焊条（直径 4 mm 以下）及较小的焊接电流（比平焊小10%~15%），这样熔池体积较小、冷却凝固快，可以减少和防止液体金属下淌。

(2) 采用短弧焊接，弧长不大于焊条直径，利用电弧吹气托住铁水，同时短弧也有利于焊条熔化金属向熔池中过渡。

(3) 根据焊接接头形式的特点和焊接过程中熔池温度的情况，灵活运用适当的运条法。厚度在 6 mm 以下的薄钢板对接立焊时，可采用I形坡口。除采取上述措施外，还可以采用跳弧法和灭弧法，以防止烧穿。

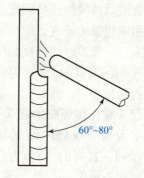

图 6-1-23 对接立焊操作

跳弧法就是当熔滴脱离焊条末端过渡到熔池后，立即将电弧向焊接方向提起，这时为不使空气侵入，其长度不应超过 6 mm（见图 6-1-24）。其目的是让熔化金属迅速冷却凝固，形成一个"台阶"，当熔池缩小到焊条直径的 1~1.5 倍时，再将电弧（或重新引弧）移到"台阶"上面，在"台阶"上形成一个新熔池。如此不断地重复熔化—冷却—凝固—再熔化的过程，就能由下向上形成一条焊缝。

灭弧法就是当熔滴从焊条末端过渡到熔池后，立即将电弧熄灭，使熔化金属有瞬时凝固的机会，随后重新在弧坑引燃电弧。灭弧时间在开始时可以短些，因为此时焊件还是冷的，随着焊接时间的延长，灭弧时间也要增加，以避免烧穿和产生焊瘤。

不论采用哪种方法焊接，起头时，当电弧引燃后应将电弧稍微拉长，以对焊缝端头稍有预热，随后再压低电弧进行正常焊接。

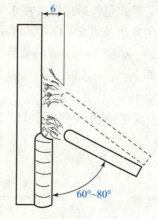

图 6-1-24 立焊跳弧法

 技能小贴士

1. 焊接出现气孔、咬边、未焊透、夹渣等缺陷的原因

焊接时，熔池中的气泡在凝固时未能逸出，残存下来形成的空穴叫气孔。

1) 产生原因

(1) 铁锈和水分：它们对熔池一方面有氧化作用，另一方面又带来大量的氢。

(2) 焊接方法：埋弧焊时由于焊缝大、焊缝厚度深，气体从熔池中逸出困难，故生成气孔的倾向比手弧焊大得多。

(3) 焊条种类：碱性焊条比酸性焊条对铁锈和水分的敏感性大得多，即在同样的铁锈和水分含量下，碱性焊条十分容易产生气孔。

(4) 电流种类和极性：当采用未经很好烘干的焊条进行焊接时，使用交流电源，焊缝最易出现气孔；直流正接气孔倾向较小；直流反接气孔倾向最小。采用碱性焊条时，一定要用直流反接，如果使用直流正接，则生成气孔的倾向显著加大。

(5) 焊接工艺参数：焊接速度增加、焊接电流增大、电弧电压升高都会使气孔倾向增加。

2) 防止方法

(1) 对手弧焊焊缝两侧各 10 mm、埋弧自动焊两侧各 20 mm 内，仔细清除焊件表面上的铁锈等污物。

（2）焊条、焊剂在焊前按规定严格烘干，并存放于保温桶中，做到随用随取。

（3）采用合适的焊接工艺参数，使用碱性焊条焊接时，一定要采用短弧焊。

2. 咬边

由于焊接参数选择不当，或操作工艺不正确，沿焊趾的母材部位产生的沟槽或凹陷叫咬边，如图6-1-25所示。

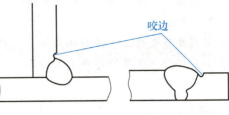

图6-1-25 咬边

1）产生原因

主要是由于焊接工艺参数选择不当、焊接电流太大、电弧过长、运条速度和焊条角度不适当等。

2）防止方法

选择正确的焊接电流及焊接速度，电弧不能拉得太长，掌握正确的运条方法和运条角度。埋弧焊时一般不会产生咬边。

3. 未焊透

焊接时接头根部未完全熔透的现象叫未焊透，如图6-1-26所示。

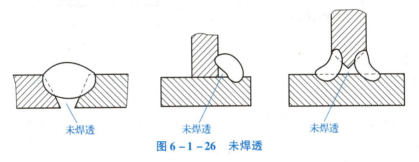

图6-1-26 未焊透

1）产生原因

焊缝坡口钝边过大，坡口角度太小，焊根未清理干净，间隙太小；焊条或焊丝角度不正确，电流过小，速度过快，弧长过大；焊接时有磁偏吹现象；电流过大，焊件金属尚未充分加热时，焊条已急剧熔化；层间或母材边缘的铁锈、氧化皮及油污等未清除干净，焊接位置不佳，焊接可达性不好等。

2）防止方法

正确选用和加工坡口尺寸，保证必需的装配间隙，正确选用焊接电流和焊接速度，认真操作，防止焊偏等。

4. 夹渣

焊后残留在焊缝中的熔渣叫夹渣，如图6-1-27所示。

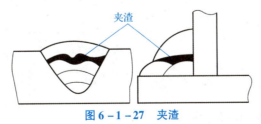

图6-1-27 夹渣

1）产生原因

焊接电流太小，以致液态金属和熔渣分不清；焊接速度过快，使熔渣来不及浮起；多层焊时，清渣不干净；焊缝成形系数过小；手弧焊时焊条角度不正确等。

2）防止方法

采用具有良好工艺性能的焊条；正确选用焊接电流和运条角度；焊件坡口角度不宜过小；多层焊时，认真做好清渣工作等。

任务实施

1. 中厚板的板—板对接焊接

1）试件尺寸及要求

零件名称：中厚板的板 – 板对接，如图 6 – 1 – 28 所示。

试件材料牌号：Q235。

试件尺寸：300 mm × 200 mm × 14 mm。

坡口尺寸：60°V 形坡口。

焊接位置：平焊。

焊接要求：单面焊双面成形。

焊接材料：E4315。

焊机：ZX7 – 400。

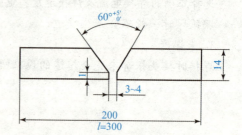

图 6 – 1 – 28　试件及坡口尺寸

2）试件装配

（1）钝边 1 mm。

（2）清除坡口面及坡口正反两侧 20 mm 内的油、锈、水分及其他污物，至露出金属光泽。

（3）装配。

①装配间隙：始端为 3 mm，终端为 4 mm。

②定位焊：采用与焊接试件相同牌号的焊条进行定位焊，并在试件反面两端点焊，焊点长度为 10 ~ 15 mm。

③预置反变形量 3°或 4°，也可用下式高差进行：

$$\Delta = b\sin\theta = 100\sin 3° = 5.23 \text{ mm}$$

试板两端边高差如图 6 – 1 – 29 所示。

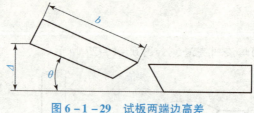

图 6 – 1 – 29　试板两端边高差

④错边量 ≤ 1.4 mm。

3）焊接工艺参数

焊接工艺参数如表 6 – 1 – 5 所示。

表 6-1-5　焊接工艺参数

焊接层次	焊条直径/mm	焊接电流/A
打底焊（1）	3.2	90~120
填充焊（2、3、4）	4	140~170
盖面焊（5）	4	140~160

4）操作要点及注意事项

本试件的平对接是焊接位置中较易操作的一种焊接位置，它是其他焊接位置和试件操作的基础。

（1）打底焊。应保证得到良好的反面成形。

单面焊双面成形的打底焊，操作方法有连弧法与断弧法两种，掌握好了都能焊出良好质量的焊缝。

连弧法的特点是焊接时，电弧燃烧不间断，生产效率高，焊接熔池保护的好，产生缺陷的机会少；但它对装配质量要求高、参数选择要求严，故其操作难度较大，易产生烧穿和未焊透等缺陷。

断弧法（又分两点击穿法和一点击穿法两种方法）的特点是依靠电弧时燃时灭的时间长短来控制熔池的温度，因此，焊接工艺参数的选择范围较宽，易掌握；但生产效率低，焊接质量不如连弧法易保证，且易出现气孔、冷缩孔等缺陷。

本实例介绍的操作方法为断弧焊一点击穿法。

置试板大装配间隙于右侧，在试板左端定位焊缝处引弧，并用长弧稍作停留进行预热，然后压低电弧在两钝边间做横向摆动。当钝边熔化的铁水与焊条金属熔滴连在一起，并听到"噗噗"声时，便形成第一个熔池，然后灭弧。

运条动作特点是：每次接弧时，焊条中心应对准熔池的 2/3 处，电弧同时熔化两侧钝边。当听到"噗噗"声后，果断灭弧，使每个新熔池覆盖前一个熔池 2/3 左右。

操作时必须注意：当接弧位置选在熔池后端，接弧后再把电弧拉至熔池前端灭弧，则易形成焊缝夹渣。此外，在封底焊时，还易产生缩孔，解决方法是提高灭弧频率，由正常50~60 次/min，提高到 80 次/min 左右。

更换焊条时的接头方法：在换焊条收弧前，在熔池前方做一熔孔，然后回焊 10 mm 左右再收弧，以使熔池缓慢冷却。迅速更换焊条，在弧坑后部 20 mm 左右处起弧，用长弧对焊缝进行预热，在弧坑后 10 mm 左右处压低电弧，用连弧方法运条到弧坑根部，并将焊条往熔孔中压下听到"噗噗"击穿声后停顿 2 s 左右灭弧，即可按断弧封底法进行正常操作。

（2）填充焊。施焊前先将前一道焊缝熔渣、飞溅清除干净，修正焊缝的过高处与凹槽。进行填充焊时，应选用较大一些的电流，并采用如图 6-1-30 所示的焊条倾角，焊条的运条方法可采用月牙形或锯齿形，摆动幅度应逐层加大，并在两侧稍作停留。

在焊接第四层填充层时，应控制整个坡口内的焊缝比坡口边缘低 0.5~1.5 mm，最好略呈凹形，以便使盖面时能看清坡口及不使焊缝高度超高。

（3）盖面焊。所使用的焊接电流应稍小一点，要使熔池形状和大小保持均匀一致，焊条与焊接方向夹角应保持 75°左右，焊条摆动到坡口边缘时应稍作停顿，以免产生咬边。

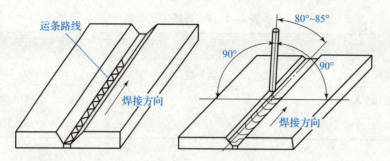

图 6-1-30 厚板平对接焊时焊接中间层的运条方法及焊条角度

盖面层的接头方法：换焊条收弧时应对熔池稍填熔滴铁水，迅速更换焊条，并在弧坑前约 10 mm 处引弧，然后将电弧退至弧坑的 2/3 处，填满弧坑后即可正常进行焊接。

盖面层的接头注意事项：若接头位置偏后，则使接头部位焊缝过高；若偏前，则易造成焊道脱节。盖面层的收弧可采用 3~4 次断弧引弧收尾，以填满弧坑，使焊缝平滑为准。

2. 骑座式管板角接手弧焊

1）试件尺寸及要求

（1）试件材料牌号：20 钢。

（2）试件及坡口尺寸：如图 6-1-31 所示。

（3）焊接位置：垂直俯位。

（4）焊接要求：单面焊双面成形。

（5）焊接材料：E5015（E4315）。

（6）焊机：ZX5-400 或 ZX7-400。

2）试件装配

（1）将管子锉钝边为 1 mm。

（2）清除管子及孔板坡口两侧 20 mm 内外表面上的油、锈及其他污物，至露出金属光泽。

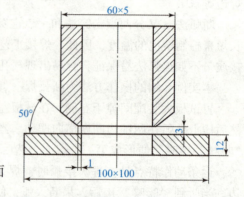

图 6-1-31 骑座式管板试件及坡口尺寸

（3）装配。

①装配间隙：3 mm。

②定位焊：一点定位，采用与试件相同的焊条在坡口内进行定位焊，焊点长度为 10~15 mm。焊点不能过厚，必须焊透和无缺陷，且焊点两端应预先打磨成斜坡（便于接头）。

③试件装配错边量应不大于 0.5 mm。

④管子应与孔板相垂直。

3）焊接工艺参数

焊接工艺参数如表 6-1-6 所示。

表 6-1-6 骑座式管板焊接工艺参数

焊接层次	焊条直径/mm	焊接电流/A
打底焊（共1道）	2.5	70~80
盖面焊（共2道）	3.2	100~120

4）操作要点及注意事项

本实例管-板角接的难度在于施焊空间受工件形式的限制，接头没有对接接头大，又由于管子与孔板厚度的差异，造成散热条件不同，使熔化情况也不相同。焊接时除了要保证焊透和双面成形外，还要保证焊脚高度达到规定要求的尺寸，所以它的相对难度要大。但目前生产中这种接头形式却未被重视，主要原因是它的检测手段尚不完善，只能通过表面探伤及间接金相抽样来实现，不能对产品（如对接试样）上的焊缝进行100%射线探伤，所以焊缝内部质量不太有保证。

（1）打底焊。

应保证根部焊透，防止焊穿和产生焊瘤。打底焊道采用连弧法焊接，在定位焊点相对称的位置起焊，并在坡口内的孔板上引弧，进行预热。当孔板上形成熔池时，向管子一侧移动，待与孔板熔池相连后，压低电弧使管子坡口击穿并形成熔孔，然后采用小锯齿形或直线形运条法进行正常焊接，焊条角度如图6-1-32所示。焊接过程中焊条角度要求基本保持不变，运条速度要均匀平稳，电弧在坡口根部与孔板边缘应稍作停留。应严格控制电弧长度（保持短弧），使电弧的1/3在熔池前，用来击穿和熔化坡口根部；2/3覆盖在熔池上，用来保护熔池，防止产生气孔。此外，要注意熔池温度，保持熔池形状和大小基本一致，以免产生未焊透、内凹和焊瘤等缺陷。

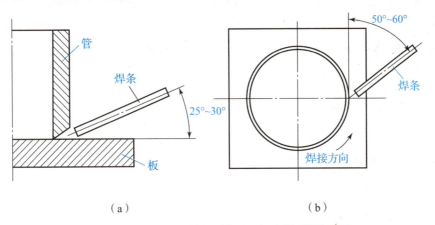

图6-1-32 骑座式管板垂直俯位打底焊时焊条角度
(a) 焊条与管板间夹角；(b) 焊条与焊缝切线间夹角

更换焊条的方法：当每根焊条即将焊完前，向焊接相反方向回焊10~15 mm，并逐渐拉长电弧至熄灭，以消除收尾气孔或将其带至表面，以便在换焊条后将其熔化。接头尽量采用热接法，如图6-1-33所示，即在熔池未冷却前，在A点引弧，稍做上下摆动移至B点，压低电弧，当根部击穿并形成熔孔后转入正常焊接。

接头的封闭：应先将焊缝始端修磨成斜坡形，待焊至斜坡前沿时压低电弧，稍作停留，然后恢复正常弧长，焊至与始焊缝重叠约10 mm处，填满弧坑即可熄弧。

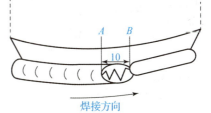

图6-1-33 骑座式管板打底焊接头方法

（2）盖面焊。

盖面层必须保证管子不咬边，焊脚对称。盖面层采用两道焊，后道焊缝覆盖前一道焊缝的1/3~2/3，应避免在两焊道间形成沟槽和焊缝上凸。盖面层焊接时焊条角度如图6-1-34所示。

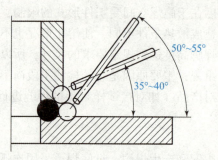

图6-1-34 盖面层焊接时焊条角度

考核评价

评价项目	评价内容	分值/分	自评20%	互评20%	师评60%	合计
职业素养 40分	爱岗敬业，安全意识，责任意识，服从意识	10				
	积极参加任务活动，按时完成工作任务	10				
	团队合作，交流沟通能力，集体主义精神	10				
	劳动纪律，职业道德	5				
	现场6S标准，行为规范	5				
专业能力 60分	专业资料检索能力，理论实践结合能力	10				
	制订计划和执行能力	10				
	操作符合规范，精益求精	15				
	工作效率，分工协作	10				
	任务验收质量，质量意识	15				
	合计	100				
创新能力加分20分	创新性思维和行动	20				
	总计	120				
教师签名：					学生签名：	

项目二　气焊与气割

任务引入

厚钢板的长短直线与硬角、圆弧相接的气割，割件的形状如图 6-2-1 所示。

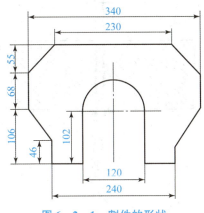

图 6-2-1　割件的形状

知识链接

气焊是利用气体火焰作热源的焊接方法，最常用的是氧乙炔焊。它使用的可燃气体是乙炔（C_2H_2），氧气是助燃气体。乙炔和氧气在焊炬中混合均匀后从焊嘴喷出燃烧，将焊件和焊丝熔化后形成熔池，冷却凝固后形成焊缝。气焊的焊接过程如图 6-2-2 所示，它主要用于焊接厚度在 3 mm 以下的薄钢板、铜、铝等有色金属及其合金、低熔点材料以及铸铁焊补等。此外，在没有电源的野外作业常使用气焊。

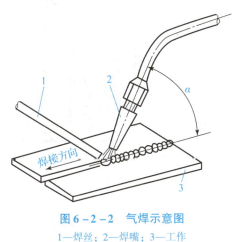

图 6-2-2　气焊示意图
1—焊丝；2—焊嘴；3—工作

氧气切割（简称气割）是利用气体火焰的热能将工件切割处预热到一定温度后，喷出高速切割氧流，使其燃烧并放出热量实现切割的方法。气割过程是预热—燃烧—吹渣形成切

第六单元　焊工基本操作　237

口不断重复进行的过程，如图 6-2-3 所示。因此，气割的实质是金属在纯氧中的燃烧，而不是金属的氧化，这是气割过程与气焊过程的本质区别所在。

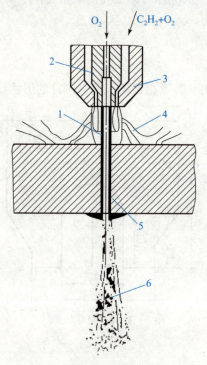

图 6-2-3 气割示意图

1—切割氧；2—切割嘴；3—预热嘴；4—预热焰；5—割缝；6—氧化渣

知识模块一　设备与工具

气焊设备系统如图 6-2-4 所示。

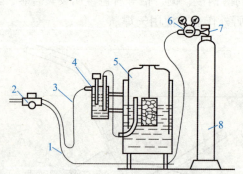

图 6-2-4 气焊设备系统

1—氧气管道；2—焊炬；3—乙炔管道；4—回火防止器；5—乙炔发生器；6—减压器；7—气阀；8—氧气瓶

1. 储气设备

1）乙炔发生器

乙炔发生器是利用电石和水的相互作用，来制取乙炔的设备，如图 6-2-5 所示。按乙炔发生器制取的压力不同，可分为低压式（0.045 MPa 以下）和中压式（0.045～0.15 MPa）

两种；按安装方式不同分为移动式和固定式两种；按电石与水作用方式不同，可分为浮筒式、电石入水式、水入电石式、排水式和联合式等。

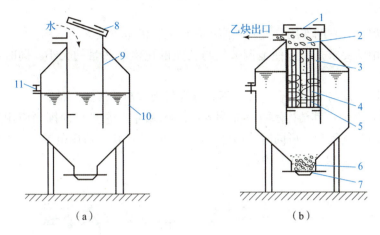

图 6-2-5 乙炔发生器工作示意图
(a) 使用前加大；(b) 产生乙炔
1—防爆膜；2—乙炔；3—电石筛；4—电石；5—内桶水面；6—电石渣；7—下盖；
8—上盖；9—内桶；10—外桶；11—水位阀

排水式中压乙炔发生器是目前应用较广的一种乙炔发生器，其型号有 Q3-0.5、Q3-1 和 Q3-3 等。

2）氧气瓶

氧气瓶是一种储存和运输氧气的高压容器，它由瓶体、瓶箍、瓶阀、防震圈、瓶帽及底座等构成。目前工业中最常用的氧气瓶规格是：瓶体外径为 ϕ219 mm，瓶体高度为 (1 370±20) mm，容积为 40 L，工作压力为 15 MPa。它在常压下可储存 6 m³ 氧气。

氧气瓶的安全是由瓶阀中的金属安全膜来实现的，一旦瓶内压力达 18~22.5 MPa，安全膜片即自行爆破泄压，确保瓶体安全。

氧气瓶应直立应用，若卧放，则应使减压器处于最高位置。

3）乙炔瓶（又称溶解乙炔瓶）

常压 15 ℃时，乙炔在丙酮中的溶解度为 23.5，当压力为 1.5 MPa 时则为 375。溶解乙炔瓶就是利用这一特性来储运乙炔的。乙炔瓶由瓶体、瓶阀、硅酸钙填料、易熔塞、瓶帽、过滤网和瓶座等构成。

目前生产中最常用的溶解乙炔气瓶的规格为：瓶体外径为 ϕ250 mm；容积为 40 L；充装丙酮量为 13.2~14.3 kg；充装乙炔量为 6.2~7.4 kg，5.3~6.3 m³（15 ℃，101 325 Pa）；工作压力为 15 MPa。

乙炔瓶的安全是由设于瓶肩上的易熔塞来实现的，当瓶体温度达 (100±5)℃时，易熔塞中易熔合金会熔化而泄压，确保瓶体安全。乙炔瓶应直立使用，不得卧放，且卧放的乙炔瓶在直立使用时必须静置 20 min。

2. 必备工具

1）减压阀

减压阀的作用是将储存在气瓶内的高压气体减压到所需的稳定工作压力。减压器种类较多,按用途分有集中式和岗位式;按构造分有单级式和双级式;按作用原理分有正作用式和反作用式;按使用介质分有氧气表、乙炔表、丙烷表等。

2)焊炬

焊炬又称焊枪,它的作用是控制气体混合比例、流量以及火焰结构,它是焊接的主要工具。所以对焊炬的要求是能方便地调节氧与乙炔的比例和热量的大小,同时要求结构重量轻、安全可靠。

焊炬按可燃气体与氧气混合的方式不同分为射吸式与等压式两种。

(1)射吸式焊炬:其结构示意图如图6-2-6所示。它是目前国内应用最广的一种形式,其特点是结构较复杂,可同时使用低压乙炔和中压乙炔,适用范围广。射吸式焊炬的型号有 H01-6、H01-12、H01-20 等。

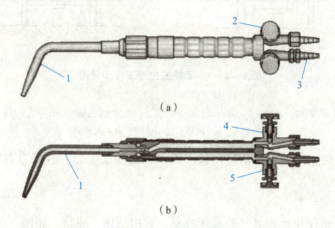

图6-2-6 射吸式焊炬
(a)焊炬外形;(b)焊炬内部结构
1—气焊喷嘴;2—进气阀盖;3—装气体软管;4—供氧调节阀;5—乙炔调节阀

(2)等压式焊炬:它的特点是所使用的氧与乙炔压力相等,结构简单,不易回火,但只适用于中压乙炔,目前工业上应用较少。其焊炬型号有 H02-12、H02-20 等。

3)割炬

割炬的作用是将可燃气体与氧以一定的方式和比例混合后,形成具有一定热能和形状的预热火焰,并在预热火焰中心喷射切割氧进行切割。割炬按预热火焰中可燃气体与氧气混合方式的不同分为以下两种。

(1)射吸式割炬:其型号有 G01-30、G01-100、G01-300 等,是目前国内应用较广的一种形式,如图6-2-7所示。

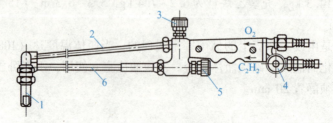

图6-2-7 割炬
1—切割嘴;2—切割氧管道;3—切割氧阀门;4—乙炔阀门;5—预热氧阀门;6—氧-乙炔混合管道

(2) 等压式割炬：其型号有 G02-100、G02-300 等。

4) 橡皮管及辅助工具

焊割所用橡皮胶管，按其所输送的气体不同分为以下几种。

(1) 氧气胶管：现用氧气胶管为红色，由内外胶层和中间纤维层组成。其外径为 $\phi18$ mm，内径为 $\phi8$ mm，工作压力为 1.5 MPa。

(2) 乙炔胶管：其结构与氧气胶管相同，但管壁较薄。其外径为 $\phi16$ mm，内径为 $\phi10$ mm，工作压力为 0.3 MPa。

现用的氧气与乙炔胶管的颜色标志：氧气为红色，乙炔为黑色。但根据 GB 9448—1988 焊接与切割安全规定，氧气胶管应为黑色，乙炔胶管应为红色。

(3) 橡皮管接头：它用于气焊和气割用的氧气胶管、燃气胶管的连接。根据 GB 5107—1985 规定，它由螺纹接头、螺段及软管接头三部分组成，燃气与氧气软管接头分别有 $\phi6$ mm、$\phi8$ mm、$\phi10$ mm 三种（即胶管孔径的）规格，而其螺段则有 M12×1.25、M16×1.5、M18×5 三种（即减压器、焊炬、乙炔发生器等螺纹接头规格）。

5) 其他辅助工具

(1) 点火枪：用于焊割作业的点火工具，其特点是方便、安全。

(2) 护目镜：保护焊工的眼睛不受火焰亮光刺激，防止飞溅物对眼睛的伤害，便于观察焊接熔池。其颜色和深浅应按焊工的视力与焊炬的火焰能率选用。

其他还有清理工具，如钢丝刷、凿子、锤子、锉刀等；连接和启闭气瓶用的工具，如扳手、钢丝钳等；以及清理焊嘴用的通针等。

知识模块二 气焊的焊接工艺与操作

1. 焊丝与焊剂

气焊所用的焊丝只作为填充金属，它是表面不涂药皮的金属丝，成分与工件基本相同，原则上要求焊缝与工件等强度，所以选用与母材同样成分或强度高一些的焊丝焊接。气焊低碳钢一般用 H08A 焊丝，不用焊剂，重要接头如 20 钢管可采用 H08MnA，最好用 H08MnReA 专用气焊焊丝。其他钢及非铁金属用焊丝可查表。焊丝表面不应有锈蚀、油垢等污物。

焊剂又称焊粉或熔剂，其作用是在焊接过程中避免形成高熔点稳定氧化物（特别是非铁金属或优质合金钢）等，防止夹渣，另外也可消除已形成的氧化物。焊剂可与这类氧化物形成低熔点的熔渣，浮出熔池。金属氧化物多呈碱性，所以一般选用酸性焊剂，如硼砂、硼酸等。焊铸铁时会出现较多的 SiO_2，因此常用碱性焊剂，如碳酸钠和碳酸钾等。使用时，可把焊剂撒在接头表面或用焊丝蘸在端部送入熔池。

2. 气焊火焰

1) 焊接火焰的分类

氧与乙炔混合燃烧所形成的火焰称为氧乙炔焰，由于它的火焰温度高（约 3 200 ℃），加热集中，故是气焊中主要采用的火焰。根据氧和乙炔在焊炬混合室内混合比 β 的不同，燃烧后的火焰可分为三种。

(1) 中性焰：当氧气与乙炔的混合比 $\beta=1.1\sim1.2$ 时，乙炔可充分燃烧，无过剩的氧和乙炔，称为中性焰。中性焰的结构分为焰芯、内焰和外焰三部分，内焰和外焰没有明显的界限，只从颜色上可略加区别。中性焰的最高温度位于离焰心尖端 2~4 mm 处，可达 3 100~

3 150 ℃。

(2) 碳化焰：当氧与乙炔的混合比 $\beta < 1.1$ 时，燃烧所形成的火焰称为碳化焰。火焰中含有游离碳，具有较强的还原作用和一定的渗碳作用。碳化焰的火焰分为焰芯、内焰和外焰三部分，整个火焰比中性焰长而柔软，乙炔供给量越多，火焰越长越柔软，挺直度越差。当乙炔过剩量很大时，由于缺乏使乙炔充分燃烧所必需的氧，所以火焰开始冒黑烟。碳化焰的最高温度为 2 700~3 000 ℃。

(3) 氧化焰：氧与乙炔的混合比 $\beta > 1.2$ 时，燃烧所形成的火焰称为氧化焰。氧化焰的整个火焰长度较短，供氧的比例越大，则火焰越短，且内焰和外焰层次极为不清，故可看成由焰芯和外焰两部分组成。火焰挺直，燃烧时发出急剧的"嘶嘶"噪声。氧化焰中有过量的氧，在焰芯外形成氧化性的富氧区，氧化焰的最高温度可达 3 100~3 300 ℃。

2) 各种火焰的适用范围

不同金属材料气焊时所采用的焊接火焰如表 6-2-1 所示。

表 6-2-1 不同金属材料气焊时应采用的焊接火焰

焊件材料	应用火焰	焊件材料	应用火焰
低碳钢	中性焰或轻微碳化焰	铬镍不锈钢	中性焰或轻微碳化焰
中碳钢	中性焰或轻微碳化焰	紫铜	中性焰
低合金钢	中性焰	锡青铜	轻微氧化焰
高碳钢	轻微碳化焰	黄铜	氧化焰
灰铸铁	碳化焰或轻微碳化焰	铝及其合金	中性焰或轻微碳化焰
高速钢	碳化焰	铅、锡	碳化焰或轻微碳化焰
锰钢	轻微碳化焰	镍	碳化焰或轻微碳化焰
镀锌铁皮	轻微碳化焰	蒙乃尔合金	碳化焰
铬不锈钢	中性焰或轻微碳化焰	硬质合金	碳化焰

3. 气焊工艺

气焊工艺参数是确保焊接质量的重要环节，通常包括以下方面。

1) 焊丝直径的选择

焊丝直径应根据焊件的厚度和坡口形式、焊接位置、火焰能率等因素来确定。焊丝直径过细易造成未熔合和焊缝高低不平、宽窄不一；过粗易使热影响区过热。一般平焊焊丝直径应比其他焊接位置粗，右焊法比左焊法粗；多层焊时第一、二层应比以后各层细。低碳钢气焊时焊件厚度与焊丝直径的关系如表 6-2-2 所示。

表 6-2-2 焊件厚度与焊丝直径的关系　　　　　　　　　　　　　　　　　　mm

焊件厚度	1~2	2~3	3~5
焊丝直径	不用或 1~2	2	3~4

2) 气焊火焰的性质和能率的选择

（1）火焰性质的选择：火焰性质应根据焊件材料的种类及性能来选择，可参见表 6 - 2 - 1。通常中性焰可以减少被焊材料元素的烧损和增碳；对含有低沸点元素的材料选用氧化焰，可防止这些元素的蒸发；对允许和需要增碳的材料可选用碳化焰。

（2）火焰能率的选择：火焰能率是以每小时可燃气体的消耗量（L/h）来表示的，它主要取决于氧、乙炔混合气体的流量。材料性能不同，选用的火焰能率就不同。焊接厚件、高熔点、导热性好的金属材料应选较大的火焰能率，才能确保焊透；反之应小。实际生产中在确保焊接质量的前提下，为了提高生产率，应尽量选用较大的火焰能率。

（3）焊嘴倾角的选择：焊嘴倾角是指焊嘴中心线与焊件平面之间的夹角 α。焊嘴倾角与焊件的熔点、厚度、导热性以及焊接位置有关，倾角越大，热量散失越少，升温越快。焊嘴倾角在气焊过程中是要经常改变的，起焊时大，结束时小。焊接碳素钢时，焊嘴倾角与焊件厚度的关系如图 6 - 2 - 8 所示。

（4）焊接速度的选择：焊接速度的快慢将影响产品的质量与生产率。通常焊件厚度大、熔点高，则焊速应慢，以免产生未熔合；反之则要快，以免烧穿和过热。

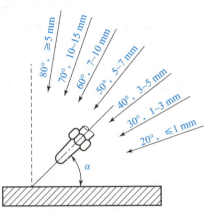

图 6 - 2 - 8　焊嘴倾角与焊件厚度的关系

4. 气焊操作

（1）点火、调节火焰与灭火：点火时先微开启氧气阀门，后开启乙炔阀门，再点燃火焰。刚点火的火焰是碳化焰，然后逐渐开大氧气阀门，改变氧气和乙炔的比例，根据被焊材料性质的要求，调到所需的中性焰、氧化焰或碳化焰。焊接结束时应灭火，首先关乙炔阀门，再关氧气阀门，否则会引起回火。

（2）堆平焊波：气焊时，一般用左手拿焊丝，右手拿焊炬，两手动作要协调，沿焊缝向左或向右焊接。焊嘴轴线的投影与焊缝重合，同时要注意掌握好焊嘴与焊件的夹角 α，焊件越厚，α 越大。在焊接刚开始时，为了较快地加热焊件和迅速形成熔池，α 应大些。正常焊接时，一般保持在 30°～50°。当焊接结束时，α 应适当减小，以便更好地填满熔池和避免焊穿。焊炬向前移动的速度应能保证焊件熔化并保持熔池具有一定的大小，焊件熔化形成熔池后，再将焊丝适量地点入熔池内熔化。熔池要尽量保持瓜子形、扁圆形或椭圆形。

知识模块三　气割原理与操作

1. 气割的原理与特点

气割是利用气体火焰的热能将工件切割处预热到一定温度后，喷出高速切割氧流，使其燃烧，并放出热量实现切割的方法。通常气体火焰采用乙炔与氧混合燃烧的氧乙炔焰。气割是一种热切割方法，气割时利用割炬，把需要气割处的金属用预热火焰加热到燃烧温度，使该处金属发生剧烈氧化即燃烧。金属氧化时会放出大量的热，使下一层的金属也自行燃烧，再用高压氧气射流把液态的氧化物吹掉，形成一条狭小而又整齐的割缝。

与其他切割方法（如机械切割）相比，气割的特点是灵活方便，适应性强，可在任意位置与任意方向切割任意形状和厚度的工件，生产率高，操作方便，切口质量好，可采用自动或半自动切割，运行平稳，切口误差在 ±0.5 mm 以内，表面粗糙度与刨削加工相近，气割的设备也很简单。气割存在的问题是切割材料有条件限制，适于一般钢材切割。

2. 气割对材料的要求

（1）燃点应低于熔点。这就保证了燃烧是在固态下进行的，否则在切割之前已经熔化，就不能形成整齐的切口。钢的熔点随其含碳量的增加而降低，当含碳量等于 0.7% 时，钢的熔点接近于燃点，因而对高碳钢和铸铁不能顺利进行气割。

（2）燃烧生成的金属氧化物的熔点应低于金属本身的熔点，且流动性好。这就使燃烧生成的氧化物能及时熔化并被吹走，新的金属表面能露出而继续燃烧。由于铝的熔点（660 ℃）低于三氧化二铝的熔点（2 050 ℃），铬的熔点（1 150 ℃）低于三氧化二铬的熔点（1 990 ℃），所以，铝合金和不锈钢均不具备气割条件。

（3）金属燃烧时能释放出大量的热，而且金属本身的导热性低。这就保证下层金属有足够的预热温度，使切口深处的金属也能产生燃烧反应，保证切割过程不断进行。铜及其合金燃烧放出的热量较小而且导热性又很好，因而不能进行气割。

综上所述，能符合气割要求的金属材料是低碳钢、中碳钢和部分低合金钢。

3. 气割工艺

气割工艺参数的项目选择如下。

（1）切割氧的压力：切割氧的压力随着切割件的厚度和割嘴的孔径增大而增大。此外，随着氧的纯度降低，使氧的消耗量也增加。

（2）气割速度：割件越厚，气割速度越慢。气割速度是否得当，通常根据割缝的后拖量来判断。

（3）预热火焰的能率：它与割件厚度有关，常与气割速度综合考虑。

（4）割嘴与割件间的倾角：它对气割速度和后拖量有着直接的影响。倾角的大小主要根据割件的厚度来定，割件越厚，割嘴倾角 α（见图 6-2-8）应越大。当气割 5～30 mm 厚的钢板时，割炬应垂直于工件；当厚度小于 5 mm 时，割炬可向后倾斜 5°～10°；若厚度超过 30 mm，在气割开始时割炬可向前倾斜 5°～10°，待割透时，割炬可垂直于工件，直到气割完毕。若割嘴倾角 α 选择不当，气割速度不但不能提高，反而会使气割困难，并增加氧气消耗量。

（5）割嘴离割件表面的距离：应根据预热火焰的长度及割件的厚度来决定。通常火焰焰芯离开割件表面的距离应保持在 3～5 mm，可使加热条件最好，割缝渗碳的可能性也最小。一般来说切割薄板离表面距离可大些。

4. 操作技术

1）气割前的准备

检查设备、场地是否符合安全生产要求，垫高割件，清除割缝表面的氧化皮和污垢，按图划线放样，选择割炬及割嘴，试割等。

2）操作技术

（1）起割：先预热起割点至燃烧温度，慢慢开启切割氧，当看到有铁水被氧吹动时，可加大切割氧至割件被割穿。可按割件厚度灵活掌握切割速度，沿割线进行切割。

（2）切割：切割过程中调整好割嘴与割件间的倾角，保持焰芯距割件表面的距离及切割速度，切割长缝时应在每割长 300~500 mm 割缝后，及时移动操作位置。

（3）终端的切割：割嘴应向气割方向后倾一定角度，使割件下部先割穿，并注意余料下落位置，然后将割件全部割断，使收尾割缝平整。先关闭切割氧，抬起割炬，再关闭乙炔，最后关闭预热氧。

（4）收工：当初割工作完成时应关闭氧与乙炔瓶阀，松开减压阀调压螺钉，放出胶管内的余气，卸下减压阀，收起割炬及胶管，清扫场地。

任务实施

厚钢板的长短直线与硬角、圆弧相接的气割。

（1）割件的形状如图 6-2-9 所示。

（2）工件材料与厚度：厚度为 30 mm，材料为低碳钢。

（3）割炬型号：G01-100 型割炬，5 号割嘴。

（4）气割参数：氧气压力 0.5~0.7 MPa；乙炔压力 0.05~0.1 MPa。

（5）气割顺序：先割顶部较长直线段，到拐点处停割一下；接着顺次切割其他直线段，当直线段较短，割位允许连续进行气割时，要一直割下去。圆弧与直线相接处先割直线，后割圆弧。

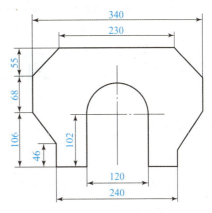

图 6-2-9　割件的形状

任务评价

考核评价

评价项目	评价内容	分值/分	自评 20%	互评 20%	师评 60%	合计
职业素养 40分	爱岗敬业，安全意识，责任意识，服从意识	10				
	积极参加任务活动，按时完成工作任务	10				
	团队合作，交流沟通能力，集体主义精神	10				
	劳动纪律，职业道德	5				
	现场 6S 标准，行为规范	5				
专业能力 60分	专业资料检索能力，理论实践结合能力	10				
	制订计划和执行能力	10				
	操作符合规范，精益求精	15				
	工作效率，分工协作	10				
	任务验收质量，质量意识	15				

续表

评价项目	评价内容	分值/分	自评 20%	互评 20%	师评 60%	合计
	合计	100				
创新能力加分20分	创新性思维和行动	20				
	总计	120				

教师签名：　　　　　　　　　　　　　　　　　　　学生签名：

项目三　其他焊接方法

任务引入

1. 中厚板对接埋弧焊

完成如图6-3-1所示 I 形坡口中厚板对接埋弧焊接的操作。

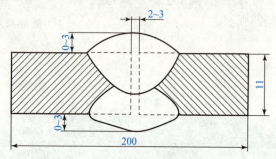

图6-3-1　I 形坡口

2. 薄板对接制件手工钨极氩弧焊

完成如图6-3-2所示薄板对接制件的焊接操作。

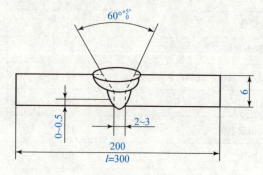

图6-3-2　薄板对接试件及坡口尺寸

知识链接

知识模块一 埋弧自动焊

手工电弧焊的生产率低,对工人操作技术要求高,工作条件差,焊接质量不易保证,而且质量不稳定。埋弧自动焊(简称埋弧焊)是电弧在焊剂层内燃烧进行焊接的方法,电弧的引燃、焊丝的送进和电弧沿焊缝的移动均是由设备自动完成的。

1. 埋弧自动焊设备

埋弧自动焊的动作程序和焊接过程弧长的调节都是由电器控制系统来完成的。埋弧焊设备由焊车、控制箱和焊接电源三部分组成。埋弧焊电源有交流和直流两种。

2. 焊接材料

埋弧焊的焊接材料有焊丝和焊剂。焊丝和焊剂选配的总原则是:根据母材金属的化学成分和力学性能选择焊丝,再根据焊丝选配相应的焊剂。例如,焊接普通结构低碳钢,选用 H08A 焊丝,配合 HJ431 焊剂;焊接较重要的低合金结构钢,选用 H08MnA 或 H10Mn2 焊丝,配合 HJ431 焊剂;焊接不锈钢,选用与母材成分相同的焊丝,配合低锰焊剂。

3. 埋弧自动焊焊接过程及工艺

埋弧自动焊焊接过程如图 6-3-3 所示,焊剂均匀地堆覆在焊件上,形成厚度为 40~60 mm 的焊剂层,焊丝连续地进入焊剂层下的电弧区,维持电弧平稳燃烧,随着焊车的匀速行走,完成电弧焊缝自行移动的操作。

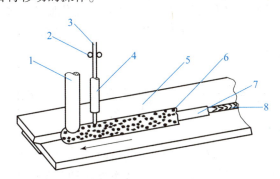

图 6-3-3 埋弧自动焊焊接过程示意图
1—焊剂漏斗;2—送丝滚轮;3—焊丝;4—导电嘴;5—焊件;6—焊剂;7—渣壳;8—焊缝

埋弧焊焊缝形成过程如图 6-3-4 所示,在颗粒状焊剂层下燃烧的电弧使焊丝、焊件熔化形成熔池,焊剂熔化形成熔渣,蒸发的气体使液态熔渣形成封闭的熔渣泡,有效阻止空气侵入熔池和熔滴,使熔化金属得到焊剂层和熔渣泡的双重保护,同时阻止熔滴向外飞溅,既避免弧光四射,又使热量损失少,加大熔深。随着焊丝沿焊缝前行,熔池凝固成焊缝,比重轻的熔渣结成覆盖焊缝的渣壳。没有熔化的大部分焊剂回收后可重新使用。

埋弧焊焊丝从导电嘴伸出的长度较短,所以可大幅度提高焊接电流,使熔深明显加大,一般埋弧焊的电流强度比焊条电弧焊高 4 倍左右。当板厚在 24 mm 以下对接焊时,不需要开坡口。

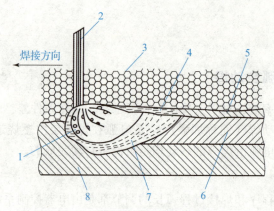

图6-3-4 埋弧焊焊缝形成过程示意图
1—电弧；2—焊丝；3—焊剂；4—溶化的焊剂；5—渣壳；6—焊缝；7—溶池；8—焊件

4. 埋弧自动焊的特点及应用

埋弧自动焊与手工电弧焊相比，有以下特点。

（1）生产率高、成本低。由于埋弧焊时电流大，故电弧在焊剂层下稳定燃烧，无熔滴飞溅，热量集中，焊丝熔敷速度快，比手工电弧焊效率提高 5～10 倍；焊件熔深大，较厚的焊件不开坡口也能焊透，可节省加工坡口的工时和费用，减少焊丝填充量，没有焊条头，焊剂可重用，节约焊接材料。

（2）焊接质量好、稳定性高。埋弧焊时，熔滴、熔池金属得到焊剂和熔渣泡的双重保护，有害气体浸入减少；焊接操作自动化程度高，工艺参数稳定，焊缝成形美观，内部组织均匀。

（3）劳动条件好，没有弧光和飞溅；操作过程的自动化使劳动强度降低。

（4）埋弧焊适应性较差，通常只适用于焊接长直的平焊缝或较大直径的环焊缝，不能焊空间位置焊缝及不规则焊缝。

（5）设备费用一次性投资较大。

埋弧自动焊适用于成批生产的中、厚板结构件的长直及环焊缝的平焊。

知识模块二　气体保护焊

气体保护电弧焊是用外加气体作为电弧介质并保护电弧和焊接区的电弧焊。按照保护气体的不同，气体保护焊分为两类：使用惰性气体作为保护的称惰性气体保护焊，包括氩弧焊、氦弧焊、混合气体保护焊等；使用 CO_2 气体作为保护的气体保护焊，简称 CO_2 焊。

1. 氩弧焊

氩弧焊是以氩气作为保护气体的电弧焊，氩气是惰性气体，可保护电极和熔化金属不受空气的有害作用，在高温条件下，氩气与金属既不发生反应，也不溶入金属中。

1）氩弧焊的种类

根据所用电极的不同，氩弧焊可分为非熔化极氩弧焊和熔化极氩弧焊两种，如图 6-3-5 所示。

（1）钨极氩弧焊，常以高熔点的铈钨棒作电极，焊接时，铈钨极不熔化（也称非熔化极氩弧焊），只起导电和产生电弧的作用。焊接钢材时，多用直流电源正接，以减少钨极的烧损；焊接铝、镁及其合金时采用反接，此时，铝工件作阴极，有"阴极破碎"作用，能

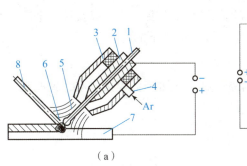
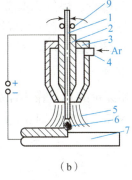

图6-3-5 氩弧焊示意图
(a) 非熔化极氩弧焊;(b) 熔化极氩弧焊
1—电极或焊丝;2—导电嘴;3—喷嘴;4—进气管;5—氩气流;
6—电弧;7—工件;8—填充焊丝;9—送丝辊轮

消除氧化膜,焊缝成形美观。

钨极氩弧焊需要加填充金属,它可以是焊丝,也可以在焊接接头中填充金属条或采用卷边接头。

为防止钨合金熔化,钨极氩弧焊焊接电流不能太大,所以一般适于焊接厚度小于4 mm的薄板件。

 技能小贴士

夹钨

钨极惰性气体保护焊时,由钨极进入到焊缝中的钨粒叫夹钨,夹钨的性质相当于夹渣。

1. 产生原因

主要是焊接电流过大,使钨极端头熔化,焊接过程中钨极与熔池接触以及采用接触短路法引弧时容易发生。

2. 防止方法

降低焊接电流,采用高频引弧。

(2) 熔化极氩弧焊,用焊丝作电极,焊接电流比较大,母材熔深大,生产率高,适于焊接中厚板,比如厚度在8 mm以上的铝容器。为了使焊接电弧稳定,通常采用直流反接,这对于焊接铝工件正好有"阴极破碎"作用。

2) 氩弧焊的特点

(1) 用氩气保护可焊接化学性质活泼的非铁金属及其合金或特殊性能钢,如不锈钢等。

(2) 电弧燃烧稳定,飞溅小,表面无熔渣,焊缝成形美观,焊接质量好。

(3) 电弧在气流压缩下燃烧,热量集中,焊缝周围气流冷却,热影响区小,焊后变形小,适于薄板焊接。

(4) 明弧可见,操作方便,易于自动控制,可实现各种位置的焊接。

（5）氩气价格较贵，焊件成本高。

综上所述，氩弧焊主要适用于焊接铝、镁、钛及其合金，以及稀有金属、不锈钢、耐热钢等。脉冲钨极氩弧焊还适于焊接厚度在 0.8 mm 以下的薄板。

2. CO_2 气体保护焊

CO_2 焊是利用廉价的 CO_2 作为保护气体，既可降低焊接成本，又能充分利用气体保护焊的优势。CO_2 焊的焊接过程如图 6-3-6 所示。

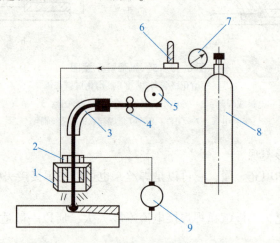

图 6-3-6　CO_2 气体保护焊示意图

1—焊炬喷嘴；2—导电嘴；3—送丝软管；4—送丝机构；5—焊丝盘；
6—流量计；7—减压器；8—CO_2 气瓶；9—电焊机

CO_2 气体经焊枪的喷嘴沿焊丝周围喷射，形成保护层，使电弧、熔滴和熔池与空气隔绝。由于 CO_2 气体是氧化性气体，在高温下能使金属氧化，烧损合金元素，所以不能焊接易氧化的非铁金属和不锈钢。因 CO_2 气体冷却能力强，故熔池凝固快，焊缝中易产生气孔。因焊丝中含碳量高，飞溅较大，因此要使用冶金中能产生脱氧和渗合金的特殊焊丝来完成 CO_2 焊。常用的 CO_2 焊焊丝是 H08Mn2SiA，适于焊接抗拉强度小于 600 MPa 的低碳钢和普通低合金结构钢。为了稳定电弧、减少飞溅，CO_2 焊采用直流反接。

CO_2 气体保护焊的特点如下。

（1）生产率高。CO_2 焊电流大，焊丝熔敷速度快，焊件熔深大，易于自动化，生产率比手工电弧焊可提高 1~4 倍。

（2）成本低。CO_2 气体价廉，焊接时不需要涂料焊条和焊剂，总成本仅为手工电弧焊和埋弧焊的 45% 左右。

（3）焊缝质量较好。CO_2 焊电弧热量集中，加上 CO_2 气流强冷却，焊接热影响区小，焊后变形小。采用合金焊丝，焊缝中氢含量低，焊接接头抗裂性好，焊接质量较好。

（4）适应性强。焊缝操作位置不受限制，能全位置焊接，易于实现自动化。

（5）由于是氧化性保护气体，故不宜焊接非铁金属和不锈钢。

（6）焊缝成形稍差，飞溅较大。

（7）焊接设备较复杂，使用和维修不方便。

CO_2 焊主要适用于焊接低碳钢和强度级别不高的普通低合金结构钢焊件，焊件厚度最厚可达 50 mm（对接形式）。

知识模块三　压焊与钎焊

压焊与钎焊也是应用比较广泛的焊接方法。压力焊是在焊接的过程中需要加压的一类焊接方法，简称压焊，主要包括电阻焊、摩擦焊、爆炸焊、扩散焊和冷压焊等。这里主要介绍电阻焊和摩擦焊。钎焊是利用熔点比母材低的填充金属熔化后，填充接头间隙并与固态的母材相互扩散，实现连接的焊接方法。

1. 电阻焊

电阻焊是将焊件组合后通过电极施加压力，利用电流通过焊件及其接触处所产生的电阻热，将焊件局部加热到塑性或熔化状态，然后在压力下形成焊接接头的焊接方法。

由于工件的总电阻很小，为使工件在极短时间内迅速加热，故必须采用很大的焊接电流（几千到几万安）。

与其他焊接方法相比，电阻焊具有生产率高、焊接变形小、无须另加焊接材料、劳动条件好、操作简便、易实现机械化等优点；但其设备较一般熔焊复杂、耗电量大、可焊工件厚度（或断面尺寸）及接头形式受到限制。

按工件接头形式和电极形状不同，电阻焊可分为点焊、缝焊和对焊三种形式。

1）点焊

点焊是利用柱状电极加压通电，在搭接工件接触面之间产生电阻热，将焊件加热并局部熔化，形成一个熔核（周围为塑性态），然后在压力下熔核结晶成焊点，如图6-3-7所示。图6-3-8所示为几种典型的点焊接头形式。

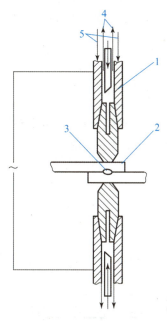

图6-3-7　点焊示意图
1—电极；2—焊件；3—熔核；
4—冷却水；5—压力

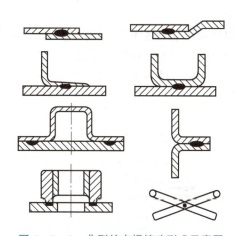

图6-3-8　典型的点焊接头形式示意图

焊完一个点后，电极将移至另一点进行焊接。当焊接下一个点时，有一部分电流会流经已焊好的焊点，称为分流现象。分流将使焊接处电流减小，影响焊接质量。因此两个相邻焊点之间应有一定距离。工件厚度越大，材料导电性越好，则分流现象越严重，故点距应加大。表 6-3-1 所示为不同材料及不同厚度工件焊点之间的最小距离。

表 6-3-1 点焊焊点之间的最小距离　　　　　　　　　　　　　　　mm

工件厚度	点距		
	结构钢	耐热钢	铝合金
0.5	10	8	15
1	12	10	18
2	16	14	25
3	20	18	30

影响点焊质量的主要因素有焊接电流、通电时间、电极压力及工件表面清理情况等。点焊焊件都采用搭接接头。

点焊主要适用于厚度为 0.05~6 mm 的薄板、冲压结构及线材的焊接。目前，点焊已广泛用于制造汽车、飞机、车厢等薄壁结构件以及罩壳等轻工、生活用品。

2）缝焊

缝焊过程与点焊相似，只是用旋转的圆盘状滚动电极代替柱状电极，焊接时，盘状电极压紧焊件并转动（也带动焊件向前移动），配合断续通电，即形成连续重叠的焊点，因此称为缝焊。其示意图如图 6-3-9 所示。

缝焊时，焊点相互重叠 50% 以上，密封性好，其主要用于制造要求密封性的薄壁结构，如油箱、小型容器与管道等。但因缝焊过程分流现象严重，焊接相同厚度的工件时焊接电流为点焊的 1.5~2 倍，因此要使用大功率电焊机。

缝焊只适用于厚度 3 mm 以下的薄板结构。

3）对焊

对焊是利用电阻热使两个工件整个接触面焊接起来的一种方法，可分为电阻对焊和闪光对焊。对焊中焊件配成对接接头形式，如图 6-3-10 所示。对焊主要用于刀具、管子、钢筋、钢轨、锚链、链条等的焊接。

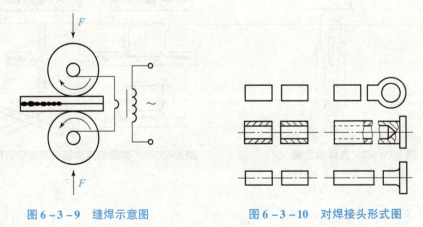

图 6-3-9　缝焊示意图　　　　图 6-3-10　对焊接头形式图

（1）电阻对焊，是将两个工件夹在对焊机的电极钳口中，施加预压力使两个工件端面接触，并被压紧，然后通电，当电流通过工件和接触端面时产生电阻热，将工件接触处迅速加热到塑性状态（碳钢为 1 000～1 250 ℃），再对工件施加较大的顶锻力并同时断电，使接头在高温下产生一定的塑性变形而焊接起来，如图 6－3－11（a）所示。

电阻对焊操作简单，接头比较光滑，一般只用于焊接截面形状简单、直径（或边长）小于 20 mm 和强度要求不高的杆件。

（2）闪光对焊是将两工件先不接触，接通电源后使两工件轻微接触，因工件表面不平，首先只是某些点接触，强电流通过时，这些接触点的

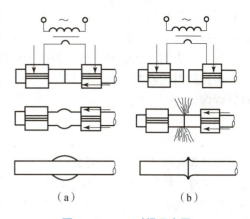

图 6－3－11　对焊示意图
(a) 电阻对焊；(b) 闪光对焊

金属即被迅速加热熔化、蒸发、爆破，高温颗粒以火花形式从接触处飞出而形成"闪光"。此时应保持一定的闪光时间，待焊件端面全部被加热熔化时迅速对焊件施加顶锻力并切断电源，焊件在压力作用下产生塑性变形而焊在一起，如图 6－3－11（b）所示。

在闪光对焊的焊接过程中，工件端面的氧化物和杂质，在最后加压时随液态金属挤出，因此接头中夹渣少、质量好、强度高。闪光对焊的缺点是金属损耗较大，闪光火花易污染其他设备与环境，接头处有毛刺，需要加工清理。

闪光对焊常用于对重要工件的焊接，还可焊接一些异种金属，如铝与铜、铝与钢等的焊接，被焊工件可为直径小到 0.01 mm 的金属丝，也可以是断面大到 20 mm² 的金属棒和金属型材。

2. 摩擦焊

摩擦焊是利用工件间相互摩擦产生的热量同时加压而进行焊接的方法。

图 6－3－12 所示为摩擦焊示意图。先将两焊件夹在焊机上，加一定压力使焊件紧密接触；然后一个焊件做旋转运动，另一个焊件向其靠拢，使焊件接触摩擦产生热量；待工件端面被加热到高温塑性状态时，立即使焊件停止旋转，同时对端面加大压力，使两焊件产生塑性变形而焊接起来。

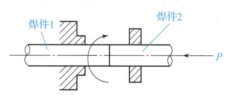

图 6－3－12　摩擦焊示意图

摩擦焊的特点如下：

（1）接头质量好而且稳定。在摩擦焊过程中，焊件接触表面的氧化膜与杂质被清除，因此，接头组织致密，不易产生气孔、夹渣等缺陷。

（2）可焊接的金属范围较广，不仅可焊接同种金属，也可以焊接异种金属。

（3）生产率高、成本低；焊接操作简单，接头不需要进行特殊处理；不需要焊接材料；容易实现自动控制，电能消耗少。

（4）设备复杂，一次性投资较大。摩擦焊主要用于旋转件的压焊，非圆截面焊接比较困难。图 6－3－13 展示了摩擦焊可用的接头形式。

3. 钎焊

钎焊是利用熔点比焊件低的钎料作为填充金属，加热时钎料熔化而母材不熔化，利用液

第六单元　焊工基本操作　253

态钎料浸润母材填充接头间隙，并与母材相互扩散而将焊件连接起来的焊接方法。

钎焊接头的承载能力在很大程度上取决于钎料，根据钎料熔点的不同，钎焊可分为硬钎焊与软钎焊两类。

1）硬钎焊

钎料熔点在 450 ℃ 以上，接头强度在 200 MPa 以上的钎焊为硬钎焊。属于硬钎焊的钎料有铜基、银基钎料等。钎剂主要有硼砂、硼酸、氟化物和氯化物等。硬钎焊主要用于受力较大的钢铁和铜合金构件的焊接，如自行车架、刀具等。

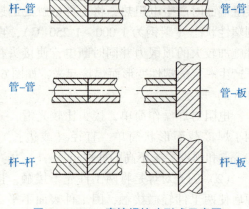

图 6-3-13 摩擦焊接头形式示意图

2）软钎焊

钎料熔点在 450 ℃ 以下，焊接接头强度较低，一般不超过 70 MPa 的钎焊，为软钎焊。如锡焊是常见的软钎焊，所用钎料为锡铅，钎剂有松香、氧化锌溶液等。软钎焊广泛用于电子元器件的焊接。

钎焊构件的接头形式主要有板料搭接和套件镶接。图 6-3-14 所示为几种常见的形式。

3）钎焊的特点

与一般熔化焊相比，钎焊的特点如下。

（1）工件加热温度较低，组织和力学性能变化很小，变形也小，接头光滑平整。

（2）可焊接性能差异很大的异种金属，对工件厚度的差别也没有严格限制。

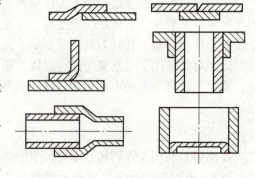

（3）生产率高，工件整体加热时可同时钎焊多条接缝。

图 6-3-14 钎焊接头形式示意图

（4）设备简单，投资费用少。

但钎焊的接头强度较低，尤其是动载强度低，允许的工作温度不高。

任务实施

1. 中厚板对接埋弧焊

1）试件尺寸及要求

（1）试件材料牌号：16Mn 或 20 钢。

（2）试件及坡口尺寸：I 形坡口，如图 6-3-15 所示。

（3）焊接位置：平焊。

（4）焊接要求：双面焊、焊透。

（5）焊接材料：焊丝，H08MnA（H08A），$\phi 5$ mm；焊剂，HJ301（原 HJ431）；定位焊用焊条，E5015，$\phi 4$ mm。

（6）焊机：MZ-1000 型或 MZ1-1000 型。

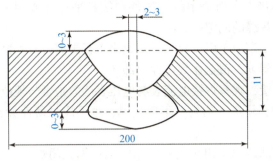

图 6-3-15 I 形坡口

2）试件装配

（1）清除试件坡口面及其正反两侧 20 mm 范围内的油、锈及其他污物，至露出金属光泽。

（2）装配：试件装配要求如图 6-3-16 所示。

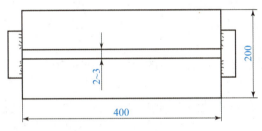

图 6-3-16 装配间隙及定位焊

①装配间隙为 2~3 mm。
②试件错边量≤1.4 mm。
③反变形量 3°。
④在试件两端焊引弧板与引出板，并作定位焊，它们的尺寸为 100 mm × 100 mm × 14 mm。

3）焊接工艺参数

焊接工艺参数如表 6-3-2 所示。

表 6-3-2 焊接工艺参数

焊缝位置	焊丝直径/mm	焊接电流/A	电弧电压/V	焊接速度/（m·h^{-1}）
背面	5	700~750	交流 36~38；直流反接 32~34	30
正面		800~850		

4）操作要求及注意事项

（1）将试件置于水平位置熔剂垫上，进行 2 层 2 道双面焊，先焊背面焊道，后焊正面焊道。

（2）背面焊道的焊接。

①熔剂垫必须垫好，以防熔渣和熔池金属流失；所用焊剂必须与试件焊接用的相同，使用前必须烘干。

②对中焊丝：置焊接小车轨道中线与试件中线相平行（或相一致），往返拉动焊接小车，使焊丝都处于整条焊缝的间隙中心。

③引弧及焊接：将小车推至引弧板端，锁紧小车行走离合器，按动送丝按钮，使焊丝与引弧板可靠接触，给送焊剂，覆盖住焊丝伸出部分。

按启动按钮开始焊接，观察焊接电流表与电压表读数是否与规范参数相符，并应随时调整。焊剂在焊接过程中必须覆盖均匀，不应过厚，也不应过薄而漏出弧光。小车走速应均匀，防止电缆的缠绕阻碍小车的行走。

④收弧：当熔池全部达到引出板后，开始收弧；先关闭焊剂漏斗，再按下一半停止按钮，使焊丝停止给送，小车停止前进，但电弧仍在燃烧，以使焊丝继续熔化来填满弧坑，并以按下这一半按钮的时间长短来控制弧坑填满的程度。然后继续将停止按钮按到底，熄灭电弧，结束焊接。

⑤清渣：松开小车离合器，将小车推离焊件，回收焊剂，清除渣壳，检查焊缝外观质量。要求背面焊缝的熔深应达到40%~50%，否则用加大间隙或增大电流、减小焊接速度的方法来解决。

（3）正面焊道的焊接：将试件翻面，焊接正面焊道。其方法和步骤与背面焊道完全相同，但需注意以下两点：

①防止未焊透或夹渣，要求正面焊道的熔深达60%~70%，为此通常以加大电流的方法来实现较为简便。

②焊正面焊道时，一般不再使用焊剂垫，应进行悬空焊接，这样可在焊接过程中观察背面焊道的加热颜色来估计熔深。如果操作必需，则也可仍在焊剂垫上进行。

2. 薄板对接制件手工钨极氩弧焊

1）试件尺寸及要求

（1）试件材料牌号：16 Mn(Q235)。

（2）试件及坡口尺寸：V形坡口，如图6-3-17所示。

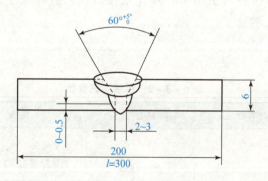

图6-3-17 薄板对接试件及坡口尺寸

（3）焊接位置：平焊。

（4）焊接要求：薄板的板—板对接，单面焊双面成形。

（5）焊接材料：H08Mn2SiA 或 H05MnSiAlTiZr；焊丝直径 $\phi 2.5$ mm。

（6）焊机：NSA4-300，直流正接。

2）试件装配

（1）钝边：0~0.5 mm，要求坡口平直。

（2）清除焊丝表面和试件坡口内及其正反两侧 20 mm 范围内的油、锈、水分及其他污物，至露出金属光泽，再用丙酮清洗该处。由于在手工钨极氩弧焊焊接过程中惰性气体仅起保护作用，无冶金反应，所以坡口的清洗质量直接影响焊缝的质量。因此，当采用氩弧焊时，应特别重视对坡口的清洗工作质量。

（3）装配。

①装配间隙为 2~3 mm，钝边为 0~0.5 mm。

②定位焊：采用与试件焊接时相同牌号的焊丝进行定位焊，并点焊于试件反面两端，焊点长度为 10~15 mm。

③预置反变形量为 3°。

④错边量：应不大于 0.6 mm。

3）．焊接工艺参数

焊接工艺参数如表 6-3-3 所示。

表 6-3-3　焊接工艺参数

焊接层次	焊接电流/A	电弧电压/V	氩气流量/(L·min⁻¹)	钨极直径/mm	焊丝直径/mm	钨极伸出长度/mm	喷嘴直径/mm	喷嘴至工件距离/mm
打底	90~100	12~16	7~9	2.5	2.5	4~8	10	≤12
填充	100~110							
盖面	110~120							

4）操作要点及注意事项

由于钨极氩弧焊时对熔池的保护及可见性好，熔池温度又易控制，所以不易产生焊接缺陷，适合于各种位置的焊接，尤其适合较薄工件的焊接。所以，对本实例的焊接操作技能要求较简单。

（1）打底焊。

通常对于手工钨极氩弧焊采用左向焊法，故将试件大装配间隙置于左侧。

①引弧：在试件右端定位焊缝上引弧。

②焊接：引弧后预热引弧处，当定位焊缝左端形成熔池，并出现熔孔后开始填丝。填丝方法可采用连续填丝法或断续填丝法（见图 6-3-18）。操作时的持枪方法如图 6-3-19 所示，平焊时焊枪与焊丝的角度如图 6-3-20 所示。

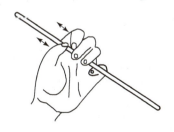

图 6-3-18　连续填丝操作技术

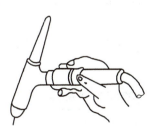

图 6-3-19　持枪方法

封底焊时,采用较小的焊枪倾角和较小的焊接电流,而焊接速度和送丝速度应较快,以免使焊缝下凹和烧穿。焊丝填入动作要均匀、有规律,焊枪移动要平稳,速度要一致。焊接中应密切注意焊接熔池的变化,随时调节有关工艺参数,保证背面焊缝良好成形。当熔池增大、焊缝变宽并出现下凹时,说明熔池温度过高,应减小焊枪与焊件夹角,加快焊接速度;当熔池减小时,说明熔池温度较低,应增加焊枪倾角,减慢焊接速度。

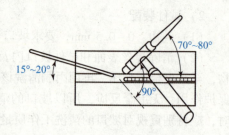

图 6-3-20 平焊时焊枪角度与填丝位置

③接头:当更换焊丝或暂停焊接时,需要接头。这时松开枪上按钮开关,停止送丝,借焊机的电流衰减熄弧,但焊枪仍须对准熔池进行保护,待其完全冷却后方能移开焊枪。若焊机无电流衰减功能,则当松开按钮开关后应稍抬高焊枪,待电弧熄灭、熔池完全冷却后才能移开焊枪。

在接头前应先检查接头熄弧处弧坑质量,当保护较好、无氧化物等缺陷时,则可直接接头;当有缺陷时,则须将缺陷修磨掉,并使其前端成斜面。在弧坑右侧 15~20 mm 处引弧,并慢慢向左移动,待弧坑处开始熔化并形成熔池和熔孔后,继续填丝焊接。

④收弧:当焊至试板末端时,应减小焊枪与工件夹角,使热量集中在焊丝上,加大焊丝熔化量,以填满弧坑。切断控制开关,则焊接电流将逐渐减小,熔池也将随着减小,焊丝抽离电弧,但不离氩气保护区;停弧后,氩气须延时 10 s 左右关闭,以防熔池金属在高温下氧化。

(2) 填充焊。

填充焊的操作步骤和注意事项同打底焊。焊接时焊枪应横向摆动,可采用锯齿形运动方法,其幅度应稍大,并在坡口两侧稍停留,保证坡口两侧熔合好、焊道均匀。填充焊道应低于母材 1 mm 左右,且不能熔化坡口上棱缘。

(3) 盖面焊。

要进一步加大焊枪的摆动幅度,保证熔池两侧超过坡口棱边 0.5~1 mm,并按焊缝余高确定填丝速度与焊接速度。

任务评价

考核评价

评价项目	评价内容	分值/分	自评 20%	互评 20%	师评 60%	合计
职业素养 40分	爱岗敬业,安全意识,责任意识,服从意识	10				
	积极参加任务活动,按时完成工作任务	10				
	团队合作,交流沟通能力,集体主义精神	10				
	劳动纪律,职业道德	5				
	现场 6S 标准,行为规范	5				

续表

评价项目	评价内容	分值/分	自评20%	互评20%	师评60%	合计
专业能力60分	专业资料检索能力，理论实践结合能力	10				
	制订计划和执行能力	10				
	操作符合规范，精益求精	15				
	工作效率，分工协作	10				
	任务验收质量，质量意识	15				
	合计	100				
创新能力加分20分	创新性思维和行动	20				
	总计	120				
教师签名：			学生签名：			

焊接操作安全规范

1. **电弧焊操作安全规范**

（1）保证设备安全，线路各连接点必须紧密接触，防止因松动接触不良而发热、漏电。

（2）焊前检查焊机，必须接地良好；手弧焊时焊钳和电缆的绝缘必须良好。

（3）戴电焊手套，穿焊接鞋，不准赤手接触导电部分，焊接时应站在木垫板上。

（4）焊接时必须穿工作服、戴工作帽和用面罩防止弧光伤害和烫伤。

（5）除渣时要防止焊渣烫伤脸目，工件焊后只许用火钳夹持，不准马上直接用手拿。

（6）手弧焊焊钳在任何时候不得放在金属工作台上，以免短路烧坏焊机。发现焊机或线路发热烫手时，应立即停止工作。

（7）操作完毕或检查焊机及电路系统时必须拉闸，切断电源。

（8）焊接时周围不得有易燃易爆物品。

2. **气焊气割操作安全规范**

1）氧气瓶使用的注意事项

（1）氧气瓶禁止与可燃气瓶放在一起，应离火源5 m以外；不得太阳暴晒，以免膨胀爆炸；瓶口不得沾有油脂、灰尘；阀门冻结千万不可火烤，可用温水、蒸汽适当加热。

（2）应牢固放置，防止振动倾倒引起爆炸，防止滚动，瓶体上应套上两个胶皮减振圈。

（3）开启前应检查压紧螺母是否拧紧，平稳旋转手轮，人站在出气口一侧；使用时不能将瓶内氧气全部用完（要剩 0.1~0.3 MPa 压力）；不用时须罩好保护罩。

（4）在搬运过程中尽量避免振动或互相碰撞；严禁人背氧气瓶；禁止用吊车吊运。

2) 乙炔发生器及乙炔瓶使用的注意事项

（1）发生器及乙炔瓶不要靠近火源，应放在空气流通的地方，且不能漏气。

（2）发生器罩上禁放重物，装入的电石量一般不超过容积的一半。发生器内水温不应超过 60 ℃，工作环境温度低于 0 ℃ 时应向发生器和回火防止器内注入温水。在气温特别低时必须在水中加入少许食盐或甘油，避免水冻结。如有冻结，须用热水或蒸气解冻，严禁火烤或锤击。

3) 回火或火灾的紧急处理方法

（1）当焊炬或割炬发生回火后应首先关闭乙炔开关，然后再关闭氧气开关，待火焰熄灭冷却后方可继续工作。

（2）经常检查回火防止器水位，降低时应添加水，并检查其连接处的密封性。

（3）回火时听到在焊炬出口处产生猛烈爆炸声，应迅速关断气源，制止回火。回火原因可能是气体压力太低，流速太慢；焊嘴被飞溅物玷污，出口局部堵塞；工作过久，高温使焊嘴过热；操作不当，焊嘴太靠近熔池等。

（4）当引起火灾时，首先关闭气源阀，停止供气及停止生产气体。用砂袋、石棉被盖在火焰上，不可用水或灭火器去灭乙炔发生器的火。

思考与练习

一、思考题

1. 常用的焊接方法有哪些？
2. 熔化焊、压力焊、钎焊的区别是什么？
3. 什么是焊接电弧？焊接电弧的构造及温度分布如何？
4. 常用的手弧焊机有哪几种？举例说明电焊机的主要参数及其含义。
5. 手工电弧焊焊条由哪几部分组成？各起什么作用？
6. 手工电弧焊焊接规范有哪些？怎样选择？
7. 焊接最基本的接头形式有哪些？坡口的作用是什么？
8. 手工电弧焊常见的焊接缺陷有哪些？产生的原因各是什么？
9. 试说明气焊的过程和操作方法。
10. 气焊火焰有哪几种？如何区分？
11. 试说明焊接变形产生的原因和焊接变形的主要形式。
12. 常用的焊接质量检验方法有哪几种？

二、练习题

大直径管对接,U形坡口,水平转动焊,单面焊双面成形。试件尺寸及要求如下。

(1) 试件材料牌号:20钢。

(2) 试件及坡口尺寸如图6-3-21所示。

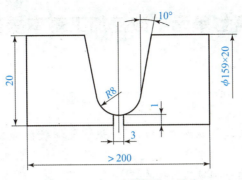

图6-3-21　试件及坡口尺寸

(3) 焊接位置:管子水平转动。
(4) 焊接材料:E5015(F4315)。
(5) 焊机参数:ZX5-400或ZX7-400。

确定试件装配与焊接工艺参数并完成其焊接操作。

第七单元　数控加工基本操作

项目学习要点：
　　本单元主要讲解数控机床加工的相关知识，包括数控加工技术的定义，数控机床、刀具及加工特点，数控车床、铣床的简单编程方法，基本编程工艺路径的安排，数控加工质量分析及综合训练项目等内容。

项目技能目标：
　　UG NX 是企业应用较为普遍的数控加工软件，本单元项目案例中简单介绍了车、铣两个实例的基本编程工艺路径安排以及 UG NX 数控编程的步骤流程，以供读者参考学习。通过本单元的学习，读者应该能够进行简单工件的编程、加工；熟悉数控机床操作面板基本操作；独立操作数控机床完成工件的加工。

　数控铣削加工

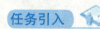

1. 槽形板零件加工编程实例

在立式数控铣床上加工如图 7-1-1 所示槽形板零件轮廓外形，写出数控加工程序单。

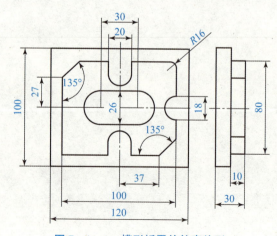

图 7-1-1　槽形板零件轮廓外形

2. UG NX 平面铣削加工实例

依据零件型面特征，综合采用平面铣加工操作，针对图 7-1-2 所示的零件进行平面铣粗加工、槽底面精加工及槽侧面精加工。

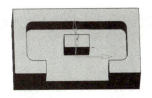

图 7-1-2 零件的模型

从 1952 年第一台数控机床问世至今，随着微电子技术的不断发展，数控系统也在不断地更新换代，先后经历了电子管（1952 年）、晶体管（1959 年）、小规模集成电路（1965 年）、大规模集成电路及小型计算机（1970 年）、微处理机或微型计算机（1974 年）等 5 代。计算机数控（CNC）技术问世时，数控系统发展到第四代。1974 年，以微处理器为基础的 CNC 系统问世，标志着数控系统进入了第五代。

数控机床技术可从精度、速度、柔韧性和自动化程度等方面来衡量，具有高精度化、高速度化、高柔性化、高自动化、智能化、复合化等诸多优点。数控机床主要由控制介质、数控装置、伺服系统和机床本体四个部分组成，如图 7-1-3 所示。

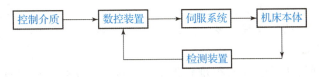

图 7-1-3 数控机床的结构

数控机床按伺服系统控制方式可分为开环控制系统、闭环控制系统和半闭环控制系统；闭环控制系统装有直接测量装置，用于执行部件实际位移量的测量；半闭环控制系统一般装有执行部件实际位移量的间接测量装置。按加工类型，数控机床可分为数控铣削机床、数控车削机床、加工中心、数控线切割和数控电火花加工等多种机床类型。

知识模块一　数控铣床概述

数控铣床在数控机床中所占的比例很大，在航空航天、汽车制造、一般机械加工和模具制造业中应用非常广泛。数控铣床至少有三个控制轴，即 X、Y、Z 轴，可同时控制其中任意两个坐标轴联动，也能控制三个甚至更多个坐标轴联动。它主要用于各类较复杂的平面、曲面和壳体类零件的加工。

1. 数控铣床的分类及加工对象

1) 立式数控铣床

立式数控铣床一般适宜加工盘、套、板类零件，一次装夹后，可对上表面进行钻、扩、镗、铣、铰等加工以及侧面的轮廓加工。

2) 卧式数控铣床

卧式数控铣床一般都带回转工作台，一次装夹后可完成除安装面和顶面以外的其余四个面的各种工序加工，因此适宜箱类零件的加工。

3) 龙门式数控铣床

龙门式数控铣床属于大型数控机床，主要用于大型或形状复杂零件的各种平面、曲面及孔的加工。

4) 加工中心

加工中心就是具有自动换刀功能的复合型数控机床。它往往集数控铣床、数控镗床、数控钻床的功能于一身，且增设有自动换刀装置和刀库，在一次安装工件后，能按数控指令自动选择和更换刀具，依次完成各种复杂的加工，例如：平面、孔系、内外倒角、环形槽的加工及攻螺纹等。根据加工专业化的需要，又出现了车削加工中心、磨削加工中心、电加工中心等。加工中心是适应省力、省时和节能的时代要求而迅速发展起来的新型数控加工设备。

2. 数控铣床所用刀具

在数控铣床上一般采用具有较高定心精度和刚性较好的 7∶24 工具圆锥刀柄，大多使用标准的通用刀具（如钻头、可转位面铣刀等）。随着切削技术的迅速发展，近年来数控铣床不断普及高效刀具的应用，如机夹硬质合金单刃铰刀、硬质合金螺旋齿立铣刀、波形刃立铣刀和复合刀具等。

3. 数控铣削加工的特点

数控铣削加工的主要特点如下。

（1）对零件加工的适应性强、灵活性好，能加工轮廓形状特别复杂或难以控制尺寸的零件，如模具类、壳体类零件等。

（2）能加工普通机床无法（或很难）加工的零件，如用数学模型描述的复杂曲线类零件以及三维空间曲面类零件。

（3）能加工一次装夹定位后需进行多道工序加工的零件。

（4）加工精度高，加工质量稳定可靠。

知识模块二　数控铣床坐标系

在编写数控加工程序过程中，为了确定刀具与工件的相对位置，必须通过机床参考点和坐标系描述刀具的运动轨迹。在国际 ISO 标准中，数控机床坐标轴和运动方向的设定均已标准化，我国原机械工业部[①]1982 年颁布的 JB 3052—1982 标准与国际 ISO 标准等效。

1. 机床坐标轴

为简化编程和保证程序的通用性，对数控机床的坐标轴和方向命名制定了统一的标准，规定直线进给坐标轴用 X、Y、Z 表示，常称基本坐标轴。X、Y、Z 坐标轴的相互关系用右手定则确定，如图 7-1-4 所示，图中大拇指的指向为 X 轴的正方向，食指指向为 Y 轴的正方向，中指指向为 Z 轴的正方向。

---

① 机械工业部于 1998 年撤销。

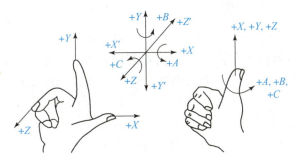

图 7-1-4 坐标轴

围绕 X、Y、Z 轴旋转的圆周进给坐标轴分别用 A、B、C 表示，根据右手螺旋定则，如图 7-1-4 所示，以大拇指指向 $+X$、$+Y$、$+Z$ 方向，则食指、中指等的指向是圆周进给运动的 $+A$、$+B$、$+C$ 方向。数控机床的进给运动有的由主轴带动刀具运动来实现，有的由工作台带动工件运动来实现。通常坐标轴正方向是假定工件不动，刀具相对于工件做进给运动的方向。

Z 轴表示传递切削动力的主轴，X 轴平行于工件的装夹平面，一般取水平位置，根据右手直角坐标系的规定，确定了 X 和 Z 坐标轴的方向，自然能确定 Y 轴的方向。

机床坐标轴的方向取决于机床的类型和各组成部分的布局，对铣床而言：Z 坐标轴与立式铣床的直立主轴同轴线，刀具远离工件的方向为正方向（$+Z$）；面对主轴，向右为 X 坐标轴的正方向；根据右手直角坐标系的规定确定 Y 坐标轴的方向朝前，如图 7-1-5 所示。

2. 机床原点的设置

机床原点是指在机床上设置的一个固定点，即机床坐标系的原点，它在机床装配、调试时就已确定下来，是数控机床进行加工运动的基准参考点。

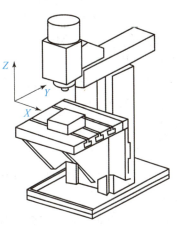

图 7-1-5 立铣床坐标图

在数控铣床上，机床原点一般取在 X、Y、Z 坐标的正方向极限位置上，如图 7-1-6 所示。

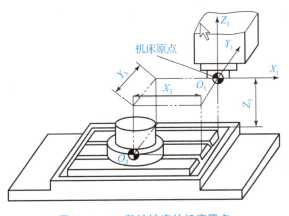

图 7-1-6 数控铣床的机床原点

第七单元　数控加工基本操作　265

3. 机床参考点

机床参考点是用于对机床运动进行检测和控制的固定位置点，机床参考点的位置是由机床制造厂家在每个进给轴上用限位开关精确调整好的，坐标值已输入数控系统中。因此，参考点对机床原点的坐标是一个已知数。通常在数控铣床上机床原点和机床参考点是重合的。

在数控机床开机时，必须先确定机床原点，而确定机床原点的运动就是刀架返回参考点的操作，这样通过确认参考点就确定了机床原点。只有机床参考点被确认后，刀具（或工作台）移动才有基准。

4. 编程坐标系

编程坐标系也称工件坐标系，是编程人员根据零件图样及加工工艺等建立的坐标系。编程坐标系一般供编程使用，确定编程坐标系时不必考虑工件毛坯在机床上的实际装夹位置，如图7-1-7所示，其中 O_2 即编程坐标系的原点。

工件坐标系原点的选择要尽量满足编程简单、尺寸换算少、引起的加工误差小等条件，一般情况下程序原点应选在零件尺寸标注的基准点；对称零件或以同心圆为主的零件，程序原点应选在对称中心线或圆心上；Z轴的程序原点通常选在工件的上表面。

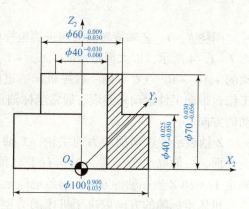

图7-1-7 数控铣床编程坐标系

5. 对刀点的确定

对刀点是确定程序原点在机床坐标系中的位置的点，在机床上，工件坐标系的确定是通过对刀的过程实现的。对刀点的确定方法如图7-1-8所示，对刀点可以设在工件上，也可以设在与工件的定位基准有一定关系的夹具某一位置上，其选择原则是对刀方便、对刀点在机床上容易找正、加工过程中检查方便以及引起的加工误差小等。对刀点与工件坐标系原点

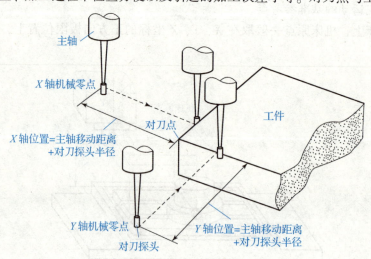

图7-1-8 对刀点的确定方法

如果不重合（在确定编程坐标系时，最好考虑到使得对刀点与工件坐标系重合），在设置机床零点偏置时（G54 对应的值）应当考虑到两者的差值。

数控加工过程中需要换刀时应该设定换刀点。换刀点应设在零件和夹具的外面，以避免换刀时撞伤工件或刀具，引起撞车事故。

技能小贴士

数控机床常见故障排除

1. 紧急停止

当发生紧急情况时，按机床操作面板上的紧急停止按钮，机床锁住，机床移动立即停止。紧急停止时，通向电动机的电源被关断。解除紧急停止的方法因机床厂家而不同，一般通过旋转解除。解除紧急停止前，应排除不正常因素。

2. 超程

刀具超越了机床限位开关规定的行程范围时，显示报警，刀具减速停止。此时，用手动将刀具移向安全的方向，然后按复位按钮解除报警。

3. 行程检测

用参数设定限制范围，设定范围的外侧为禁止范围，通常由机床厂家在机床最大行程处设定，无须改变。

4. 报警处理

不能正常运转时，一般可按以下情况确认。

（1）CRT 显示错误代码时，可参照机床说明书查找错误原因。P/S 报警时，分析程序错误或设定数据错误，修改程序或重新设定数据。

（2）CRT 未显示错误代码时，可能系统正在进行后台处理，而运转暂时停止；如长时间无反应，则可参照有关故障情况调查及故障检测办法，查明故障原因，对症处理。

知识模块三　数控铣床编程基础

正确的加工程序不仅应保证加工出符合图纸要求的合格工件，同时应能使数控机床的功能得到合理的应用与充分的发挥，以使数控机床能安全、可靠、高效地工作。数控加工程序的编制过程是一个比较复杂的工艺决策过程。一般来说，数控编程过程主要包括：分析零件图样、工艺处理、数学处理、编写程序单、输入数控程序及程序检验，典型的数控编程过程如图 7-1-9 所示。

1. 程序结构与格式

一个完整的零件加工程序由若干程序段组成，一个程序段由序号、若干代码字和结束符号组成，每个代码字由字母和数字组成。

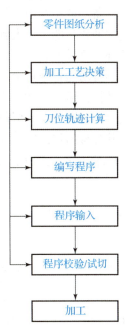

图 7-1-9　数控编程的内容和步骤

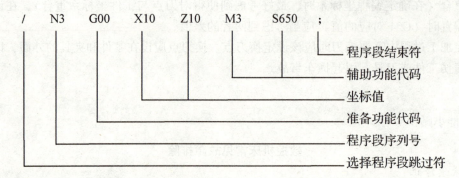

一个程序段包含3部分：程序标号字（N字）+程序主体+结束符。

(1) 程序标号字（N字），也称为程序段号，用以识别和区分程序段的标号。不是所有程序段都要有标号，但有标号便于查找，对于跳转程序来说，必须有程序段号。程序段号与执行顺序无关。

(2) 结束符号，用";"表示，有些系统用","或"LF"表示，任何程序段都必须有结束符，否则不予执行（一般情况下，在数控系统中直接编程时，按"Enter"键可自动生成结束符，但在计算机中编程时需手工输入结束符）。

(3) 程序段主体部分。一个完整的加工过程包括各种控制信息和数据，由一个以上功能字组成。功能字包括准备功能字（G）、坐标字（X、Y、Z）、辅助功能字（M）、进给功能字（F）、主轴功能字（S）、刀具功能字（T）等。

2. 常用的编程指令

1) 准备功能指令

准备功能指令由字符G和其后的1~3位数字组成，常用的是G00~G99，很多现代CNC系统的准备功能已扩大到G150。准备功能的主要作用是指定机床的运动方式，为数控系统的插补运算做准备。

准备功能指令可分为"模态代码"和"一次"代码，"模态代码"的功能在执行后会继续维持，而"一次"代码仅仅在收到该命令时起作用。定义移动的代码通常是"模态代码"，如直线、圆弧和循环代码；反之，如原点返回代码就叫"一次"代码。每一个代码都归属其各自的代码组。在"模态代码"中，当前的代码会被加载的同组代码代替。

FANUC系统常用的准备功能如表7-1-1所示。

表7-1-1 FANUC系统常用的准备功能

G代码	组别	说明	G代码	组别	说明
G00	01	定位（快速移动）	G73	09	高速深孔钻削循环
G01		直线切削	G74		左螺旋切削循环
G02		顺时针切圆弧	G76		精镗孔循环
G03		逆时针切圆弧	*G80		取消固定循环
G04	00	暂停	G81		中心钻循环

续表

G 代码	组别	说明	G 代码	组别	说明
G17	02	XY 面赋值	G82		反镗孔循环
G18		XZ 面赋值	G83		深孔钻削循环
G19		YZ 面赋值	G84		右螺旋切削循环
G28	00	机床返回原点	G85		镗孔循环
G30		机床返回第 2、3 原点	G86		镗孔循环
*G40	07	取消刀具直径偏移	G87		反向镗孔循环
G41		刀具直径左偏移	G88		镗孔循环
G42		刀具直径右偏移	G89		镗孔循环
*G43	08	刀具直径 + 方向偏移	*G90	03	使用绝对值命令
*G44		刀具直径 – 方向偏移	G91		使用增量值命令
*G49		取消刀具长度偏移	G92	00	设置工件坐标系
*G98	10	固定循环返回起始点	*G99	10	返回固定循环 R 点

2) 辅助功能及其他常用功能指令

辅助功能指令亦称"M"指令，由字母 M 和其后的两位数字组成，从 M00~M99 共 100 种。这类指令主要是机床加工操作时的工艺性指令，常用的 M 指令如下所示。

（1）M00——程序停止。

（2）M01——计划程序停止。

（3）M02——程序结束。

（4）M03、M04、M05——主轴顺时针旋转、主轴逆时针旋转及主轴停止。

（5）M06——换刀。

（6）M08——冷却液开。

（7）M09——冷却液关。

（8）M30——程序结束并返回。

其他常用功能指令如表 7 - 1 - 2 所示。

表 7 - 1 - 2 其他常用功能指令

编码	功能	解释
O	代码编号	代码编号
N	行号	行号
G	主代码	操作码
X、Y、Z	坐标	移动位置
R	半径	圆弧半径

第七单元　数控加工基本操作　269

编 码	功 能	解 释
I, J, K	圆弧中心	距圆弧中心的距离
F	进给率	定义进给率
S	主轴转速	定义主轴转速
T	刀号	定义刀号
M	辅助代码	辅助功能开关
H, D	补偿	刀具长度、半径补偿
P, X	延时	定义延时
P	子程序调用	子程序编号
P, Q, R	参数	固定循环参数

3. 手工编程范例

在立式数控铣床上加工图 7-1-10 所示的零件轮廓外形，写出数控加工程序单。分析图 7-1-10 所示零件，工件大小为 80 mm × 80 mm × 25 mm，工件材料为 45 钢，选用直径为 φ20 mm 平底刀，转速 800 r/min，进给量 100 mm/min，编写代码如下：

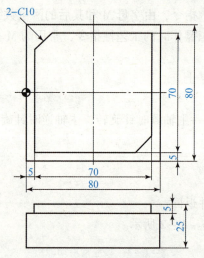

图 7-1-10 手工编程范例

```
%
G40 G49 G80;
N0001 G21;
N0002 G91 G28 Z0.;
N0003 M06 T01;
N0004 G90 G54 G00 X0. Y0. Z100.;
```

```
N0005 M08;
N0006 X-5.Y5.Z150.;
N0007 M3 S800;
N0008 X-5.Y5.Z5.;
N0009 G01 Z-5.F100;
N0010 Y35.;
N0011 G02 X-2.071 Y42.071 R10.;
N0012 G01 X7.929 Y52.071;
N0013 G02 X15.Y55.;
N0014 G01 X45.;
N0015 G02 X55.Y45.;
N0016 G01 Y15.;
N0017 G02 X52.071 Y7.929;
N0018 G01 X42.071 Y-2.071;
N0019 G02 X35.Y-5.;
N0020 G01 X5.;
N0021 G02 X-5.Y5.;
N0022 G01 Z5.;
N0023 G00 X-5.Y5.Z100.;
N0024 X-5.Y5.Z100.;
N0025 X0.Y0.;
N0026 M05;
N0027 M30;
%
```

仿真加工结果如图 7-1-11 所示。

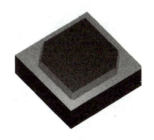

图 7-1-11 手工编程范例仿真加工结果

数控铣削常见问题分析

与数控车床和普通铣床加工相似，数控铣床加工也应做到粗、精分开，选用加工余量一致性好的毛坯，认真分析加工工艺，确定恰当的切入、切出轨迹，选择合适的刀具与铣削用量。数控铣削加工应使工序集中,以减小定位误差,若需换刀则应尽量采用相同的基准对刀,以提高加工精度。铣削斜面或空间曲面时,工件表面会留下切削残痕,残痕高度与进给量有关,可通过理论计算或预加工确定合适的进给量。进给量越小,走刀次数越多,则残痕高度越小,零件的加工精度越高,表面粗糙度值越小。

任务实施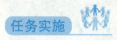

1. 槽形板零件加工编程实例

在立式数控铣床上加工图 7-1-12 所示槽形板零件轮廓外形,写出数控加工程序单。分析如图 7-1-12 所示零件,工件大小为 100 mm×120 mm×25 mm,工件材料为 45 钢,选用直径为 φ12 mm、φ20 mm 的两把平底刀,分别用于粗、精加工,转速为 800 r/min,进给量为 100 mm/min,编写代码如下:

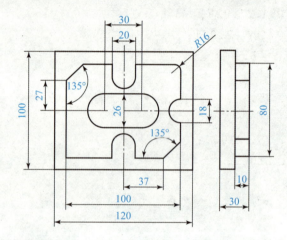

图 7-1-12 槽形板零件轮廓外形

```
%
N001 G40 G49 G80;
N002 G21;
N003 G91 G28 Z0.;
N004 M06 T01;
N005 G90 G54 G00 X0. Y0. Z100.;
N006 M08;
N007 M3 S800;
N008 X0. Y0. Z9.;
N009 G01 Z-1. F100;
N010 Y100.;
N011 X120.;
N012 Y0.;
N013 X0.;
```

```
N014 Z9.;
N015 G00 X0. Y0. Z50.;
N016 Z4.;
N017 G01 Z-6.;
N018 Y100.;
N019 X120.;
N020 Y0.;
N021 X0.;
N022 Z4.;
N023 G00 X0. Y0. Z50.;
N024 Z0.;
N025 G01 Z-10.;
N026 Y100.;
N027 X120.;
N028 Y0.;
N029 X0.;
N030 Z0.;
N031 G00 X0. Y0. Z50.;
N032 Z100.;
N033 M06 T02;
N034 G00 X0. Y0.;
N035 M08;
N036 X4. Y10.;
N037 X4. Y10. Z9.;
N038 G01 Z-1. F100;
N039 Y75.;
N040 G02 X5.757 Y79.243 R6.;
N041 G01 X20.757 Y94.243;
N042 G02 X25. Y96.;
N043 G01 X50.;
N044 G02 X56. Y90.;
N045 G01 Y80.;
N046 G03 X60. Y76. R4.;
N047 X64. Y80.;
N048 G01 Y90.;
N049 G02 X70. Y96. R6.;
N050 G01 X100.;
N051 G02 X116. Y80. R16.;
N052 G01 Y60.;
```

```
N053 G02 X110. Y54. R6.;
N054 G03 X106. Y50. R4.;
N055 X110. Y46.;
N056 G02 X116. Y40. R6.;
N057 G01 Y25.;
N058 G02 X114.243 Y20.757;
N059 G01 X99.243 Y5.757;
N060 G02 X95. Y4.;
N061 G01 X70.;
N062 G02 X64. Y10.;
N063 G01 Y20.;
N064 G03 X60. Y24. R4.;
N065 X56.Y20.;
N066 G01 Y10.;
N067 G02 X50. Y4. R6.;
N068 G01 X10.;
N069 G02 X4. Y10.;
N070 G01 Z9.;
N071 G00 X4. Y10. Z50.;
N072 X4.Y10.Z50.;
N073 X4.Y10.Z4.;
N074 G01 Z-6.;
N075 Y75.;
N076 G02 X5.757 Y79.243;
N077 G01 X20.757 Y94.243;
N078 G02 X25. Y96.;
N079 G01 X50.;
N080 G02 X56. Y90.;
N081 G01 Y80.;
N082 G03 X60. Y76. R4.;
N083 X64.Y80.;
N084 G01 Y90.;
N085 G02 X70. Y96. R6.;
N086 G01 X100.;
N087 G02 X116. Y80. R16.;
N088 G01 Y60.;
N089 G02 X110. Y54. R6.;
N090 G03 X106. Y50. R4.;
N091 X110. Y46.;
```

```
N092 G02 X116. Y40. R6.;
N093 G01 Y25.;
N094 G02 X114.243 Y20.757;
N095 G01 X99.243 Y5.757;
N096 G02 X95. Y4.;
N097 G01 X70.;
N098 G02 X64. Y10.;
N099 G01 Y20.;
N100 G03 X60. Y24. R4.;
N101 X56. Y20.;
N102 G01 Y10.;
N103 G02 X50. Y4. R6.;
N104 G01 X10.;
N105 G02 X4. Y10.;
N106 G01 Z4.;
N107 G00 X4. Y10. Z50.;
N108 X4. Y10. Z50.;
N109 X4. Y10. Z0.;
N110 G01 Z-10.;
N111 Y75.;
N112 G02 X5.757 Y79.243;
N113 G01 X20.757 Y94.243;
N114 G02 X25.Y96.;
N115 G01 X50.;
N116 G02 X56.Y90.;
N117 G01 Y80.;
N118 G03 X60. Y76. R4.;
N119 X64.Y80.;
N120 G01 Y90.;
N121 G02 X70. Y96. R6.;
N122 G01 X100.;
N123 G02 X116. Y80. R16.;
N124 G01 Y60.;
N125 G02 X110. Y54. R6.;
N126 G03 X106. Y50. R4.;
N127 X110. Y46.;
N128 G02 X116. Y40. R6.;
N129 G01 Y25.;
N130 G02 X114.243 Y20.757;
```

N131 G01 X99.243 Y5.757;
N132 G02 X95. Y4.;
N133 G01 X70.;
N134 G02 X64. Y10.;
N135 G01 Y20.;
N136 G03 X60. Y24. R4.;
N137 X56. Y20.;
N138 G01 Y10.;
N139 G02 X50. Y4. R6.;
N140 G01 X10.;
N141 G02 X4. Y10.;
N142 G01 Z0.;
N143 G00 X4. Y10. Z50.;
N144 X4.Y10. Z100.;
N145 X0.Y0. Z100.;
N146 M06;
N147 G00 X0. Y0. Z100.;
N148 M08;
N149 X60. Y50. Z100.;
N150 X60. Y50. Z9.;
N151 G01 Z −1. F100;
N152 Y51.;
N153 X75.;
N154 G02 Y49. R1.;
N155 G01 X45.;
N156 G02 Y51.;
N157 G01 X60.;
N158 Y57.;
N159 X75.;
N160 G02 Y43. R7.;
N161 G01 X45.;
N162 G02 Y57.;
N163 G01 X60.;
N164 Z9.;
N165 G00 X60. Y57. Z50.;
N166 X60. Y50. Z50.;
N167 X60. Y50. Z4.;
N168 G01 Z −6.;
N169 Y51.;

```
N170 X75.;
N171 G02 Y49. R1.;
N172 G01 X45.;
N173 G02 Y51.;
N174 G01 X60.;
N175 Y57.;
N176 X75.;
N177 G02 Y43. R7.;
N178 G01 X45.;
N179 G02 Y57.;
N180 G01 X60.;
N181 Z4.;
N182 G00 X60. Y57. Z50.;
N183 X60. Y50. Z50.;
N184 X60. Y50. Z0.;
N185 G01 Z -10.;
N186 Y51.;
N187 X75.;
N188 G02 Y49. R1.;
N189 G01 X45.;
N190 G02 Y51.;
N191 G01 X60.;
N192 Y57.;
N193 X75.;
N194 G02 Y43. R7.;
N195 G01 X45.;
N196 G02 Y57.;
N197 G01 X60.;
N198 Z0.;
N199 G00 X60. Y57. Z50.;
N200 X60. Y57. Z100.;
N201 X0. Y0.;
N202 M05;
N203 M30;
%
```

仿真加工结果如图 7-1-13 所示。

2. UG NX 平面铣削加工实例

依据零件型面特征，综合采用平面铣加工操作针对图 7-1-14 所示的零件进行平面铣粗加工、槽底面精加工及槽侧面精加工。

图 7-1-13 槽形板零件仿真加工结果

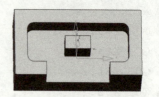

图 7-1-14 零件的模型

1) 实例分析

本例是一个比较典型的平面加工零件,主要包括平面铣、轮廓精加工和表面精加工。本例的主要目的是通过零件加工的过程,让读者逐步熟悉平面铣与面铣的基本思路和步骤。

零件材料是 45 钢,加工思路是先通过平面铣进行粗加工,侧面留 0.35 mm 加工余量,底面留 0.15 mm 的余量。再用面铣精加工底面,最后用平面铣精加工侧壁。平面铣的加工工艺方案如表 7-1-3 所示。

表 7-1-3 平面铣的加工工艺方案

工序号	加工内容	加工方式	留余量/mm 侧部件/底面	机床	刀具规格/mm	夹 具
10	下料 100 mm × 50 mm × 25 mm	铣削	0.5	铣床	铣刀 φ32	机夹虎钳
20	铣六面体 100 mm × 50 mm × 25 mm,保证尺寸误差 0.3 mm 以内,两面平行度小于 0.05 mm	铣削	0	铣床	铣刀 φ32、φ16	机夹虎钳
30	将工件安装到机夹台虎钳上,夹紧工件两侧面			数控铣床		机夹虎钳
30.01	凹槽的开粗	平面铣	0.35/0.15		平铣刀 φ8	
30.02	槽底平面的精加工	面铣	0		平铣刀 φ8	
30.03	槽侧平面的精加工	平面铣	0		平铣刀 φ8	

2) 操作步骤

(1) 粗加工。启动 UG 调入零件模型后初始化加工环境、设定坐标系和安全高度、创建刀具、创建方法、创建几何体、创建平面铣操作、创建边界、设定底面、设定进刀参数、设定切削深度、设定进给率和刀具转速,生成刀位轨迹,如图 7-1-15 所示。

(2) 精加工底平面。步骤包括创建面铣操作、指定面边界、设定螺旋进刀、生成刀位轨迹,如图 7-1-16 所示。

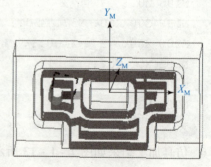

图 7-1-15 平面铣加工的刀位轨迹

(3) 精加工侧面。步骤包括复制平面铣操作、修改方法、设定切削模式、设定切削底面余量和生成刀位轨迹,如图 7-1-17 所示。

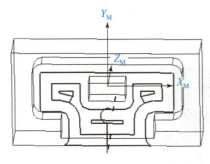
图7-1-16 底面精加工的刀位轨迹

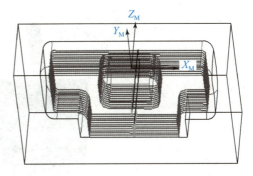
图7-1-17 精加工侧面的刀位轨迹

(4) 刀轨实体加工模拟。在操作导航器中，在WORKPIECE节点上右击，如图7-1-18所示。在打开的快捷菜单中选择"刀轨"—"确认"命令，则回放所有该节点下的刀轨，接着打开"刀轨可视化"对话框，如图7-1-19所示，切换到其中的"2D动态"或"3D动态"选项卡，单击下面的"播放"按钮，系统开始模拟加工的全过程。图7-1-20所示为模拟中的工件。

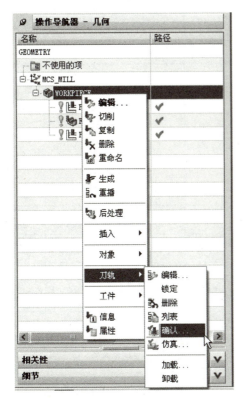
图7-1-18 刀轨确认

图7-1-19 "刀轨可视化"对话框

第七单元 数控加工基本操作 279

图7-1-20 刀轨实体加工模拟

考核评价

评价项目	评价内容	分值/分	自评 20%	互评 20%	师评 60%	合计
职业素养 40分	爱岗敬业，安全意识，责任意识，服从意识	10				
	积极参加任务活动，按时完成工作任务	10				
	团队合作，交流沟通能力，集体主义精神	10				
	劳动纪律，职业道德	5				
	现场6S标准，行为规范	5				
专业能力 60分	专业资料检索能力，软件应用能力	10				
	制订计划和执行能力	10				
	操作符合规范，精益求精	15				
	工作效率，分工协作	10				
	任务验收质量，质量意识	15				
合计		100				
创新能力加分20分	创新性思维和行动	20				
总计		120				
教师签名：					学生签名：	

项目二 数控车削加工

1. 螺纹锥轴零件编程实例

在卧式数控车床上加工如图7-2-1所示的螺纹锥轴零件轮廓外形,写出数控加工程序单。

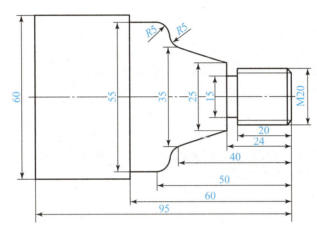

图7-2-1 螺纹锥轴零件图

2. UG NX 数控车削锥孔零件实例

本例要求使用钻中心孔、啄钻、镗孔、端面加工、外圆粗加工、外圆精加工、外圆切槽加工、外螺纹车削加工等,最终完成零件的加工。零件示意图如图7-2-2所示。

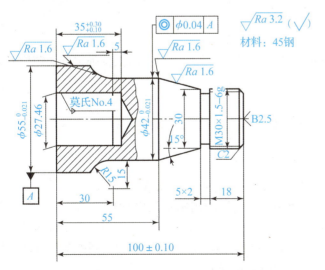

图7-2-2 锥孔零件

知识链接

数控车床是数控机床中应用最为广泛的一种机床。数控车床在结构及其加工工艺上与普通车床相类似;但由于数控车床是由电子计算机数字信号控制的机床,其加工是通过事先编制好的加工程序来控制的,所以在工艺特点上与普通车床又有所不同。

知识模块一 数控车床概述

数控车床的分类方法很多,但通常都以与普通车床相似的方法进行分类。

1. 数控车床的分类

1) 按车床主轴位置分类

(1) 立式数控车床。

立式数控车床简称为数控立车,其车床主轴垂直于水平面,并有一个直径很大的圆形工作台,供装夹工件用。这类车床主要用于加工径向尺寸大、轴向尺寸相对较小的大型复杂零件。

(2) 卧式数控车床。

卧式数控车床又分为数控水平导轨卧式车床和数控倾斜导轨卧式车床,其倾斜导轨结构可以使车床具有更大的刚性,并易于排除切屑。

2) 按加工零件的基本类型分类

(1) 卡盘式数控车床。

这类车床未设置尾座,适合车削盘类(含短轴类)零件,其夹紧方式多为电动或液动控制,卡盘结构多具有可调卡爪或不淬火卡爪(即软卡爪)。

(2) 顶尖式数控车床。

这类数控车床配置有普通尾座或数控尾座,适合车削较长的轴类零件及直径不太大的盘、套类零件。

3) 按刀架数量分类

(1) 单刀架数控车床。

普通数控车床一般都配置有各种形式的单刀架。常见单刀架有四工位卧式自动转位刀架和多工位转塔式自动转位刀架。

(2) 双刀架数控车床。

这类数控车床刀架的配置形式有平行交错双刀架、垂直交错双刀架和同轨双刀架等。

4) 按数控系统的技术水平分类

(1) 经济型数控车床。

经济型数控车床(见图 7-2-3)一般是以普通车床的机械结构为基础,经过改进设计而成的,也有对普通车床直接进行改造而成的。一般采用由步进电动机驱动的开环伺服系统,其控制部分采用单板机或单片机实现,也有一些采用较为简单的成品数控系统的经济型数控车床。此类车床的特点是结构简单、价格低廉,但缺少一些诸如刀尖圆弧半径自动补偿和恒线速度切削等功能,一般只能进行两坐标联动。

(2) 全功能型数控车床。

全功能型数控车床(见图 7-2-4)就是日常所说的数控车床。它的控制系统是全功能型的,带有高分辨率的 CRT 和通信、网络接口,有各种显示、图像仿真、刀具和位置补偿等功能,一般采用闭环或半闭环控制的数控系统,可以进行多坐标联动。这类数控车床具有高精度、高刚度和高效率等特点。

图 7-2-3 经济型数控车床　　　　图 7-2-4 全功能型数控车床

(3) 车削中心。

车削中心是以全功能型数控车床为主体,配备刀库、自动换刀装置、分度装置和机械手等部件,实现多工序复合加工的机床。在车削中心上,工件在一次装夹后可以完成回转类零件的车、铣、钻、铰、螺纹加工等多种工序的加工。车削中心的功能全面,加工质量和速度很高,但价格也很高。

(4) FMC 车床。

FMC 是英文 Flexible Manufacturing Cell(柔性加工单元)的缩写。FMC 车床(见图 7-2-5)实际就是一个由数控车床、机器人等构成的加工系统,它能实现工件搬运、装卸的自动化和加工调整准备的自动化操作。

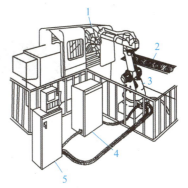

图 7-2-5 FMC 车床
1—卡爪;2—工件;3—机器人;
4—NC 控制柜;5—机器人控制柜

2. 数控车床所用刀具

1) 常用车刀的种类和用途

数控车削常用的车刀一般分为三类,即尖形车刀、圆弧形车刀和成形车刀。

(1) 尖形车刀。以直线形切削刃为特征的车刀一般称为尖形车刀。这类车刀的刀尖(同时也为其刀位点)由直线形的主、副切削刃构成,如 90°内外圆车刀、左右端面车刀、切断(车槽)车刀及刀尖倒棱很小的各种外圆和内孔车刀。用这类车刀加工零件时,其零件的轮廓形状主要由一个独立的刀尖或一条直线形主切削刃位移后得到,它与另两类车刀加工时所得到零件轮廓形状的原理是截然不同的。

(2) 圆弧形车刀。圆弧形车刀是较为特殊的数控加工用车刀,其特征是,构成主切削刃的刀刃形状为一圆度误差或线轮廓误差很小的圆弧;该圆弧刃每一点都是圆弧形车刀的刀尖,因此,刀位点不在圆弧上,而在该圆弧的圆心上;车刀圆弧半径理论上与被加工零件的形状无关,并可按需要灵活确定或经测定后确认。当某些尖形车刀或成形车刀(如螺纹车刀)的刀尖具有一定的圆弧形状时,也可作为这类车刀使用。圆弧形车刀可以用于车削内、外表面,特别适宜于车削各种光滑连接(凹形)的成形面。

第七单元　数控加工基本操作 283

(3) 成形车刀,又称样板车刀,其加工零件的轮廓形状完全由车刀刀刃的形状和尺寸决定。图 7-2-6 所示为常用车刀的种类、形状和用途。数控车削加工中,常见的成形车刀有小半径圆弧车刀、非矩形车槽刀和螺纹车刀等。在数控加工中,应尽量少用或不用成形车刀,当确有必要选用时,则应在工艺准备文件或加工程序单上进行详细说明。

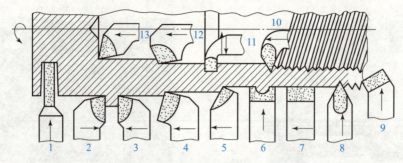

图 7-2-6　常用车刀的种类、形状和用途

1—切断刀；2—90°左偏刀；3—90°右偏刀；4—弯头车刀；5—直头车刀；
6—成型车刀；7—宽刃精车刀；8—外螺纹车刀；9—端面车刀；
10—内螺纹车刀；11—内槽车刀；12—通孔车刀；13—盲孔车刀

2) 机夹可转位车刀的选用

为了减少换刀时间和方便对刀,便于实现机械加工的标准化,数控车削加工时,应尽量采用机夹刀和机夹刀片。数控车床常用的机夹车刀形式如图 7-2-7 所示。

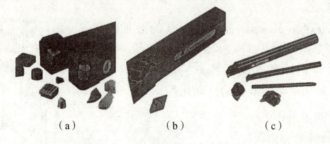

图 7-2-7　常用的机夹车刀形式
(a) 陶瓷机夹刀具；(b) 陶瓷机夹车刀；(c) 陶瓷机夹镗刀

从刀具的材料应用方面看,数控机床用刀具材料主要是各类硬质合金。从刀具的结构应用方面看,数控机床主要采用镶块式机夹可转位刀片的刀具。因此,对硬质合金可转位刀片的运用是数控机床操作者所必须了解的内容之一。

选用机夹式可转位刀片,首先要了解的关键是各类型的机夹式可转位刀片的代码(code)。按国际标准 ISO 1832—1985 的规定,可转位刀片的代码是由 10 位字符串组成的,其排列如下：

$$\underline{\times}\ \underline{\times}\ \underline{\times}\ \underline{\times}\ \underline{\times}\ \underline{\times}\ \underline{\times}\ \underline{\times}\ \underline{\times}—\underline{\times}$$
　①　②　③　④　⑤　⑥　⑦　⑧　⑨　⑩

其中每一位字符串均代表刀片某种参数的意义,现分别叙述如下：

(1) 刀片的几何形状及其夹角；

(2) 刀片主切削刃后角（法后角）；

(3) 刀片内接圆 d 与厚度 s 的精度级别；

(4) 刀片形式、紧固方法或断屑槽；

(5) 刀片边长、切削刃长；

(6) 刀片厚度；

(7) 刀尖圆角半径 r_ε 或主偏角 κ_r 或修光刃后角 α_n；

(8) 切削刃状态，刀尖切削刃或倒棱切削刃；

(9) 进刀方向或倒刃宽度；

(10) 厂商的补充符号或倒刃角度。

知识模块二　数控车床坐标系

数控车床坐标系统分为机床坐标系和工件坐标系（编程坐标系）。

1. 机床坐标系

以机床原点为坐标系原点建立起来的 X、Z 轴直角坐标系，称为机床坐标系。车床的机床原点为主轴旋转中心与卡盘后端面的交点。机床坐标系是制造和调整机床的基础，也是设置工件坐标系的基础，一般不允许随意变动。机床坐标系如图 7-2-8 所示。

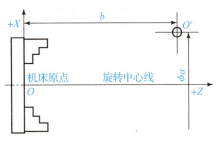

图 7-2-8　机床坐标系

2. 参考点

参考点是机床上的一个固定点，该点是刀具退离到的一个固定不变的极限点（图 7-2-8 中点 O 即为参考点），其位置由机械挡块或行程开关来确定。以参考点为原点，坐标方向与机床坐标方向相同建立的坐标系叫作参考坐标系，在实际使用中通常是以参考坐标系计算坐标值。

3. 工件坐标系（编程坐标系）

数控编程时应该首先确定工件坐标系和工件原点。零件在设计中有设计基准，在加工过程中有工艺基准，同时应尽量将工艺基准与设计基准统一，该基准点通常称为工件原点。以工件原点为坐标原点建立起来的 X、Z 轴直角坐标系，称为工件坐标系。在车床上工件原点可以选择在工件的左或右端面上。工件坐标系如图 7-2-9 所示。

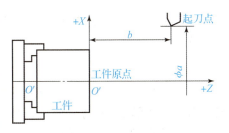

图 7-2-9　工件坐标系

知识模块三　数控车削加工中的装刀与对刀

装刀与对刀是数控机床加工中极其重要并十分棘手的一项基本工作。对刀的好与差将直接影响到加工程序的编制及零件的尺寸精度。通过对刀或刀具预调，还可同时测定其各号刀的刀位偏差，有利于设定刀具补偿量。

1. 车刀的安装

在实际切削中，车刀安装的高低、车刀刀杆轴线是否垂直，对车刀角度有很大影响。以车削外圆（或横车）为例，当车刀刀尖高于工件轴线时，因其车削平面与基面的位置发生变化,使前角增大、后角减小;反之,则前角减小、后角增大。车刀安装的歪斜,对主偏角、副偏角影响较大,特别是在车螺纹时,会使牙型半角产生误差。因此,正确地安装车刀是保证加工质量、减小刀具磨损、提高刀具使用寿命的重要步骤。图7-2-10所示为车刀安装角度。当车刀安装成负前角时,会增大切削力;安装成正前角时,则会减小切削力。

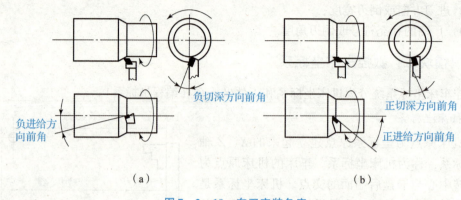

图7-2-10 车刀安装角度
(a) 负前角(增大切削力);(b) 正前角(减小切削力)

2. 刀位点

刀位点是指在加工程序编制中,用以表示刀具特征的点,也是对刀和加工的基准点。对于车刀,各类车刀的刀位点如图7-2-11所示。

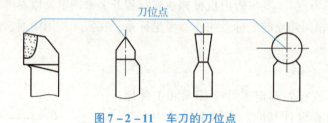

图7-2-11 车刀的刀位点

3. 对刀

在加工程序执行前,调整每把刀的刀位点,使其尽量重合于某一理想基准点,这一过程称为对刀。理想基准点可以设定在基准刀的刀尖上,也可以设定在对刀仪的定位中心(如光学对刀镜内的十字刻线交点)上。

对刀一般分为手动对刀和自动对刀两大类。目前,绝大多数的数控机床(特别是车床)采用手动对刀,其基本方法有定位对刀法、光学对刀法、ATC对刀法和试切对刀法。在前3种手动对刀方法中,均因可能受到手动和目测等多种误差的影响,对刀精度十分有限,往往通过试切对刀,以得到更加准确和可靠的结果。数控车床常用的试切对刀方法如图7-2-12所示。

4. 换刀点位置的确定

换刀点是指在编制加工中心、数控车床等多刀加工的各种数控机床所需加工程序时,相对于机床固定原点而设置的一个自动换刀或换工作台的位置。换刀的位置可设定于程序原点、机床固定原点或浮动原点上,其具体的位置应根据工序内容而定。为了防止在换(转)

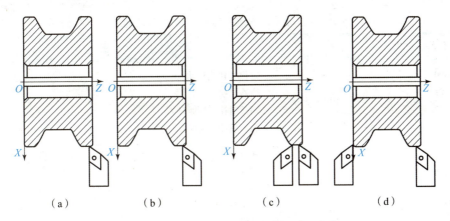

图 7-2-12 数控车床常用的试切对刀方法

(a) X 方向对刀；(b) Z 方向对刀；(c) 两把刀 X 方向对刀；(d) 两把刀 Z 方向对刀

刀时碰撞到被加工零件或夹具，除特殊情况外，其换刀点都设置在被加工零件的外面，并留有一定的安全区。

知识模块四 数控车床编程基础

1. 常用的编程指令

数控机床加工中的动作在加工程序中用指令的方式事先予以规定，这类指令有准备功能 G、辅助功能 M、刀具功能 T、主轴转速功能 S 和进给功能 F。FANUC 系统常用的 G 功能指令及其他辅助功能指令如表 7-2-1 和表 7-2-2 所示。

表 7-2-1 辅助功能及其他常用功能指令

编码	功能	说明
O	代码编号	代码编号
N	行号	行号
G	主代码	操作码
X, Y, Z	坐标	移动位置
R	半径	圆弧半径
I, J, K	圆心	从圆心到起点的距离
F	进给率	定义进给率
S	主轴	定义主轴转速
T	刀具	定义刀具号码
M	辅助功能	辅助功能开/关
H, D	补偿号码	长度或直径补偿
P, X	延时	定义延时
P	调用子程序	子程序号码
P, Q, R	参数	固定循环参数

表 7-2-2 FANUC 系统常用的准备功能表

G 代码	组	功　能
G00	01	定位（快速移动）
G01		线性切削
G02		圆弧插补（顺时针）
G03		圆弧插补（逆时针）
G04	00	驻留（暂停）
G09		精确位置停止
G20	06	英寸输入
G21		公制输入
G22	04	限程开关开
G23		限程开关关
G27	00	返回参考点检查
G28		返回参考点
G29		从参考点返回
G30		返回到第二个参考点
G32	01	螺纹切削
G40	07	取消刀尖半径偏移
G41		刀尖半径偏移（左边）
G42		刀尖半径偏移（右边）
G50	00	工件坐标修改，设置主轴最大转速
G52		局部坐标框架设置
G53		机床坐标框架设置
G70	00	终止切削循环
G71		外部或内部直径近似切削循环
G72		区域近似切削循环
G73		外形重复循环
G74		Z 坐标点钻孔
G75		X 坐标开槽
G76		螺纹切削循环
G90	01	切削循环（外部或内部直径）
G92		螺纹切削循环
G94		切削循环（区域）
G96	12	表面速度稳定控制
G97		取消表面速度稳定控制
G98	05	每分钟移动指派
G99		每转移动指派

螺纹加工常见问题解析

（1）进行横螺纹加工时，其进给速度的单位采用旋转进给率，即 mm/r。

（2）为避免在加减速过程中进行螺纹切削，要设引入距离和超越距离，即升速进刀段和减速退刀段。若螺纹的收尾处没有退刀槽，则一般按45°退刀收尾。

（3）螺纹起点与终点径向尺寸的确定：螺纹加工中的编程大径应根据螺纹尺寸标注和公差要求进行计算，并由外圆车削来保证。如果螺纹牙型较深、螺距较大，则可采用分层切削。

2. 手工编程范例

在卧式数控车床上加工图7-2-13所示的阶梯轴零件轮廓外形，写出数控加工程序单。分析如图7-2-13所示零件，工件长度67 mm，直径φ40 mm；工件材料为45钢；外圆粗车T01选用95°右偏刀，转速180 m/min，进给量

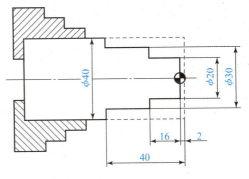

图 7-2-13 阶梯轴零件图

0.25 mm/min；外圆精车T02选用93°右偏刀，转速220 m/min，进给量0.15 mm/min。编写代码如下：

```
O0001
N001   G28   X0.Z0.;
N002   G50   X300.Z418.S2800 T01 ;
N003   G96   S180 M03 ;
N004   G00   X42.Z0.1 T01 M08 ;
N005   G01   X0.F0.25 ;
N006   G00   X35.W1.;
N007   G01   Z-29.9 F0.25 ;
N008   G00   U1.Z2.;
N009   X30.4 ;
N010   G01   Z-29.9 ;
N011   G00   U1.Z2.;
N012   X25.;
N013   G01   Z-14.9 ;
N014   G00   U1.Z2.;
N015   X20.4 ;
N016   G01   Z-14.9 ;
N017   G00 X100.Z50.T01 M09 ;
N018   T02;
```

```
N019    G00   X22.Z0.S220 T02 M08 ;
N020    G01   X0.F0.15 ;
N021    G00   X20.Z1.;
N022    G01   Z-15.F0.15 ;
N023    X30.;
N024    Z-30.;
N025    X42.;
N026    G00   X100.Z50.T02 M09 ;
N027    M05 ;
N028    M02 ;
```

仿真加工结果如图 7-2-14 所示。

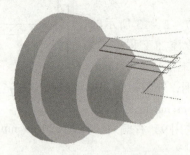

图 7-2-14　阶梯轴仿真加工结果

数控车削常见问题分析

数控车床的加工质量主要取决于编程前的工艺设计，与普通车床加工有许多相似之处。在实训中常按用同一把刀具加工的内容来划分工序，但粗、精加工工序必须分开，以避免工件在粗加工时可能产生变形而影响最终的加工精度。由于实训采用的多为经济型数控车床，没有检测反馈系统，直接用铸、锻件作为毛坯的话，第一次加工余量大小不一，可能会加剧刀具的磨损，影响零件的加工精度，对机床的使用寿命也有不利影响，故建议使用光坯料作为数控加工实训毛坯。数控车床的加工程序其实是控制刀尖的运动轨迹，对刀不准确必定会影响加工精度，故在精加工前最好测量一下，根据实测结果调整相应的参数，如刀具位置、刀尖圆弧等。编程前应根据机床的特性及加工状况确定合理的加工顺序，选择合适的刀具与切削用量，以保证零件的加工精度和表面粗糙度。

1. 螺纹锥轴零件编程实例

在卧式数控车床上加工图 7-2-15 所示的螺纹锥轴零件轮廓外形，写出数控加工程序单。分析如图 7-2-15 所示零件，工件长度 95 mm，直径 φ60 mm，螺纹螺距 1.5 mm；工件材料为 45 钢；外圆粗车 T01 选用 95°右偏刀，转速 130 m/min，进给量 0.07～0.2 mm/min；外圆精车 T03 选用 93°右偏刀，转速 180m/min，进给量 0.07～0.1 mm/min；切槽刀 T05 进给量 0.07 mm/min；螺纹车刀 T07 选 60°，进给量 1.5 mm/min。编写代码如下：

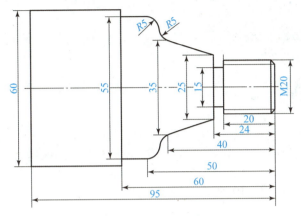

图 7-2-15 螺纹锥轴零件图

```
O0004;
G28 X0. Z0.;
G50 X300. Z390. S1300 T0100;
G96 S130 M03;
G00 X62. Z1. T0101 M08;
G01 X-1. F0.2;
G00 X62. Z2.;
G71 U3. W1.;
G71 P70 Q160 U0.4 W0.2 F0.2;
N70 G00 X14.;
    G01 X20. Z-2. F0.1;
        Z-24.;
        X25.;
        X35. Z-40.;
    G02 X45. W-5. R5. F0.07;
    G03 X55. W-5. R5.;
  G01 Z-60. F0.1;
N160 G00 X60.;
G00 X150. Z200. S1600 T0100;
G96 S180;
G00 X22. Z2. T0303;
G70 P70 Q160;
G00 X150. Z200. T0300;
G96 S450;
```

```
G00 X27. Z-24. T0505;
G01 X15. F0.07;
G04 P1500;
G00 X40.
    X150. Z200. T0500;
G00 X22. Z2. T0707;
G76 P010060 Q50 R30;
G76 X18.22 Z-22. P890 Q350 F1.5;
G00 X150. Z200. T0700 M09;
M05;
M30;
```

仿真加工结果如图7-2-16所示。

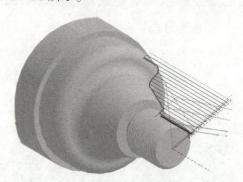

图7-2-16 螺纹锥轴仿真加工结果

2. UG NX 数控车削锥孔零件实例

本例要求使用钻中心孔、啄钻、镗孔、端面加工、外圆粗加工、外圆精加工、外圆切槽加工、外螺纹车削加工等，最终完成零件的加工。零件示意图如图7-2-17所示。

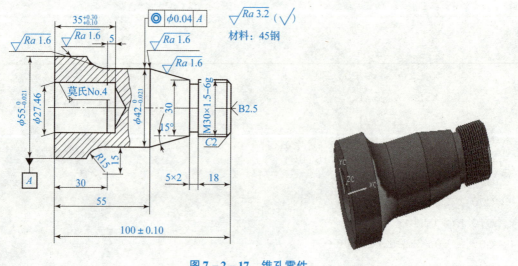

图7-2-17 锥孔零件

1) 实例分析

本例是一个锥孔零件的单件加工,材料是45钢,在数控车床上完成整个零件的加工。在UG NX 6.0数车模块中可采用各种加工方法,包括钻中心孔、啄钻、镗孔、端面加工、外圆粗加工、外圆精加工、外圆切槽加工和外螺纹车削加工等。具体的加工工艺方案如表7-2-3所示。

表7-2-3 锥孔零件的加工工艺方案

工序号	加工内容	加工方式	留余量面(径向)/mm	机床	刀具	夹具
10	下料毛坯 φ60 mm × 130 mm	车削	0.5	车床	切断车刀	三爪卡盘
20	将棒料毛坯装夹在三爪卡盘上,伸出长度为110 mm		0	数控车床		三爪卡盘
20.01	加工端面	FACING	0	数控车床	OD_80_L(左偏外圆粗车刀)	三爪卡盘
20.02	钻中心孔	点钻	0	数控车床	中心钻 φ2.5 mm	三爪卡盘
30	用活顶尖顶住右端面,提高刚度,减少跳动和振动			数控车床		三爪卡盘和活顶尖
30.01	外圆表面的粗加工	ROUGH_TURN_OD	0.5/0.5	数控车床	OD_80_L(左偏外圆粗车刀)	三爪卡盘和活顶尖
30.02	外圆表面的精加工	FINISH_TURN_OD	0	数控车床	OD_55_L(左偏外圆精车刀)	三爪卡盘和活顶尖
30.03	切退屑槽	GROOVE_OD	0	数控车床	OD_GROOVE_L(外圆切槽刀)	三爪卡盘和活顶尖
30.04	车削螺纹	THREAD_OD	0	数控车床	OD_THREAD_L(外螺纹车刀)	三爪卡盘和活顶尖
30.05	切断加工	PARTOFF	0	数控车床	OD_GROOVE_L(外圆切槽刀)	三爪卡盘和活顶尖
40	将零件掉头,加夹套装夹 φ42 外圆位置			数控车床		三爪卡盘
40.01	钻中心孔、钻孔、扩孔	点钻 啄钻	0	数控车床	中心钻 φ2.5 mm,钻头 φ10 mm、φ24 mm	三爪卡盘
40.02	莫氏锥度 No.4 内表面的精加工	FINISH_BORE_ID	0	数控车床	ID_55_L(左偏内圆精车刀)	三爪卡盘

2）操作步骤

（1）数控车削加工端面 FACING。

按照车削加工的工艺要求，端面加工是数控车削加工的第一个加工操作，为后面的加工工序提供加工基准。操作包括创建加工坐标系、工件几何体、创建刀具等，再到设置端面加工和各种参数、生成刀轨等内容。

（2）中心孔加工 CENTERLINE_SPOTDRILL。

钻中心孔是钻孔加工的第一个加工操作，此加工操作可以保证后续的钻孔加工钻头开始钻削时不发生偏心。本中心孔用于活顶尖的定位，实现零件加工的"一顶一夹"装夹定位，包括创建刀具、创建中心孔点钻 CENTERLINE_SPOTDRILL 加工，指定起点和深度，生成刀位轨迹等操作。

（3）外圆表面粗加工 ROUGH_TURN_OD。

外圆车削加工能力是车削加工中最基本的加工方法之一。外圆粗加工通过运用合适的刀具以及加工方法，采用恰当的切削用量快速去除余量，具体步骤包括创建外圆粗车 ROUGH_TURN_OD 加工操作、指定切削策略、修改刀轨设置、设定余量、设置进刀/退刀、设置逼近选项参数、设置离开选项参数、设置进给和速度参数、生成刀位轨迹等内容。单击"生成"按钮，系统计算出外圆粗车加工的刀位轨迹，如图 7-2-18 所示。

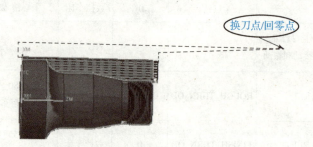

图 7-2-18　外圆粗车加工的刀位轨迹

（4）外圆表面精车 FINISH_TURN_OD。

外圆精车是粗加工后用来保证零件加工精度的工序，可以获得好的加工表面质量。粗加工后，需要在数控系统中修正零件尺寸的补偿值，然后选用合理的切削用量进行精加工。具体包括创建刀具、创建外圆精车 FINISH_TURN_OD 加工、指定切削策略、修改刀轨设置、设定余量、设置进刀/退刀、设置逼近选项参数、设置离开选项参数、设置进给和速度参数、生成刀位轨迹等操作。单击"生成"按钮，系统计算出外圆精车加工的刀位轨迹，如图 7-2-19 所示。

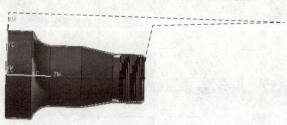

图 7-2-19　外圆精车加工的刀位轨迹

（5）切退屑槽 GROOVE_OD。

槽的车削加工可以用于切削内径、外径以及断面，在实际应用中多用于退刀槽的加工。在车削槽时一般要求刀具轴线和回转体零件轴线相互垂直，这主要是由车槽刀具决定的，具体步骤包括创建刀具、创建外圆切槽 GROOVE_OD 加工、指定切削区域、指定切削策略、设定余量、设置进刀/退刀点、设置逼近选项参数、设置离开选项参数、设置进给和速度参数生成刀位轨迹等操作。单击"生成"按钮，系统计算出外圆切槽的刀位轨迹，如图 7-2-20 所示。

（6）车削螺纹 THREAD_OD。

螺纹操作有车削或丝锥螺纹切削，加工的螺纹可能是单线或多线的内部、外部或端面螺纹。车螺纹必须指定"螺距"，选择顶线和根线（或深度）以生成螺纹刀轨。具体步骤包括创建刀具、创建外圆螺纹加工、指定顶线、指定深度和角度、修改刀轨设置、设置螺距、生成刀位轨迹等操作。单击"生成"按钮，系统计算出外圆车螺纹的刀位轨迹，如图 7-2-21 所示。

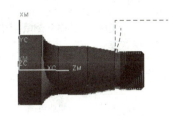

图 7-2-20　外圆切槽的刀位轨迹

图 7-2-21　圆车螺纹的刀位轨迹

（7）切断加工 PARTOFF。

切断加工通常是车削加工的最后一道工序，在 UG 中的设置要注意切断刀的宽度不要太宽，以免增加切槽阻力。一般刀宽为 3 mm，还要保证有足够的刀片长度来切断工件。

（8）车削加工刀轨的后处理。

在操作导航器中，选择创建的操作，然后右击，在弹出的快捷菜单中选择"后处理"命令，打开"后处理"对话框，在"文件名"文本框中输入文件名及路径。单击"应用"按钮，系统开始对选择的操作进行后处理，产生一个文本文件 11-2.NC，内容如图 7-2-22 所示，将 NC 文件输入数控机床，实现零件的自动控制加工。

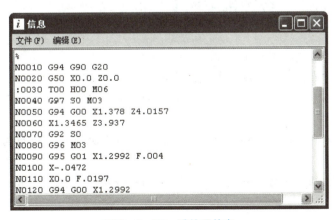

图 7-2-22　后处理信息

任务评价

考核评价

评价项目	评价内容	分值/分	自评 20%	互评 20%	师评 60%	合计
职业素养 40分	爱岗敬业，安全意识，责任意识，服从意识	10				
	积极参加任务活动，按时完成工作任务	10				
	团队合作，交流沟通能力，集体主义精神	10				
	劳动纪律，职业道德	5				
	现场6S标准，行为规范	5				
专业能力 60分	专业资料检索能力，数控编程能力	10				
	制订计划和执行能力	10				
	操作符合规范，精益求精	15				
	工作效率，分工协作	10				
	任务验收质量，质量意识	15				
合计		100				
创新能力 加分20分	创新性思维和行动	20				
总计		120				

教师签名： 学生签名：

数控机床加工操作安全规范

1. 数控机床的安全操作

（1）回参考点。数控机床上电后，首先返回参考点。

（2）检查各种阀位置是否正常，刀具、刀柄是否有松动现象。如有异常，应及时复位、排除。

（3）检查刀具号、刀具补偿号、刀具偏置号与上次正常运行断电后的参数是否相同。

（4）机床主轴低速运行一段时间，有主轴热暖功能的机床运行时间需严格按照机床要求进行。

(5) 安装刀具或拆卸刀具时，应用棉纱或垫布握住刀具，不要用手直接接触。

　　(6) 机床运行时注意力应集中，防止意外事故发生。

2. 数控机床使用注意事项

　　(1) 每天应及时清理机床铁屑。

　　(2) 没有自动润滑功能的机床应定期润滑机床的导轨。

　　(3) 需要润滑脂润滑的部位，应定期加注润滑脂。

　　(4) 不能用高压空气直接吹光栅尺，防止灰尘进入光栅尺内，降低或丧失光栅尺的精度。

　　(5) 机床空运行时，应卸下工件毛坯，或刀具抬起的高度应保证刀具运行到最低部，不至于接触到工件毛坯。

　　(6) 每天停机前，为了保护刀具夹紧弹性蝶簧的寿命，应卸下主轴刀具。

思考与练习

一、思考题

1. 数控机床的机床坐标系与工件坐标系有何区别和联系？
2. 功能指令中模态代码与非模态代码有何差异？
3. 数控机床为何要进行回参考点或回原点操作？
4. 刀具磨损或重新刃磨后，是否要修改程序中的坐标值？

二、练习题

1. 图7-2-23所示为液化气灶管接头，材料是黄铜。选用合适的刀具和加工方法对右端轮廓进行加工，并生成NC代码。

图7-2-23　液化气灶管接头

2. 利用面铣加工路径对如图7-2-24所示的工件底面进行精加工，并生成NC代码。

图7-2-24　工件

参 考 文 献

[1] 于文强,张丽萍. 金工实习教程 [M]. 3版. 北京:清华大学出版社,2015.
[2] 邓文英. 金属工艺学 [M]. 北京:高等教育出版社,1997.
[3] 王东升. 金属工艺学 [M]. 杭州:浙江大学出版社,1997.
[4] 陈明. 机械制造技术 [M]. 北京:北京航空航天大学出版社,2001.
[5] 袁国定,朱洪海. 机械制造技术基础 [M]. 南京:东南大学出版社,2000.
[6] 华楚生. 机械制造技术基础 [M]. 重庆:重庆大学出版社,2000.
[7] 沈其文,徐鸿本. 机械制造工艺禁忌手册 [M]. 北京:机械工业出版社,2001.
[8] 赵如福. 金属机械加工工艺人员手册 [M]. 上海:上海科学技术出版社,1990.
[9] 劳动部. 车工生产实习 [M]. 北京:中国劳动出版社,1996.
[10] 倪楚英. 机械制造基础实训教程 [M]. 上海:上海交通大学出版社,2000.
[11] 杨建明. 数控加工工艺与编程 [M]. 北京:北京理工大学出版社,2006.
[12] 王先逵. 机械加工工艺手册——磨削加工 [M]. 北京:机械工业出版社,2009.
[13] 侯书林,朱海. 机械制造基础 [M]. 北京:北京大学出版社,2006.
[14] 何建民. 刨工操作技术与窍门 [M]. 北京:机械工业出版社,2006.
[15] 王忠诚. 热处理常见缺陷分析与对策 [M]. 北京:化学工业出版社,2008.
[16] 张超英,罗学科. 数控加工综合实训 [M]. 北京:化学工业出版社,2003.
[17] 刘镇昌. 制造工艺实训教程 [M]. 北京:机械工业出版社,2006.
[18] 职业技能鉴定指导编审委员会. 铣工 [M]. 北京:中国劳动出版社,1996.
[19] 职业技能鉴定指导编审委员会. 热处理 [M]. 北京:中国劳动出版社,1996.
[20] 职业技能鉴定指导编审委员会. 铸造工 [M]. 北京:中国劳动出版社,1996.
[21] 职业技能鉴定指导编审委员会. 镗工 [M]. 北京:中国劳动出版社,1996.